固相功能复合薄膜设计、制备与调控

汤 卉 邵 璇 著

科 学 出 版 社

北 京

内 容 简 介

固体材料表面改性技术是一门集表面工程学、机械科学、材料科学、薄膜技术、纳米技术、固体力学、光学、热学和计算机科学等于一体的综合性专业技术。本书系统、深入地阐述固体材料表面改性技术的基本原理、经典理论、先进加工工艺与制造技术及其创新方法。全书共7章，分别为绪论，以及 Al_2O_3/PTFE 复合薄膜、CYSZ 热障涂层、无机纳米颗粒改性 PI 复合薄膜、SiO_2 光纤涂层复合薄膜、Ti/$LiNbO_3$ 波导型光耦合片、金属/SiO_2 薄膜型光衰减片的设计、制备与调控等内容。

本书可作为表面工程学领域从事材料表面改性研究的科研人员的专业用书，也可作为高等院校、科研院所中机械工程、材料成型工程、复合材料与工程、高分子材料与工程、无机非金属材料与工程、金属材料与工程等专业的高年级本科生及研究生的专业参考书籍。

图书在版编目（CIP）数据

固相功能复合薄膜设计、制备与调控 / 汤卉，邵璇著. —北京：科学出版社，2022.11

ISBN 978-7-03-073480-8

Ⅰ. ①固… Ⅱ. ①汤… ②邵… Ⅲ. ①固相复合－复合薄膜－设计 ②固相复合－复合薄膜－制备 ③固相复合料－复合薄膜－调控 Ⅳ. ①TQ320.72

中国版本图书馆 CIP 数据核字（2022）第 194499 号

责任编辑：张 庆 张 震 / 责任校对：樊雅琼
责任印制：吴兆东 / 封面设计：无极书装

科学出版社 出版
北京东黄城根北街 16 号
邮政编码：100717
http://www.sciencep.com

北京建宏印刷有限公司 印刷
科学出版社发行 各地新华书店经销

*

2022 年 11 月第 一 版 开本：720 × 1000 1/16
2022 年 11 月第一次印刷 印张：15 3/4
字数：304 000

定价：118.00 元

前　言

薄膜技术和薄膜材料是表面工程学的重要组成部分。表面工程学着眼于固体材料表面改性研究，通过对固体材料表面的二次设计，采用新技术强化固体材料表面并赋予其特定的表面性质，如表面功能化、表面增强、表面防护、表面修饰、加强抗磨损和抗腐蚀能力等。依据基体和功能体材料不同的物理特性，利用先进制造工艺与技术，构筑多种物理性质相互补充、彼此复合、协同构效的新型功能复合薄膜，是国际表面工程领域的研究焦点之一，也是极具挑战的研究领域。

本书针对固体材料表面改性领域的热点问题进行研究与探索。全书共 7 章，第 1 章论述薄膜材料与制备技术基础知识；第 2 章阐述 Al_2O_3/PTFE 复合薄膜设计、制备、调控与耐磨性能优化；第 3 章研究 CYSZ 热障涂层设计、制备、调控与热震性能改性；第 4 章讨论无机纳米颗粒改性 PI 复合薄膜设计、制备、调控与热性能优化；第 5 章研究 SiO_2 光纤涂层复合薄膜设计、制备、调控与热稳定性改性；第 6 章研究 Ti/$LiNbO_3$ 波导型光耦合片设计、制备、调控与光学性能优化；第 7 章阐述金属/SiO_2 薄膜型光衰减片设计、制备、调控与光衰减性能优化。全书系统论述六种先进薄膜制造技术（化学气相沉积技术、化学镀技术、真空蒸镀技术、离子磁控溅射技术、离子注入技术、热喷涂技术）及其应用，同时将信息技术与表面改性技术相结合，利用 SRIM 等计算机应用程序优化实验方案、节约研制成本、缩短研制周期。

全书由哈尔滨理工大学汤卉教授、邵璇博士共同撰写，其中，第 3 章、第 5 章、第 7 章由汤卉教授撰写，第 1 章、第 2 章、第 4 章、第 6 章由邵璇博士撰写。参与相关工作的还有翁凌教授，张剑峰、高维丽老师，研究生吕杨、王文雪、郝姗姗、董鹏展、李磊、赵元、张继鹏、王佳、沙宇、张金仲，本科生周美德、张雨、陈薇、冼秀月、冯权等。全书由汤卉教授统稿。

在此，特别感谢哈尔滨理工大学刘立柱教授的鼎力支持与无私帮助。

由于作者水平有限，书中难免存在不足之处，敬请读者批评指正。

汤　卉

2022 年 9 月

目　录

第1章 绪 论

1.1 薄膜材料定义、特殊性质与结构

1.1.1 薄膜材料定义

当某种固体或液体的一维线性尺度远小于另两个方向尺度时，将这种固体或液体称为膜。一般按膜厚将其分为两大类：膜厚大于1μm称为厚膜，膜厚小于1μm称为薄膜（戴达煌等，2013）。薄膜是一种物质形态，与其他形态的物质相同，薄膜材料可以是单晶体、多晶体或非晶体。采用某种制备工艺将固体薄膜附着或嵌入固体基体表面，对固体基体表面物化特性改性，生成不同组织、成分、晶相及表面结构的薄膜称为固相复合薄膜。突出固相复合薄膜功能特性的薄膜称为固相功能复合薄膜。

1.1.2 薄膜材料特殊性质

同固体材料相比，薄膜材料很薄，可产生量子尺寸效应，即薄膜材料的物理性质会受到薄膜厚度的影响；薄膜材料比表面积大，具有非常显著的表面效应，如表面能、表面态、表面散射和表面干涉等；薄膜中含有较多的表面晶界和缺陷态，因此对电子输运特性有较大影响（周志华，2006）。

1. 量子尺寸效应

当薄膜材料厚度降至与载流子德布罗意波长相近时，垂直表面的载流子能级会发生分裂，费米能级附近的电子能级由准连续变为离散或能隙变宽，此现象称为量子尺寸效应（马旭村等，2008）。量子尺寸效应是薄膜材料的固有特性。当电子能级变化大于热能、光能、电磁能变化时，薄膜材料的磁、光、声、热、电及超导特性与传统宏观特性存在明显差异。

2. 几何效应

块状材料通常是由尺寸为0.01～100μm的粉体制备的三维立体结构材料，几何形状不一定很规则（花国然等，2004）。薄膜材料则由1Å的原子或分子逐渐生

成，利用不同薄膜制备工艺能够制备出块状材料制备工艺不能得到的特殊材料。薄膜材料的几何效应是指当薄膜的二维几何尺寸发生微小改变时，产生的各种影响将呈几何指数变化，引起薄膜材料宏观性能巨大改变的效应。材料薄膜化后在组织、成分、结构上与块状材料有很大差别，加上几何效应的影响，薄膜材料的特性与块状材料有明显的不同，如力学性能、载流子输运机构特性、超导特性、磁性及光学特性等。

3. 表面效应

表面能是指物质表面相对于物质内部富余的能量，其是制造材料表面过程中对分子间化学键破坏的一种度量。外层原子“键”悬空，即悬键，使得表面质点比体内质点具有额外的势能，表面活性大，具有表面效应。由于薄膜表面电子势场与三维晶体内部完全不同，电子态也呈特殊性。薄膜材料比表面积大，表面能级对薄膜内部电子输运状况有很大的影响，尤其是对薄膜半导体表面电导和场效应将产生很大影响，进而影响半导体材料与器件的宏观性能。

4. 非热力学平衡过程

真空蒸镀、离子磁控溅射、离子注入等物理气相沉积（physical vapor deposition，PVD）技术需要将物质气化和骤冷，才可制得所需复合薄膜，此过程一定要在非热力学平衡状态下实现，因此可制得在热力学平衡条件下不存在的物质。采用非热力学平衡状态制备薄膜的优势之一是易形成非晶态结构，尤其是在制备超薄膜时，易形成岛状或纤维状结构，可以满足特殊领域需求。

5. 薄膜和固体基体存在黏附性、附着力、内应力

众所周知，固体基体与薄膜间存在三种界面形式，即物理结合型、化学反应型、吸附润湿型，因此固体基体与薄膜间存在相互作用力，表现为固体基体与薄膜间存在黏附性、附着力、内应力等。薄膜被吸附于固体基体上并受到制约，容易导致薄膜内部产生某种应变。薄膜和固体基体间的黏附性、附着力、内应力就是这种应变引起的，由于薄膜和固体基体内部宏观或微观组织发生不均匀体积变化而产生黏附性、附着力、内应力。附着力和内应力是薄膜极为重要的固有特征。一般固体基体和薄膜属于不同种物质，附着现象考虑的对象是两者间的表面和界面。两者之间相互作用表现为附着能，附着能是一种界面能。薄膜中有两类内应力：固有应力和非固有应力。固有应力的产生原因是薄膜中存在的缺陷，如位错。而非固有应力的产生原因主要是薄膜对固体基体的附着力。因为薄膜和固体基体属于不同种物质，两者有着不同的线膨胀系数和晶格失配，所以能够把应力引进薄膜，或由于薄膜与固体基体发生化学反应时，在薄膜和固体基体间生成的新化

合物同薄膜紧密结合，只要存在轻微晶格失配就会将应力引入薄膜。

6. 异常结构和非理想化学计量比特性

薄膜制备方法多是在非平衡状态下完成的，结果导致薄膜的相结构和同种物质相图有较大差异。通常将与相图不一致的材料结构称为异常结构，异常结构属于一种亚稳态结构。固体薄膜材料黏性较大，可以将其看成稳态结构。通过加热退火和长时间的放置会慢慢使其变为稳定状态。

7. 易获得多层膜

多层膜是将两种或两种以上材料先后（或混合后）沉积在同一个基体上，又称复合膜。复合膜包括任何材料间的结合，如在氧化物上镀金属膜或在金属上镀玻璃膜。

1.1.3　薄膜材料结构

薄膜材料存在三种结构：组织结构、薄膜晶体结构及表面结构。

1. 组织结构

薄膜结晶形态被视为其组织结构，有四种：无定形结构、单晶结构、多晶结构及纤维结构。

当薄膜结构中原子的空间排列属于一种长程无序、短程有序的状态时，其组织结构属于无定形结构。形成无定形结构薄膜的工艺关键是降低吸附原子表面扩散速率，经常使用的方法有降低基体温度、引入反应气体、掺杂其他物质等。基体材料温度对形成无定形结构薄膜影响较大。当基体材料温度升高时，吸附原子或粒子获得的动能变大，易穿越表面势垒区，薄膜易结晶化，且薄膜内部缺陷会减少，内应力变小；当基体材料温度降低时，吸附原子或粒子获得的动能变小，不容易穿越表面势垒区，易形成无定形结构薄膜。

通常，单晶结构薄膜中全部原子或分子呈规则排列，利用外延生长工艺制备而得。利用外延生长工艺制备单晶结构薄膜必备的条件如下：吸附原子或粒子应当具有高的表面扩散速率，基体与薄膜结晶相容性好，基体表面光滑、洁净、化学稳定性好。为此，选择合适的外延生长温度和沉积速率是必需的，同时晶格失配数 m 越小越好。

多晶结构薄膜是一种不同粒径晶粒随机取向聚集形成的薄膜。在这种结构薄膜中，因不同粒径晶粒取向不同，故存在晶界。因存在晶界，故晶界处原子排列不规则，处于一种过渡状态，使结构疏松，由此产生不同于晶粒的特性：晶界处原子能量远高于晶粒内原子能量、易受腐蚀；晶界处熔点低于晶粒，存在空位、位错和键变形等结构缺陷。

纤维结构薄膜是一种具有择优取向的薄膜。通常在无定形结构基体表面形成的多晶薄膜都具有择优取向，且最低表面自由能出现在面心立方结构(111)面上，所以，择优取向多为(111)面。

2. 薄膜晶体结构

通常薄膜晶体的晶粒晶格结构与同种块状体相同。但是薄膜中晶粒晶格常数常常和块状体不同，原因有二：①薄膜与基体晶格常数不匹配；②薄膜存在内应力和表面张力。

3. 表面结构

沉积薄膜时，由于加工公差影响，薄膜表面很难制作得绝对平滑，存在一定粗糙度，其对薄膜光学性能有较大影响。薄膜表面结构与整体薄膜成型密切相关，当基体温度和真空度较低时，薄膜易出现多孔结构。

1.2 薄膜制备技术概述

薄膜制备技术有化学制备技术和物理制备技术两种。化学制备技术包括化学气相沉积（chemical vapor deposition，CVD）技术、电镀技术、化学镀技术等。物理制备技术包括真空蒸镀技术、离子磁控溅射技术、离子注入技术等。

薄膜化学制备技术需要一定的化学反应，这种化学反应可以由热效应引起或由离子电离引起。在 CVD 和热生长过程中，化学反应靠热效应来实现，对于反应物和生成物的选择具有一定局限性，由于化学反应需要在较高温度下进行，基体所处环境温度较高，这样同时限制基体材料的选取。与 PVD 技术相比，尽管 CVD 技术中沉积过程控制较为复杂，也较为困难，但是所使用设备简单，价格较低，只是对环境有污染。

薄膜物理制备技术又称为绿色镀膜技术。绿色镀膜技术是 2007 年中国兰州交通大学科技人员率先提出的表面工程领域的绿色制造新技术（范多旺，2008）。该技术主要包括真空离子镀膜、离子磁控溅射、蒸镀、离子注入、离子清洁等一系列单项技术及多项复合技术的集成。该技术具有生产过程及制出的产品对环境友好、无污染物排放的突出特点，能很好地解决发展与环境的矛盾。传统镀膜技术多采用电镀或化学镀的方法，尤其是大尺寸工件，但是传统的电镀或化学镀工艺使用强酸、强碱及氰化物、铬酐等有害化学物质，废水成分极其复杂，对环境具有极大的危害，一直是工业废水处理的一大难题。绿色镀膜技术工艺流程简单，不需要消耗铜、铬、镍等重金属，不使用强酸、强碱、氰化物以及铬酐等有害物质，污染物（尤其是重金属、氰化物）排放少，并且水消耗较低，只需少量循环冷却水，突出特点是镀膜生产过程及镀制产品对环境友好、无污染物排放，而且可提高镀制产品质量，增加镀膜品种，实现降耗、减排、增效。较之过去镀膜多采用电镀和化学镀，绿色镀膜技术具有无法比拟的优势。表 1-1 对几种镀膜技术进行比较。

表 1-1 几种镀膜技术比较

成膜方法	原理	基体	膜材	膜层	操作条件
化学镀技术	化学反应	形状规则	配成溶液参加化学反应	牢固性、均匀性、耐磨性不理想，厚度不易控制	产生废液，对操作人员有伤害
电镀技术	电解液电离	导电	导电	比较厚，厚度和均匀性难以控制	电解液污染，劳动条件差
绿色镀膜技术	高真空条件蒸发或溅射等	任意材料	金属、介质或高熔点材料均可	牢固性、均匀性较好，厚度可控	清洁、无污染，劳动强度低

相对于 CVD 技术的局限性，PVD 技术则显示出独有的优越性，它对沉积材料和基体材料均没有限制。PVD 过程可概括为三个阶段：源材料蒸发气化或溅射发射出粒子为第一阶段；粒子输运迁移到基体为第二阶段；粒子在基体上凝结成核、晶核生长成若干独立小岛、若干独立小岛连成网络、网络堆积形成薄膜为第三阶段。PVD 技术与 CVD 技术相比，主要区别在于 PVD 技术靠物理方法（蒸发、溅射、气体放电）获得沉积物粒子，需要真空室，设备复杂；除蒸镀外，PVD 技术均在气体放电等离子体中进行，工件带电，沉积温度低，工件不易变形和变性，适用的基体材料范围广泛。CVD 技术和 PVD 技术比较如表 1-2 所示。

表 1-2 CVD 技术和 PVD 技术比较

制备方法	物源	激活方式	温度	成膜速率	用途	制作薄膜材料种类
PVD	生成薄膜物质气体及反应气体	消耗蒸发热、电离等	250～2000℃（蒸发源）25℃至合适温度（基体）	5～250μm/h	表面保护、装饰、电子或光学材料	所有固体（C、Ta、W 困难）、卤化物和热稳定化合物
CVD	含有生成薄膜元素化合物气体、反应气体等	提供激活能、高温、化学自由能	150～2000℃（基体）	25～1500 μm/h	材料精制、装饰、表面保护、电子材料	碱及碱土类以外的金属（Ag、Au 困难）、碳化物、氮化物、硼化物、氧化物、硫化物、硒化物、碲化物、金属化合物、合金

1.2.1 CVD 技术

CVD 技术是 20 世纪 60 年代初发展起来一种薄膜制备技术。这种方法把含有构成薄膜元素的一种或几种化合物的单质气体供给基体，利用加热、等离子体、紫外线乃至激光等能源，借助气相作用或在基体表面化学反应生成薄膜（韩高荣，2008）。利用这一技术可以在各种基体上制备元素及化合物薄膜。CVD 的基本原理建立在化学反应的基础上，习惯上把反应物是气体而生成物之一是固体的反应称为 CVD 反应。常见 CVD 反应如式（1-1）～式（1-7）所示（郑伟涛，2018）。

1. 热分解反应

早期制备 Si 膜的方法是在一定温度下使 SiH_4 分解，化学反应式如下：

$$SiH_4(g) \longrightarrow Si(s)\downarrow + 2H_2(g)\uparrow \tag{1-1}$$

2. 还原反应

典型的例子是 H_2 还原卤化物 $SiCl_4$:

$$SiCl_4(g) + 2H_2(g) \longrightarrow Si(s)\downarrow + 4HCl(g)\uparrow \tag{1-2}$$

3. 氧化反应

SiO_2 通常由 SiH_4 氧化来制备，SiH_4 与 O_2 混合并用惰性气体在常压下稀释，这一氧化反应如下：

$$SiH_4(g) + O_2(g) \longrightarrow SiO_2(s)\downarrow + 2H_2(g)\uparrow \tag{1-3}$$

反应可以在较低温度（450℃）下进行。

4. 氮化反应

Si_3N_4 和 BN 是 CVD 制备氮化物的两个重要产物，其中制备 Si_3N_4 的氮化反应如下：

$$3SiH_4(g) + 4NH_3(g) \longrightarrow Si_3N_4(s)\downarrow + 12H_2(g)\uparrow \tag{1-4}$$

下列反应可获得高沉积率：

$$3SiH_2Cl_2(g) + 4NH_3(g) \longrightarrow Si_3N_4(s)\downarrow + 6HCl(g)\uparrow + 6H_2(g)\uparrow \tag{1-5}$$

$$BCl_3(g) + NH_3(g) \longrightarrow BN(s)\downarrow + 3HCl(g)\uparrow \tag{1-6}$$

5. 化合物制备

由有机金属化合物可以沉积得到Ⅲ-Ⅴ族化合物：

$$Ga(CH_3)_3(g) + AsH_3(g) \longrightarrow GaAs(s)\downarrow + 3CH_4(g)\uparrow \tag{1-7}$$

1.2.2 化学镀技术

化学镀又称无电解镀或自催化镀，是在无外加电流的情况下，借助合适的还原剂，使镀液中金属离子还原成金属，并沉积到零件表面的一种镀膜技术（姚寿山等，2005；贺英等，2003；黎永钧和雷晓蓉，1998），是增强材料表面耐腐蚀性和耐磨性的一种有效方法。在化学镀中，研究和应用较为广泛的是化学镀镍合金工艺，它具有镀膜工艺简单和工程应用特性强的优点。目前，化学镀技术已进入发展成熟期，其产品性能稳定、功能多样。

化学镀过程的实质是有电子转移的化学沉积过程，即氧化还原反应。化学镀（如镍）采用的主要反应物是硫酸镍和水合肼，反应原理可由式（1-8）～式（1-11）表示。

氧化反应：$N_2H_4 + 4OH^- \longrightarrow N_2\uparrow + 4H_2O + 4e \qquad \varphi_1 = 1.16V$ （1-8）

还原反应：$Ni^{2+} + 2e$（由还原剂提供）$\longrightarrow Ni \qquad \varphi_2 = -0.23V$ （1-9）

总反应：$2Ni^{2+} + N_2H_4 + 4OH^- \longrightarrow 2Ni + N_2\uparrow + 4H_2O$ （1-10）

反应电动势：$\Delta E = \varphi_1 - 2\varphi_2 = 1.16V-(-0.46V) = 1.62V$ （1-11）

当 $\Delta E \geqslant 0$ 时，反应自由能 ΔF 为负值，此反应能够自发进行。由式（1-8）～式（1-11）可知，金属镍被还原出来的条件是还原剂电位要比 Ni^{2+}电位高。

此外，化学镀技术除上述方法外，还有溶胶-凝胶法、LB（Langmuir-Blodgett）膜法、阳极反应沉积法和热生长法等。

1.2.3 真空蒸镀技术

真空蒸镀技术是把放有基体材料的真空室抽成真空状态，使内部真空度达到 10^{-2}Pa 以下，然后对蒸发料进行加热，当加热到一定温度时，蒸发料表面便气化出大量原子或分子，这些原子或分子形成蒸气流，入射到达基体材料表面后便发生凝结，最终形成固态薄膜。图 1-1 为真空蒸镀装置示意图（张剑峰，2011）。

蒸发料放置于钼舟内，基体则固定在样品放置台上，真空泵工作使系统内部保持实验所需要高真空状态，蒸镀物质被加热到一定温度后开始蒸发。由于在高真空状态，被高温蒸发出的原子或分子有着较长的平均自由程，可以渡越并沉积在基体表面。在薄膜制备技术中，真空环境可划分为：低真空（＞10^{-2}Pa）、中真空（10^{-3}～10^{-2}Pa）、高真空（10^{-5}～10^{-3}Pa）和超高真空（＜10^{-5}Pa）。真空蒸镀技术的优点是沉积速度快，薄膜纯度好；缺点是沉积层与基体的附着力较小。一般可以通过提高蒸发物质的纯度，以及降低加热装置、钼舟等产生的污染来保障薄膜的纯度和质量。

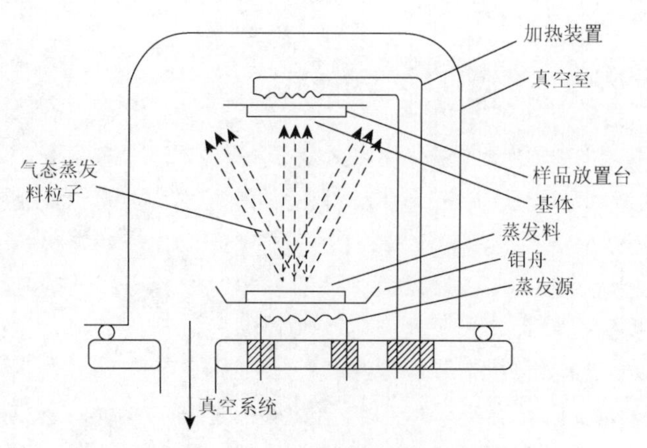

图 1-1　真空蒸镀装置示意图

1.2.4　离子磁控溅射技术

离子磁控溅射是指在真空环境下，利用 Ar 等离子体中的荷能离子 Ar^+轰击靶（以 Ni 靶、SiO_2 玻璃基体为例）表面（韩尔立，2006），使 Ni 靶上的 Ni 原子或 Ni 离子（统称 Ni 粒子）被轰击出来，被轰击出的 Ni 粒子在电场力和磁场力共同作用下沉积在 SiO_2 玻璃基体表面生长成膜的过程，原理如图 1-2 所示（高熙礼，2008）。将 SiO_2 玻璃基体放入真空室内，室内设有磁控阴极 Ni 和溅射气体（H_2、N_2、O_2），溅射 Ni 靶接阴极，阴极加负电压，先对系统预抽真空，再充入适当压力的惰性气体 Ar。Ar 在真空室内辉光放电，产生 Ar^+和自由运动的电子 e，Ar^+在高压电场 E 作用下加速撞击 Ni 靶表面，Ni 原子获得足够高的能量，脱离 Ni 靶束缚飞向 SiO_2 玻璃基体，沉积在 SiO_2 玻璃基体表面上而形成 Ni 膜，而电子则向基体运动。在洛伦兹力和电场力的共同作用下，二次电子 e_1 在加速飞向基体的过程中，以旋轮线和螺旋线的复合形式在靶表面附近做回旋运动。电子 e_1 被电磁场束缚在靠近 Ni 靶表面的等离子体区域内，该区域电离出大量的 Ar^+轰击 Ni 靶，从而实现离子磁控溅射高速沉积的特点。e_1 的能量随着碰撞次数增加逐渐降低并远离 Ni 靶。低能电子 $e_1$①在电场力作用下沿磁力线运动最终到达 SiO_2 玻璃基体。e_1 能量很低，给基体的能量也很小，致使基体温度较低。

离子磁控溅射成膜主要包括 Ni 靶溅射、溅射 Ni 粒子迁移以及溅射 Ni 粒子成膜三个过程（董鹏展，2018；田民波，2006；唐伟忠，2003）。

1. Ni 靶溅射过程

利用惰性气体 Ar 作为入射粒子，Ar 可以避免与 Ni 靶发生化学反应，同时

① 二次电子 e_1 与低能电子 e_1 为同一个二次电子，前者经多次碰撞后为低能电子（e_2、e_3 同理）。

Ar的游离能比其他惰性气体低（Ar的游离能为15.7eV，He的游离能为24.6eV，Ne的游离能为21.6eV）。气体Ar电离成为Ar^+并与Ni靶发生碰撞，Ar^+把动量传递给Ni原子，使其获得能量，Ar^+能量超过Ni靶溅射阈值时，Ni靶发生溅射现象，否则溅射现象不能发生。

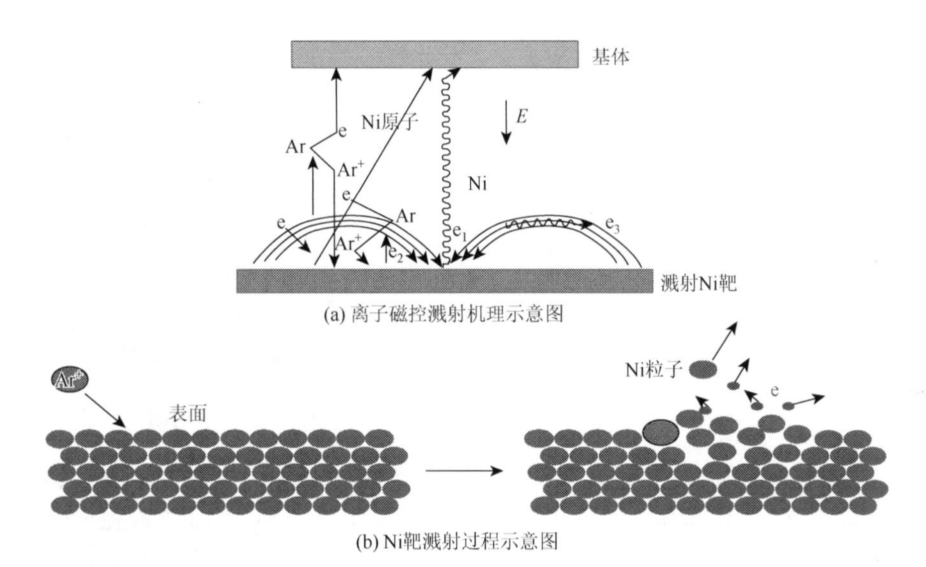

(a) 离子磁控溅射机理示意图

(b) Ni靶溅射过程示意图

图1-2 离子磁控溅射机理及Ni靶溅射过程示意图

2. 溅射Ni粒子迁移过程

从Ni靶逸出的所有粒子中，除了正离子向负极运动而不能到达SiO_2玻璃基体表面，其他粒子均向SiO_2玻璃基体方向迁移。在迁移过程中，溅射气体与溅射粒子会频频发生碰撞而损失能量。为降低碰撞所造成的能量损失，应该调节Ni靶与SiO_2玻璃基体之间的距离（简称靶基距，L），L不能过大，但L也不能过小，否则原子到达基体时速度太大，会导致膜表面粗糙度增加，一般L取值以溅射粒子与溅射气体碰撞平均自由程$\bar{\lambda}$的2倍为宜，即

$$L = 2\bar{\lambda} \tag{1-12}$$

室温$T = 25℃ = 273.15K + 25K = 298.15K$时，溅射气体分子平均自由程$\bar{\lambda}$可表示为

$$\bar{\lambda} = \frac{\bar{\upsilon}}{\bar{Z}} = \frac{\bar{\upsilon}}{n\pi d^2\sqrt{2}\bar{\upsilon}} = \frac{1}{\sqrt{2}n\pi d^2} \tag{1-13}$$

式中，$\bar{\upsilon}$为单位时间内分子走过的平均路程；$\bar{Z}$为单位时间内与其他分子碰撞的次数；d为气体分子的有效直径；n为气体分子密度；$\pi = 3.1415926$。

理想气体状态方程为

$$p = nkT \tag{1-14}$$

将式（1-13）、式（1-14）代入式（1-12），溅射气体分子平均自由程$\overline{\lambda}$可表示为

$$\overline{\lambda} = \frac{kT}{\sqrt{2}\pi d^2 p} \tag{1-15}$$

式中，k为玻尔兹曼常数，为1.38×10^{-23}J/K；d为Ar分子有效直径，为3.4×10^{-10}m；p为溅射气压，Pa。将各数值代入式（1-15），镀膜温度为室温时，溅射气体分子平均自由程$\overline{\lambda}$为

$$\overline{\lambda} = \frac{8.046}{p} \tag{1-16}$$

从式（1-16）中可看出，在室温下，溅射粒子和溅射气体碰撞平均自由程与溅射气压成反比。当溅射气压改变时，需要调节相应靶基距。

3. 溅射Ni粒子成膜过程

运动到基体表面的Ni原子在基体和其他原子共同作用下，形成有序或无序排列薄膜。薄膜生长过程包括中间生长型、层生长型、核生长型三种类型。离子磁控溅射Ni膜生长过程属于核生长型，生长过程分为四个阶段：成核阶段、岛状阶段、网络阶段、连续膜阶段。

（1）成核阶段。碰撞到基体的Ni原子，除去再蒸发部分原子外，其余能量较小的Ni原子被吸附并停留在基体表面，与基体发生化学作用而形成化学吸附；而能量较大的Ni原子则在自身能量和从基体得到热量的作用下，在基体表面进行迁移或扩散。迁移和扩散Ni原子与其他运动原子碰撞形成原子对，形成稳定凝聚核。

（2）岛状阶段。随着基体表面上吸附原子的不断扩散、迁移、碰撞，凝聚核逐渐长大，且平行于基体表面方向的生长速度大于垂直于基体表面方向的生长速度，凝聚核由球帽形结构逐渐变为多边体小岛状结构。

（3）网络阶段。在小岛的生长过程中，相邻小岛之间的距离逐渐变小，直到它们相互堆叠，合并成一个大岛。新生成的大岛将重新结晶，结晶取向与原来较大的小岛相同。大岛继续生长，当岛与岛之间的距离非常小时，大岛就会互相聚结而形成一种网状结构。形成的网状结构中有许多沟槽，沟槽呈无规则分布。随着Ni粒子不断沉积，沟槽中分布的Ni粒子会发生多次成核。当核长大到与沟槽边缘接触时就联并形成网状结构薄膜。

（4）连续膜阶段。随着 Ni 粒子不断沉积，膜表面分布的孔洞和沟槽逐渐消失，膜层呈连续状结构，再入射到SiO_2玻璃基体表面的Ni原子便直接吸附在膜上，通过联并作用而形成具有稳定结构的Ni膜。

1.2.5 离子注入技术

离子注入技术是将某些气体或金属元素的蒸气在真空、低温条件下进行电离形成正离子，经能量为几万到几十万电子伏特的高压电场加速，使离子获得很高速度后射入材料表面，离子束与材料中的原子或分子发生一系列物理和化学的相互作用，入射离子逐渐损失能量，最终停留在材料中，可在材料表面形成一层较薄的膜层，并引起材料表面成分、结构和性能的变化，从而优化材料表面性能，改变材料表面的物理、化学性能，或获得某些新的优异性能（张通和，1993；赵永亮，2006）。

离子注入重要特点之一是原则上可以向基体中引入各种离子，元素种类不受冶金技术的限制，引进的浓度也不受相图限制。目前的元素周期表中所有稳定元素几乎都被人们注入过；且注入元素数量可精确测量和控制，控制方法是监测注入电荷数量；可通过改变注入离子能量控制注入层厚度；通过磁分析器分析注入束可得到纯离子束流；束流注入时扫描装置可使注入元素在注入面积上均匀分布；离子注入具有直进性，横向扩散小；注入时靶温可控制在低温、室温和高温，低温和室温注入可保持注入部件的尺寸不发生变化；注入元素在金属中不受固溶度限制；可注入离子团，可进行多种离子注入。用双注入方法可在基体中形成氮化物、硼化物和氧化物，从而延长注入层抗磨损寿命，也有人用注入镍和铬的方法提高注入层抗腐蚀性能。蒸发和溅射过程中伴随注入可改善镀膜特性，因此又称为离子束增强沉积。

1.2.6 热喷涂技术

1. 热障涂层制备技术发展

热喷涂技术在《热喷涂 术语、分类》（GB/T 18719—2002）中定义为在喷涂枪内或外将喷涂材料加热到塑化或熔化状态，然后喷射于经预处理的基体表面上，基体保持未熔状态形成涂层的方法。热喷涂技术是表面改性技术的重要组成部分之一，数量约占表面改性技术的1/3（王文雪，2015）。

大气等离子喷涂（air plasma spraying，APS）、电子束物理气相沉积（electron beam physical vapor deposition，EB-PVD）、激光熔覆（laser cladding）、等离子喷涂-物理气相沉积（plasma spraying-physical vapor deposition，PS-PVD）等是目前热障涂层的主要制备技术。

APS技术是以氢气、氮气等作为工作气体，经过电离产生等离子高温射流，随后粉末由送粉气体经过送粉管送入射流中，进入射流中的粒子迅速被加热到熔化或熔融状态，最后以单个粒子为单位沉积到基体的表面形成层状堆积涂层的一种技术。该技术焰流温度高、速度快，适用于喷涂陶瓷等高熔点材料，具有工艺成熟、操作简便、选材广泛等优点。

EB-PVD 技术主要是电子束技术和 PVD 技术相互结合的产物。其原理如下：真空状态下，从电子枪发射高能量密度的电子束，当电子束轰击在陶瓷粉末原料上时，陶瓷粉末原料会瞬间气化，随后原料蒸气在偏转磁场的作用下以原子或者分子的形式沉积到基体上，最终形成柱状组织结构的陶瓷粉末涂层。EB-PVD 技术制备的热障涂层比 APS 技术制备的热障涂层抗剥落寿命延长近 7 倍，显微组织由许多柱状晶组成，并且每个柱状晶与基体结合十分牢固，涂层结合强度大大提高。EB-PVD 技术还可以有效解决 APS 技术制备的涂层气孔率偏高问题，延长涂层热循环寿命。但是，EB-PVD 技术操作复杂、技术难度大、对设备要求高、沉积效率低等缺点限制了其在工业领域的发展。

激光熔覆技术是指以不同填料方式在被涂覆基体表面上放置选择涂层材料，经激光辐照使之和基体表面薄层同时熔化，并快速凝固后形成稀释度极低并与基体材料呈冶金结合的表面涂层技术。作为一种新型纳米陶瓷涂层制备技术，其优点是凝固速率快、可抑制材料晶粒过度生长及提高涂层致密度等。

PS-PVD 技术是一种新型功能薄膜与涂层制备技术，一般采用枪内送粉方式，喷涂粉末被直接注入等离子喷枪内等离子射流中，这样有利于粉末熔化和气化。等离子喷枪一般配有 2 个或 4 个送粉口，可以同时注入单路或多路粉末，并采用超低压工作环境和高功率高热焓值等离子喷枪，等离子气体流量可以达到 200SLPM（standard liters per minute，标准公升/分），喷涂功率可达到 100kW，此时等离子射流形态和特性均会发生很大变化。等离子气体在等离子喷枪内被电弧加热离解成高能高压等离子体，通过喷嘴进入真空室后急剧膨胀并形成超声速等离子射流。同时，PS-PVD 设备装配相关监测装置，其中原子发射光谱仪用于表征等离子体性质及粉末气化程度，红外照相仪及热电偶监测基体温度。

2013 年，北京航空航天大学从瑞士 Medicoat 公司引进我国第一台大功率 PS-PVD 设备。该设备主要由等离子喷枪、真空室、真空泵、送粉器、中央控制器等部件组成，如图 1-3 所示（郭洪波等，2015）。喷涂程序由中央控制器控制，

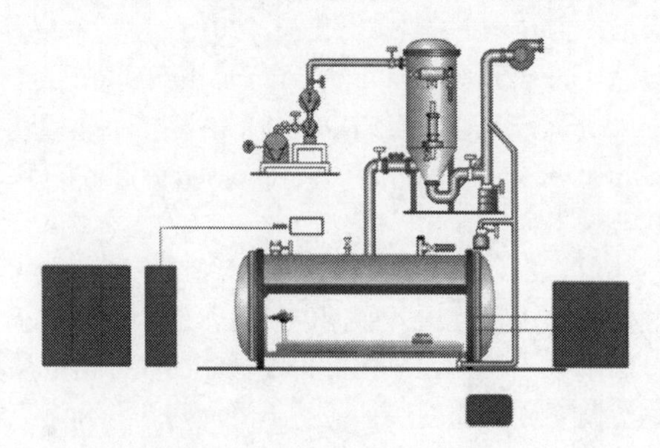

图 1-3 PS-PVD 设备示意图

等离子喷枪、工件及样品台均位于超低压真空室内，真空室与真空泵、过滤除尘系统相连，喷涂时可以保持一定真空度。

PS-PVD 技术将等离子喷涂技术和 PVD 技术两种技术优势结合在一起，实现气、液、固多相快速共同沉积，可进行涂层/薄膜微结构高度柔性加工，可对复杂工件遮蔽区域进行均匀沉积，在热障涂层等领域具有广阔的应用前景。

2. 热障涂层结构演变

目前，热障涂层由最初的双层结构逐渐演变为多层或梯度结构（郭洪波等，2000）。双层结构热障涂层底层为黏结层，面层为陶瓷层，如图 1-4（a）所示；多层结构热障涂层主要由黏结层、多层隔热层及陶瓷层构成，如图 1-4（b）所示，该结构对热震性能改善不大，制备工艺复杂，在航空发动机领域的应用受到限制。因此，针对涂层进行化学成分、组织结构沿涂层厚度方向呈梯度变化的梯度结构设计等方面，还有待进一步深入研究，如图 1-4（c）所示。

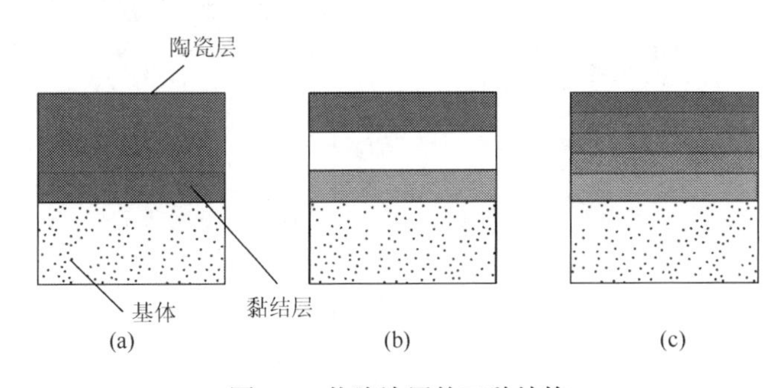

图 1-4 热障涂层的三种结构

3. 热障涂层研究热点

目前，NiCrAlY 或 CoCrAlY 抗高温氧化合金是热障涂层主要的黏结层材料，有时也用 Ni/Al 合金，陶瓷层材料主要是 Al_2O_3、SiO_2、ZrO_2 等。其中，Y_2O_3 稳定 ZrO_2（YSZ）可以有效避免 ZrO_2 在高温下相变，是目前使用较广泛的稳定剂，但向 YSZ 材料中加入 La_2O_3、Y_2O_3、Yb_2O_3、Sc_2O_3 和 CeO_2 等稀土氧化物也受到越来越多的关注。

参 考 文 献

戴达煌，代明江，侯惠君. 2013. 功能薄膜及其沉积制备技术[M]. 北京：冶金工业出版社.

董鹏展. 2018. 基于钛扩散制备 Ti/$LiNbO_3$ 波导型光耦合片工艺与光学性能优化[D]. 哈尔滨：哈尔滨理工大学.

范多旺. 2008. 绿色镀膜技术发展现状与趋势[J]. 表面工程资讯（5）：3-4.

高熙礼. 2008. 用磁控溅射方法制备非晶碳膜/硅异质结及其电输运性质的研究[D]. 北京：中国石油大学（北京）.

郭洪波，宫声凯，徐惠彬，等. 2000. EB-PVD 梯度热障涂层的制备及其热疲劳性能[J]. 金属学报，36（7）：703-706.
郭洪波，魏亮亮，张宝鹏，等. 2015. 等离子物理气相沉积热障涂层研究[J]. 航空制造技术（22）：26-31.
韩尔立. 2006. 离子源辅助磁控溅射沉积 SiO_x 阻隔薄膜的研究[D]. 北京：北京印刷学院.
韩高荣. 2008. CVD 法大面积无机功能薄膜的制备技术及新型镀膜玻璃研究[C]. 昆明：中国真空学会 2008 年学术年会论文摘要集：59.
贺英，桑文斌，王均安. 2003. 化学镀工艺在微电子材料中的研究和应用[J]. 微纳电子技术（5）：23-27.
花国然，罗新华，赵剑峰，等. 2004. 纳米陶瓷块体的激光烧结成形实验研究[J]. 中国机械工程（15）：1372-1374.
黎永钧，雷晓蓉. 1998. Ni-P-PTFE 复合镀层摩擦与磨损性能研究[J]. 兵器材料科学与工程（3）：13-18.
马旭村，姜鹏，宁艳晓，等. 2008. 金属薄膜表面化学反应活性中的量子尺寸效应[J]. 物理学进展（2）：146-157.
唐伟忠. 2003. 薄膜材料制备原理、技术及应用[M]. 北京：冶金工业出版社.
田民波. 2006. 薄膜技术与薄膜材料[M]. 北京：清华大学出版社.
王文雪. 2015. 基于共沉淀法制备纳米 CeO_2/Y_2O_3 稳定 ZrO_2 热障涂层及热性能研究[D]. 哈尔滨：哈尔滨理工大学.
姚寿山，李戈扬，胡文彬. 2005. 表面科学与技术[M]. 北京：机械工业出版社.
张剑峰. 2011. 基于绿色镀膜技术制备金属/SiO_2 光衰减片的研究[D]. 哈尔滨：哈尔滨理工大学.
张通和. 1993. 离子注入表面优化技术[M]. 北京：冶金工业出版社.
赵永亮. 2006. 等离子体/离子复合注入不锈钢表面改性研究[D]. 哈尔滨：哈尔滨工业大学.
郑伟涛. 2018. 薄膜材料与薄膜技术[M]. 2 版. 北京：化学工业出版社.
周志华. 2006. 材料化学[M]. 北京：化学工业出版社.

第2章　Al_2O_3/PTFE复合薄膜设计、制备、调控与耐磨性能优化

自20世纪80年代我国借鉴苏联技术开展弹性金属-塑料（elastic metal-plastic，EMP）瓦研制工作以来，EMP瓦技术已广泛应用于国产水力发电机组推力轴承瓦制造中（汤卉和邵俊鹏，2015；赵文芳等，2006）。EMP瓦以钢板作为基板，中间钎焊铜丝网，在铜丝网外部热压聚四氟乙烯（polytetrafluoroethylene，PTFE）板材。EMP瓦表面为PTFE材料，虽然利用PTFE改善了轴承瓦面的耐磨性，使轴承瓦发热问题在一定程度上得到解决，但另一个难题一直没有得到解决：表面PTFE材料是一种结构特殊高分子工程材料，分子链呈螺旋形，较僵硬，是一种固体晶区与高弹态非晶区混合物，这种特殊结构形式赋予其优良的自润滑性，但摩擦系数小，表面能较低，临界表面张力为 10^{-4}N/cm（为各种材料中最大），因此材料较软，耐磨性差，尤其是当负荷和滑动速度超过一定条件时，磨耗会增加很大，且随着轴承瓦转速增大，磨损情况将趋于严重，尤其是在停机时，油膜失去作用，将产生瞬时干摩擦现象，使轴承瓦损伤严重。PTFE本身性能严重限制EMP瓦使用效果。如何提高PTFE的耐磨性、改善EMP瓦的耐磨性已成亟待解决的问题。

目前，针对这一难题的解决方法是对PTFE表面改性，即直接物理掺杂。PTFE作为高分子材料中较常用的工程塑料，虽由于特殊的分子结构具有某些优异的机械特性，但也正是这种特殊的分子结构使这种材料的表面能较低，硬度较低，磨耗较大，当负荷和滑动速度超过一定条件时，磨耗会变得很大，因此在应用中对其有一定限制。例如，在氟贴面推力轴承、水轮发电机组EMP瓦等大载荷高滑动速度工况下的应用受到限制。利用绿色镀膜技术中的离子注入技术将金属离子注入PTFE。由于在离子注入过程中，金属离子可以进入PTFE基体浅表面，并随着注入时间、剂量的增加，可以直接在PTFE基体表面形成一层保护层（纳米薄膜层），实现表面改性。

本章采用两种改性技术：其一，离子磁控溅射技术，向PTFE表面溅射 Ag^+、Al^{3+}，形成Ag/PTFE、Al_2O_3/PTFE纳米复合薄膜；其二，离子注入技术，向PTFE分别注入PTFE粒子、Al^{3+}，形成PTFE/PTFE、Al_2O_3/PTFE单层和Al_2O_3/PTFE多层纳米复合薄膜，从而改善材料的润湿性、黏结性和表面活性，提高PTFE的耐磨性。

2.1 离子注入改性 PTFE 耐磨性能优化

为探索提高 PTFE 耐磨性的有效途径和方法，针对多种金属离子注入 PTFE 表面发生的各种物理现象与变化，利用离子射程与能量计算软件 SRIM 进行模拟实验，针对 PTFE 表面微结构与能量场及摩擦学特性进行模拟、调控实验及优化研究。对于不同注入金属离子（Al^{3+}、Cr^{3+}、Ni^{+}、Ag^{+}），选择不同注入能量（20keV、25keV、30keV、40keV），在 PTFE 表面进行不同剂量（1×10^{14} 离子/cm^3、1×10^{15} 离子/cm^3、5×10^{15} 离子/cm^3、1×10^{16} 离子/cm^3）注入，主要针对四种注入金属粒子分布截面、射程分布、反冲粒子分布、碰撞能量损伤、能量传递场分布五方面进行模拟、调控实验与优化。在计算机模拟的基础上，采用离子磁控溅射和离子注入两种技术，制备 Ag/PTFE、PTFE/PTFE、Al_2O_3/PTFE 单层、Al_2O_3/PTFE 多层纳米复合薄膜。通过实验对模拟、调控实验结果进行验证研究，在尽量保证 PTFE 自身润滑性能的基础上，通过注入合适的纳米级金属离子，调控金属氧化物/PTFE 纳米复合薄膜的摩擦学特性，获得改性效果最佳的金属氧化物/PTFE 纳米复合薄膜，并得到最佳的工艺条件，指导工业化生产，从而达到提高 PTFE 耐磨性的目的。

2.1.1 几何碰撞模型建立

首先，应用蒙特卡罗模拟方法，建立理想入射金属离子 A（Al^{3+}、Cr^{3+}、Ni^{+}、Ag^{+}）和被碰撞原子 B（PTFE）两个弹性硬球碰撞模型（谭模强，2005），如图 2-1 所示。把参与碰撞的每个原子当成半径为 R 的理想弹性硬球，碰撞只发生在 $r=R$ 处，在 $r>R$ 处则不发生相互作用。设入射金属离子（Al^{3+}、Cr^{3+}、Ni^{+}、Ag^{+}）的

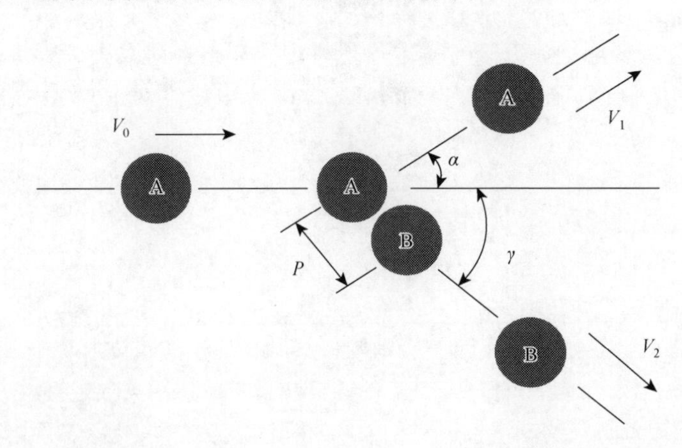

图 2-1 金属离子（Al^{3+}、Cr^{3+}、Ni^{+}、Ag^{+}）和 PTFE 弹性硬球碰撞模型

质量为 M_1，初始处于静止状态。被碰撞原子（PTFE）的质量为 M_2，两球中心间距为 $2R$，入射金属离子碰撞前与被碰撞原子的中心距离为 P。散射离子运动方向和被碰撞原子运动方向与入射金属离子初始运动方向之间的夹角分别是 α 和 γ。碰撞后两者的速度分别为 V_1 和 V_2，入射金属离子的初始速度和能量分别为 V_0 和 E_0。

在蒙特卡罗模拟方法计算过程中采用连续慢化假设，即入射金属离子（Al^{3+}、Cr^{3+}、Ni^{+}、Ag^{+}）与 PTFE 原子碰撞采用两个弹性硬球碰撞描述，碰撞主要导致入射金属离子（Al^{3+}、Cr^{3+}、Ni^{+}、Ag^{+}）的运动轨迹发生变化，能量损失来自弹性能量损失。入射金属离子与 PTFE 原子发生碰撞将导致不同原子间相互混合。这种混合主要由两方面组成：初级反冲混合和级联碰撞混合。入射金属离子进入 PTFE 表面，并与 PTFE 原子发生碰撞。根据能量守恒定律，碰撞过程中发生能量迁移，入射金属离子反冲并撞击 PTFE 原子，而被撞 PTFE 原子获得初始能量。如果这一能量小于 PTFE 原子的晶格能，则 PTFE 原子无法断键而迁移至其他位置，只能在平衡位置附近以声子形式将能量留在振动中，释放晶格能并留在晶格位置；如果这一能量大于 PTFE 原子的晶格能，PTFE 原子将克服晶格能，脱离自身位置，迁移到另一位置，并在原晶格位置留下空位。金属反冲粒子和脱离原晶格位置的 PTFE 原子晶格能在足以克服其他 PTFE 原子晶格能之前将持续制造级联碰撞，继续通过撞击其他 PTFE 原子制造更多的空位和移位原子，而能量不足的粒子将停留在晶格间隙形成间隙原子。这些损伤形式是相关联的，并存在如下关系：

移位原子数 = 空位数 + 替代原子数；

空位数 + 替代原子数 = 间隙原子数 + 背散射粒子数 + 透过原子数。

间隙和空位引起电荷密度变化，会改变该区域附近作用力平衡。各原子将对应发生弛豫并在新位置获得平衡。注入原子分布根据不同情况有高斯分布、埃思沃斯分布、皮尔逊分布，式（2-1）给出典型高斯分布公式：

$$N(x)=\frac{\Psi}{\sqrt{2\pi}\Delta R_{\mathrm{p}}{}^{2}}\exp\left[-\frac{(x-R_{\mathrm{p}})^{2}}{2\Delta R_{\mathrm{p}}{}^{2}}\right] \tag{2-1}$$

式中，Ψ 为注入量；R_{p} 和 ΔR_{p} 分别为入射离子投影射程和标准偏差。

2.1.2　SRIM 概述

离子注入技术计算机仿真通过离子射程与能量计算软件 SRIM 完成。这一软件由美国耶鲁大学 Ziegler 等（2010）开发，是研究分子动力学模拟薄膜生长过程各元素变化的专用软件，是模拟粒子在材料中辐射损伤的经典程序，是计算粒子在固体中受到阻止及其射程分布的模拟软件（Stoller et al.，2013）。SRIM 的原理是根据蒙特卡罗模拟方法模拟粒子在物质中的输运过程，通过计算机模拟跟踪一批入射粒子、反冲粒子在固体中运动状态与分布形式及能量交换、损失，包括离子分布、反冲原子能量分布、原子吸收能量、原子溅射率等。其可以处理的入射粒子能量为 10eV～2GeV，薄膜最多达 8 层、12 种元素。粒子位置、能量损失以及次级粒子等各种参数都在整个跟踪过程中存储下来，最后得到各种所需物理量的期望值和对应的统计误差。在计算过程中采用连续慢化假设，即入射粒子与基体原子碰撞采用两体碰撞描述，这一部分主要导致入射粒子运动轨迹变化，能量损失主要由弹性碰撞引起；在二次碰撞中，认为入射粒子与基体中电子发生碰撞，引起能量连续均匀损失；当入射粒子为重离子时，可认为在此期间入射粒子做直线运动，能量损失主要是非弹性能量损失；二次两体碰撞距离以及碰撞后的参数通过随机抽样得到。

通过模拟向接近真空环境下 PTFE 表面注入特定金属离子（Al^{3+}、Cr^{3+}、Ni^{+}、Ag^{+}），获得一层复合薄膜。新粒子改变了材料的结构，从而使力学性能得到强化。通过设置环境和入射粒子、基体粒子参数，结合碰撞理论，即可得到入射粒子射程及膜层粒子分布等情况。

SRIM 主要由两大部分组成：SR 和 TRIM。SR 为离子停止和范围表，用于计算对应电流强度下任意离子在基体材料中的射程，或者说停止位置；TRIM 为物质中离子迁移，用于计算在给定电流强度下注入基体的粒子在材料表面的能量分布和浓度分布。通过进一步设置，可以得到一定能量粒子打进基体的深度、入射粒子在基体中的分布、粒子电离效应能量损失、传递给反冲原子的能量、背散射粒子数和透过粒子数、溅射产额、入射粒子和反冲原子能量损失等详细情况；利用离子范围板块数据，根据入射剂量可评估入射粒子在基体中的掺杂浓度；根据原子分布数据可评估入射粒子对基体造成的空位损伤、是否形成非晶层等。

2.1.3 SRIM 模拟及优化

为寻求离子注入 PTFE 改性最合理的实验方案，分别对不同注入离子（Al^{3+}、Cr^{3+}、Ni^{+}、Ag^{+}）、相同离子不同注入能量（Al^{3+}，20keV、25keV、30keV、40keV）、相同离子相同能量不同注入剂量（Al^{3+}，20keV，1×10^{14} 离子/cm^3、1×10^{15} 离子/cm^3、5×10^{15} 离子/cm^3、1×10^{16} 离子/cm^3）条件下，离子注入 PTFE 后表面注入膜的各种参数进行模拟分析。对四种注入金属粒子分布截面、射程分布、反冲粒子分布、碰撞能量损伤、能量传递场分布五方面进行模拟实验与优化研究，得到四种金属入射离子的运动状态、运动轨迹、入射粒子位置以及次级粒子分布状态轨迹图及相关参数（Shao et al.，2018，2015）。

实验采用定点注入方式，离子注入速率为 290～295 离子/min。注入 Al^{3+}约 230min 后可得到离子分布曲线，注入离子约 66700 个。模拟实验软件计算量过大将引起系统内存不足而出现故障，为了控制实验时间，其中注入剂量为 1×10^{16} 离子/cm^3 的模拟实验选在材料表面 40nm 深度进行。从实验结果分析，采集到的模拟特征值足以继续进行本次实验分析。入射角计算采用 MACIC 算法处理。由第一性原理计算获得：PTFE 密度 $\rho=2.2g/cm^3$，碳原子移位能 $E_{disp}=28eV$，碳表面键能 $E_{surf}=7.41eV$，碳晶格能 $E_{latt}=7.47eV$；氟原子移位能 $E_{disp}=25eV$，氟表面键能 $E_{surf}=2eV$，氟晶格能 $E_{latt}=3eV$。

1. 粒子分布截面模拟

图 2-2 是相同注入能量（20keV）、相同注入剂量（1×10^{14} 离子/cm^3）的四种离子注入后粒子分布 *X-Y* 面截面图。其中线段轨迹表示金属离子的运动轨迹，而弥散区域表示受到碰撞 PTFE 原子的运动轨迹（Tang et al.，2014）。

图 2-2（a）为 Al^{3+}注入 PTFE 表面得到的粒子分布截面，图 2-2（b）为 Cr^{3+}注入 PTFE 表面得到的粒子分布截面，图 2-2（c）为 Ni^{+}注入 PTFE 表面得到的粒子分布截面，图 2-2（d）为 Ag^{+}注入 PTFE 表面得到的粒子分布截面。通过辐射范围可以非常明显地看出粒子受到碰撞扩散，入射金属离子并没有直接到达的地方也会因这种扩散作用而增强。比较图 2-2 可知，注入剂量同为 1×10^{14} 离子/cm^3、注入能量同为 20keV 时，注入同一基体表面，Al^{3+}表现出更为强烈的辐射扩散效果。这对 PTFE 材料得到好的改性效果是非常重要的。

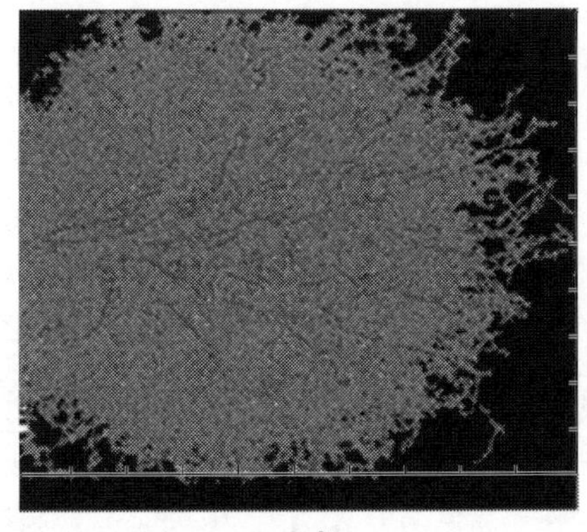

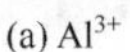
(a) Al^{3+}

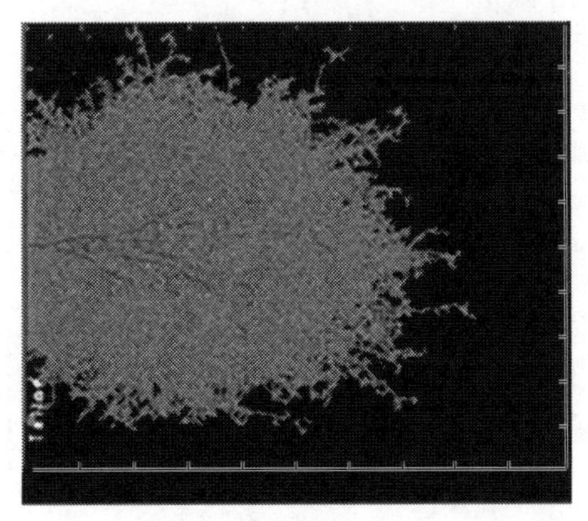

(b) Cr^{3+}

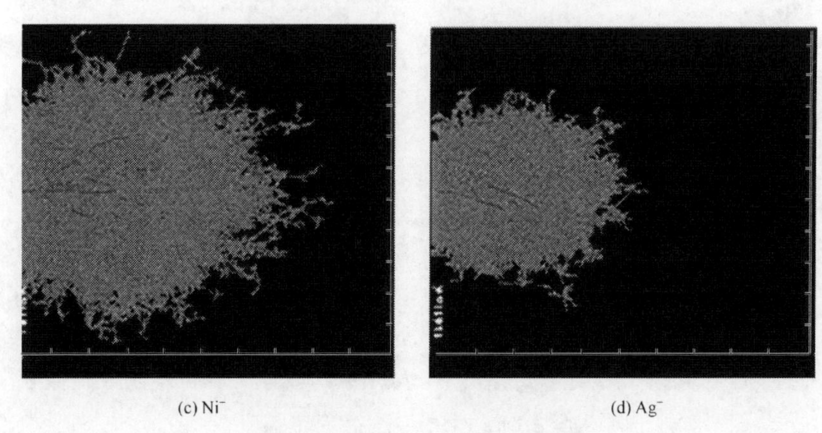

(c) Ni^-　　(d) Ag^-

图 2-2　四种注入离子粒子分布截面

2. 射程分布模拟

1）不同注入离子下投影射程分布

图 2-3 为不同离子在相同注入能量（20keV）、相同注入剂量（1×10^{14} 离子/cm^3）下的投影射程分布。Al^{3+}注入射程为 26.1nm，平均杂质浓度为 2.8×10^{19} 离子/cm^3，粒子数分布半峰宽约为 40nm。而在同一注入能量、同一注入剂量下，Cr^{3+}注入射程为 22.8nm，平均杂质浓度为 45.6×10^{19} 离子/cm^3；Ni^+注入射程为 21.2nm，平均杂质浓度为 42.4×10^{19} 离子/cm^3；Ag^+注入射程为 18.4nm，平均杂质浓度

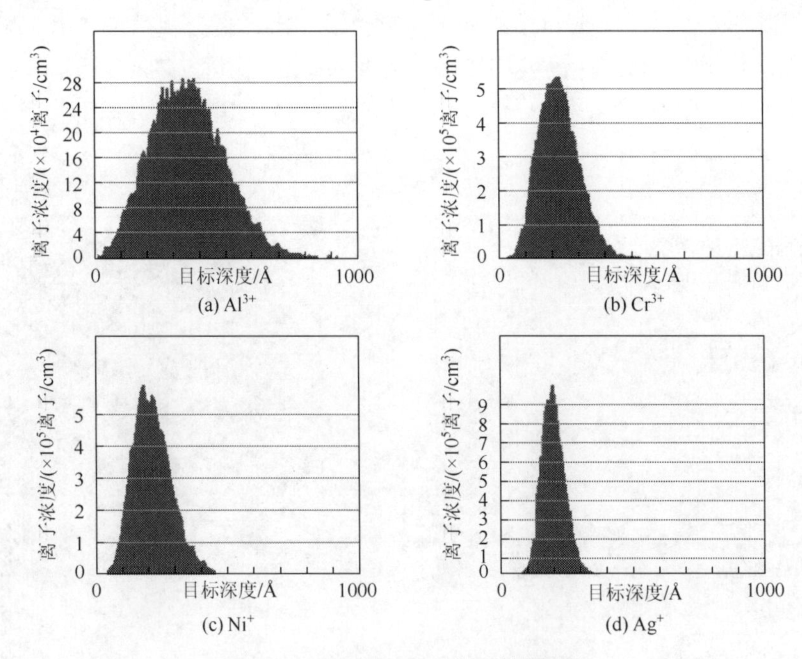

图 2-3　四种注入离子投影射程分布

为 97.1×10^{19} 离子/cm^3。Cr^{3+}、Ni^{+}、Ag^{+}注入 PTFE 基体得到的粒子数分布半峰宽均在 20nm 甚至不足 20nm，平均杂质浓度虽很高，但耐磨效果都不如 Al^{3+}。向 PTFE 中引入金属离子可以改变 PTFE 表面结构，使 PTFE 基体在与磨损部件接触的过程中，可以在形成对偶面转移膜中掺入杂质粒子，这样既保留部分自润滑性能，又能增加对偶面转移膜在磨损部件上的附着能力。如果注入深度过小，在与磨损部件对磨过程中，注入层将全部转移到对偶面上，这样不但不能提高 PTFE 的耐磨能力，反而会加剧 PTFE 基体磨损。而 Cr^{3+}、Ni^{+}、Ag^{+}在相同条件下注入 PTFE 后，均在约 20nm 深度形成高浓度掺杂，这种表面改性薄膜在机械力作用下很可能整体剥离，不利于抵抗磨损。所选四种离子中，Al^{3+}改性效果最好。

2）不同注入能量下投影射程分布

图 2-4 为同种离子（Al^{3+}）、相同注入剂量（1×10^{14} 离子/cm^3）、不同注入能量下的投影射程分布。图 2-4（a）中注入能量为 20keV 时，注入射程为 26.1nm，平均杂质浓度为 2.8×10^{19} 离子/cm^3；图 2-4（b）中注入能量为 25keV 时，注入射程为 48.8nm，平均杂质浓度为 2.3×10^{19} 离子/cm^3；图 2-4（c）中注入能量为 30keV 时，注入射程为 61.0nm，平均杂质浓度为 1.9×10^{19} 离子/cm^3；图 2-4（d）中注入能量为 40keV 时，注入射程为 82.8nm，平均杂质浓度为 1.5×10^{19} 离子/cm^3。

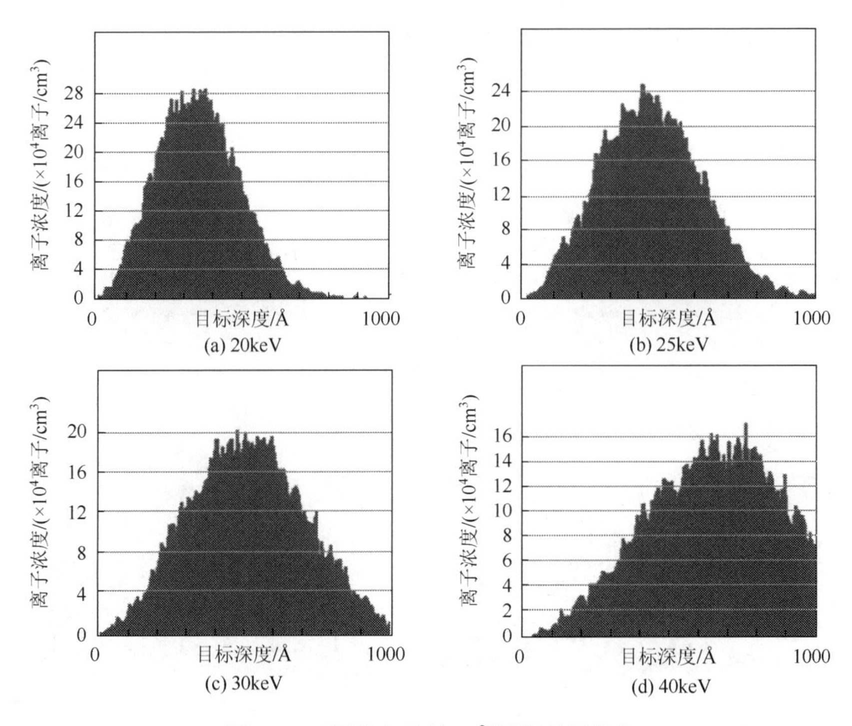

图 2-4　不同注入能量 Al^{3+}投影射程分布

由图 2-4 可知，伴随注入能量增加，金属离子注入射程逐渐增大，注入深度逐渐增大。金属离子注入能量增加必然导致注入材料辐射扩散增强，粒子分布呈现均匀化，同时平均杂质浓度减小。另外，随着注入深度增大，掺杂粒子数分布半峰宽增大。由于 PTFE 在受磨损时形成转移膜的厚度为几十纳米，当 PTFE 表面转移膜剥离后，PTFE 基体与对偶面转移膜间磨损机理将发生变化。因此，注入能量要求有一定范围，过低或过高都将破坏转移膜的自润滑功能，选择注入能量为 20keV、注入射程为 26.1nm、平均杂质浓度为 2.8×10^{19} 离子/cm^3 一组数据较合适。

3）不同注入剂量下投影射程分布

图 2-5 为同种离子（Al^{3+}）、相同注入能量（20keV）、不同注入剂量下的投影射程分布。为保证最大注入剂量满足实验要求，仅考虑 PTFE 表面 40nm 深度区域内情况，所以平均杂质浓度偏高。图 2-5（a）中注入剂量为 1×10^{14} 离子/cm^3，注入射程为 28.8nm，平均杂质浓度为 3.7×10^{19} 离子/cm^3，效果最佳；图 2-5（b）中注入剂量为 1×10^{15} 离子/cm^3，平均杂质浓度为 3.2×10^{19} 离子/cm^3；图 2-5（c）中注入剂量为 5×10^{15} 离子/cm^3，平均杂质浓度为 2.9×10^{19} 离子/cm^3；图 2-5（d）中注入剂量为 1×10^{16} 离子/cm^3，平均杂质浓度为 2.7×10^{19} 离子/cm^3。随着逐渐提高注入剂量，注入射程仅有微小波动。然而，由于辐射增强扩散作用，掺杂粒子数分布半峰宽增大，造成 PTFE 表面平均杂质浓度减小。从图中曲线走势可看出，

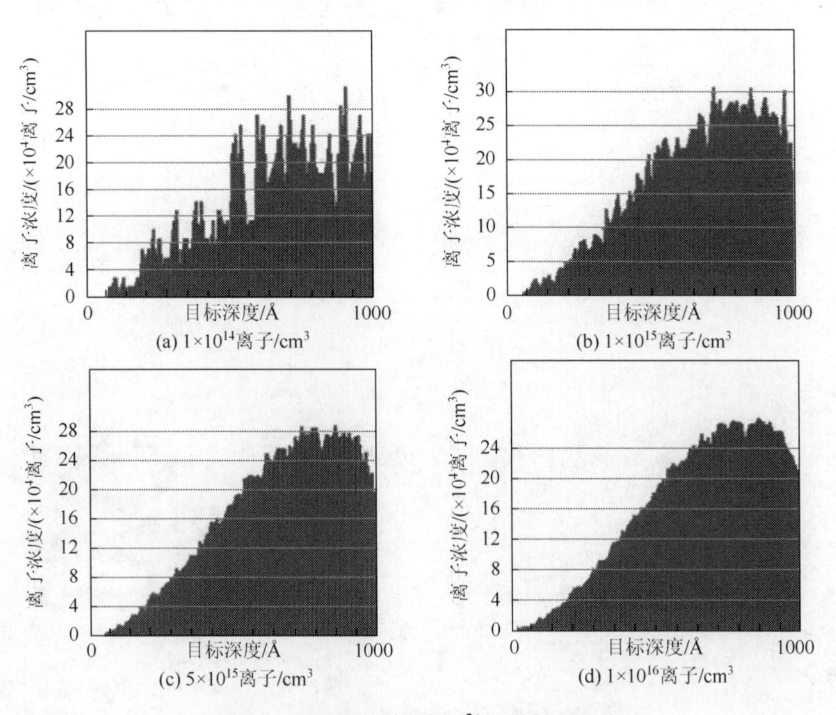

图 2-5　不同注入剂量 Al^{3+} 投影射程分布

随着注入剂量增加，PTFE 基体中入射离子分布逐渐趋向均匀，有利于提高复合薄膜整体的耐磨性能，选择注入剂量为 1×10^{16} 离子/cm^3、平均杂质浓度为 2.7×10^{19} 离子/cm^3 一组数据较合适。

3. 反冲粒子分布模拟

图 2-6～图 2-8 为反冲粒子分布。在反冲粒子分布模拟曲线中，曲线 1 表示散射离子分布，曲线 2 表示受碰形成的氟反冲原子分布，曲线 3 表示受碰形成的碳反冲原子分布密度。

1）不同注入离子下反冲粒子分布

图 2-6 表示不同离子在相同注入能量（20keV）、相同注入剂量（1×10^{14} 离子/cm^3）下的反冲粒子分布。通过观察比较，无论注入何种离子，产生的碳反冲原子分布、氟反冲原子分布及散射离子分布之比均约为 1∶2∶2，且反冲原子分布峰在离子射程位置上，而散射离子分布峰与反冲原子分布峰均存在一定偏移。图 2-6（a）为注入 Al^{3+}时反冲粒子分布，散射离子分布为 4.9×10^{21} 离子/cm^3，峰值偏离离子射程位置后方 17nm；图 2-6（b）为注入 Cr^{3+}时反冲粒子分布，散射离

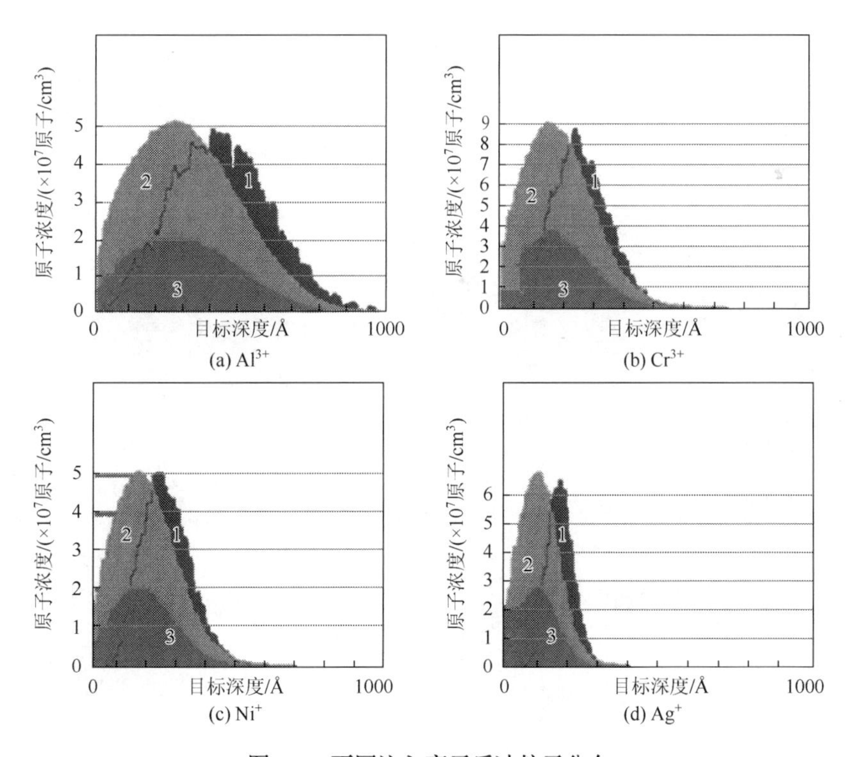

图 2-6　不同注入离子反冲粒子分布

子分布为 8.7×10^{21} 离子/cm^3，峰位偏移 11nm；图 2-6（c）为注入 Ni^+时反冲粒子分布，散射离子分布为 10.2×10^{21} 离子/cm^3，峰位偏移 8nm；图 2-6（d）为注入 Ag^+时反冲粒子分布，散射离子分布为 12.6×10^{21} 离子/cm^3，峰位偏移 6nm。对比图 2-6（a）与图 2-3（a），Al^{3+}平均杂质浓度为 2.8×10^{19} 离子/cm^3，而散射离子分布达 4.9×10^{21} 离子/cm^3，这一差距表明，离子注入基体表面后发生激烈扩散运动，并经历多次碰撞和复位运动。峰位偏移说明在持续注入过程中，入射离子在达到射程后，随着对基体造成的损伤加剧，入射离子运动距离相应增加，并延伸至反冲粒子分布峰之后，形成组分比例不同的两层结构。

2）不同注入能量下反冲粒子分布

图 2-7 表示相同离子（Al^{3+}）、相同注入剂量（1×10^{14} 离子/cm^3）、不同注入能量下的反冲粒子分布。通过对图 2-7 各种情况进行比较，当注入能量为 20keV、25keV、30keV 时，各粒子分布密度无明显波动；当注入能量为 40keV 时，各粒子分布峰高度有所减小。另外，随着注入能量增加，各反冲原子分布峰及散射离子分布峰会随着注入射程增加而移动，同时粒子分布半峰宽呈现出逐渐增加的趋势。这说明注入能量增加加剧了粒子辐射增强扩散作用，扩大了粒子分布区域。

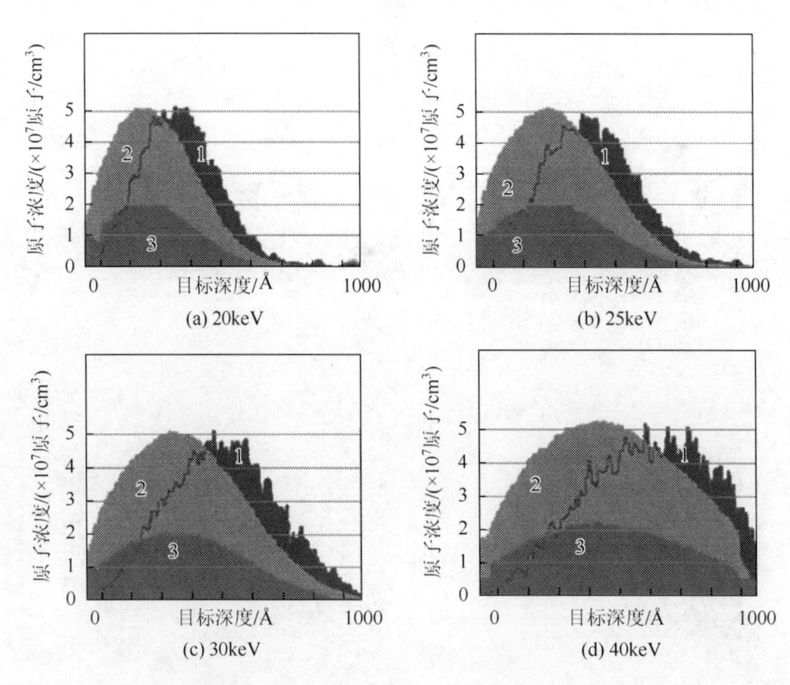

图 2-7　不同注入能量 Al^{3+}反冲粒子分布

3）不同注入剂量下反冲粒子分布

图 2-8 为相同离子（Al^{3+}）、相同注入能量（20keV）、不同注入剂量下的反冲粒子分布。比较图 2-8 各种情况，无论是散射离子，还是反冲原子，随着注入剂量增加，逐渐趋向于稳定高斯分布。随着注入过程进行，基体表面形成一层均匀增厚复合薄膜。

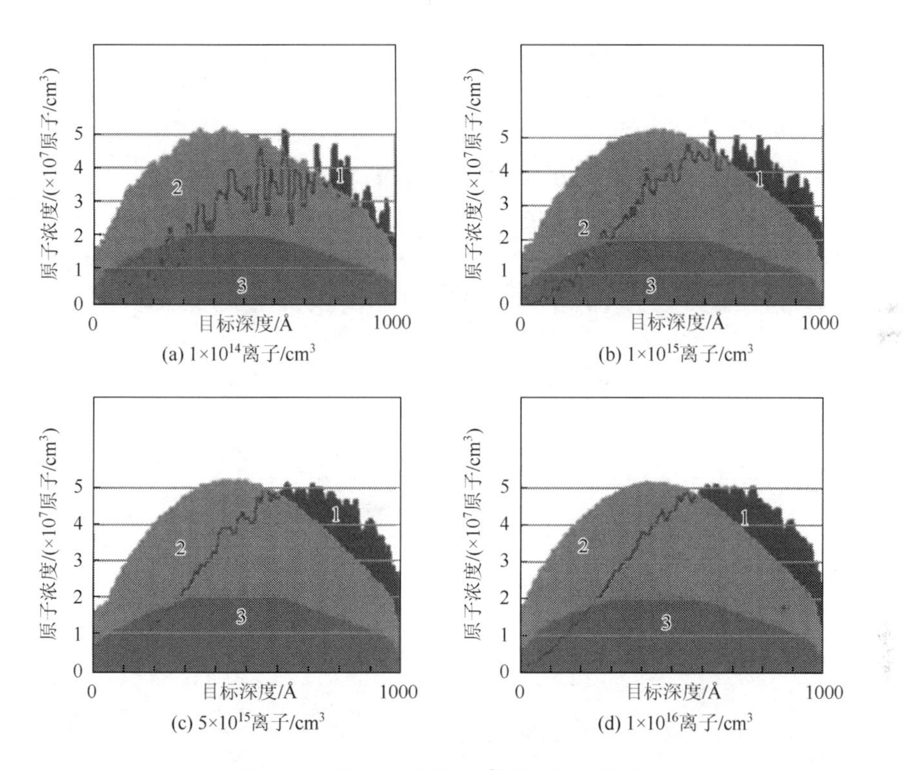

图 2-8　不同注入剂量 Al^{3+}反冲粒子分布

4. 碰撞能量损伤模拟

碰撞过程引发注入基体中粒子位移，导致替代缺陷和空位缺陷，造成损伤事件。图 2-9 中纵坐标表示每个离子在不同深度下经单位距离（1Å）注入后产生的原子数密度。曲线 1 表示每单位距离注入离子击出基体原子数，包括碳原子和氟原子两部分，数值对应反冲粒子分布图中碳反冲原子数与氟反冲原子数之和。曲线 2 表示每单位距离注入离子在基体中产生的空位数，比曲线 1 略低，即空位数比移位数小。曲线 3 表示每单位距离注入离子产生的替代原子数，即复位原子数。

1）不同注入离子下损伤情况

图 2-9 表示相同注入能量（20keV）、相同注入剂量（1×10^{14} 离子/cm^3）下，不同注入离子对基体造成的替代损伤和空位损伤情况。PTFE 密度为 2.2g/cm^3，按照—(—CF_2—)—计算碳、氟质量比，可得碳体积密度为 2.76×10^{22} 原子/cm^3，氟体积密度为 5.52×10^{22} 原子/cm^3。由于未注入时纯 PTFE 无损伤，故可以计算基体注入后杂质损伤率、替代损伤率、空位损伤率。

图 2-9(a)表示注入 Al^{3+}时基体损伤，产生替代原子密度为 5.6×10^{18} 原子/cm^3，空位密度为 19.88×10^{18} 原子/cm^3，替代损伤率为 0.0068%，空位损伤率为 0.2414%，杂质损伤率为 0.034%；图 2-9（b）表示注入 Cr^{3+}时基体损伤，产生替代原子密度为 18.24×10^{19} 原子/cm^3，空位密度为 53.0×10^{19} 原子/cm^3，替代损伤率为 0.22%，空位损伤率为 6.82%，杂质损伤率为 0.550%；图 2-9（c）表示注入 Ni^+时基体损伤，产生替代原子密度为 12.72×10^{19} 原子/cm^3，空位密度为 59.8×10^{19} 原子/cm^3，替代损伤率为 0.1536%，空位损伤率为 7.2192%，杂质损伤率为 0.512%；图 2-9（d）表示注入 Ag^+时基体损伤，产生替代原子密度为 48.55×10^{19} 原子/cm^3，空位密度为 181.6×10^{19} 原子/cm^3，替代损伤率为 0.585%，空位损伤率为 21.87%，杂质损伤率为 1.17%。

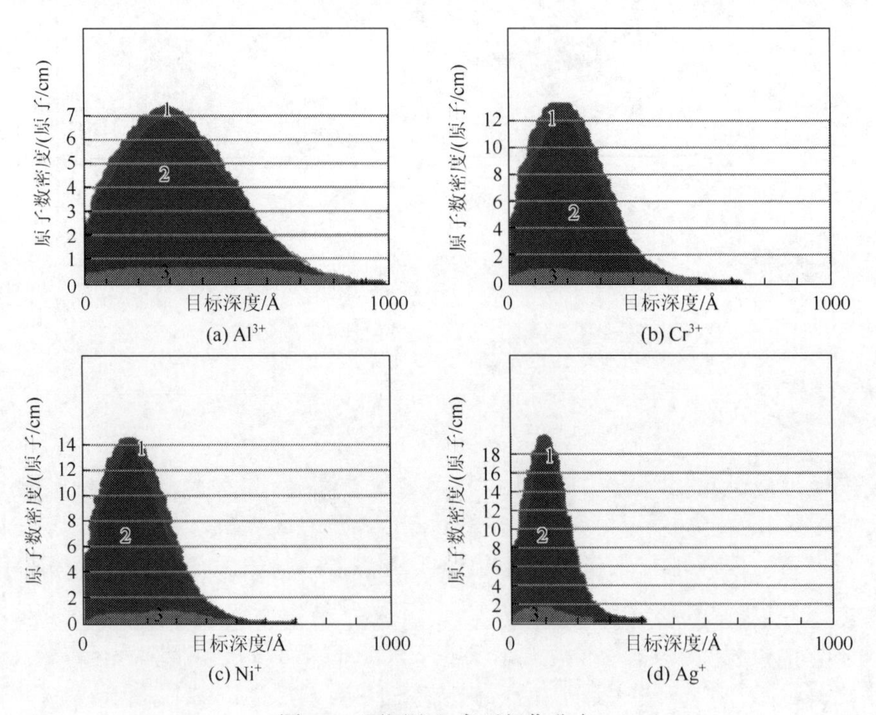

图 2-9　不同注入离子损伤分布

适当注入能量可以将离子注入合适深度，同时给高分子材料带来结构损伤。在相同注入剂量、相同注入能量下，Cr^{3+}、Ni^{+}、Ag^{+}引入各类型损伤均比 Al^{3+}引入损伤高 1～2 个数量级，因此，采用 Al^{3+}注入效果更好。

2）不同注入能量下损伤情况

图 2-10 给出相同离子（Al^{3+}）、相同注入剂量（1×10^{14} 离子/cm^3）下，不同注入能量对基体材料产生的损伤情况。图 2-10（a）中注入能量为 20keV，产生替代原子密度为 5.6×10^{18} 原子/cm^3，空位密度为 19.88×10^{18} 原子/cm^3，替代损伤率为 0.0068%，空位损伤率为 0.2414%，杂质损伤率为 0.034%；图 2-10（b）中注入能量为 25keV，产生替代原子密度为 4.8×10^{18} 原子/cm^3，空位密度为 17.04×10^{18} 原子/cm^3，替代损伤率为 0.0058%，空位损伤率为 0.2058%，杂质损伤率为 0.028%；图 2-10（c）中注入能量为 30keV，产生替代原子密度为 2.0×10^{18} 原子/cm^3，空位密度为 14.01×10^{18} 原子/cm^3，替代损伤率为 0.0024%，空位损伤率为 0.1692%，杂质损伤率为 0.023%；图 2-10（d）中注入能量为 40keV，产生替代原子密度为 1.6×10^{18} 原子/cm^3，空位密度为 11.2×10^{18} 原子/cm^3，替代损伤率为 0.0019%，空位损伤率为 0.1353%，杂质损伤率为 0.018%。

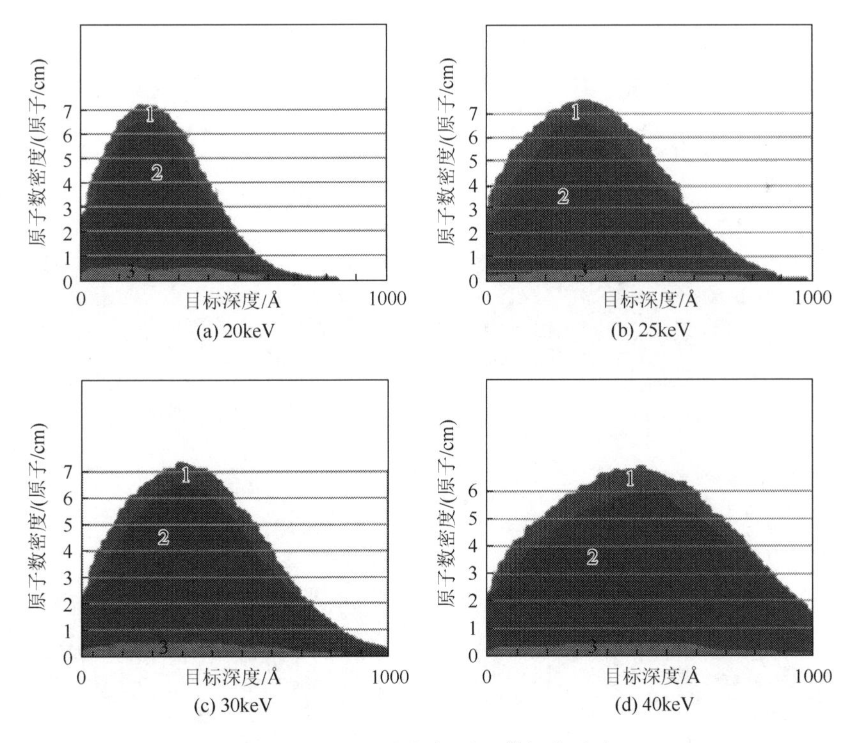

图 2-10　不同注入能量 Al^{3+}损伤分布

将图 2-10 中损伤数据进行整理分析对比，发现基体中损伤密度随注入能量增加呈减小趋势。这是因为注入能量增大后，注入离子与基体原子重复碰撞增多，复位原子增多，对造成损伤具有一定的抵消作用。

3）不同注入剂量下损伤情况

图 2-11 为相同注入离子（Al^{3+}）、相同注入能量（20keV）下，不同注入剂量引起的损伤分布。图 2-11（a）中注入剂量为 1×10^{14} 离子/cm^3，产生替代原子密度为 7.4×10^{18} 原子/cm^3，空位密度为 26.28×10^{18} 原子/cm^3，替代损伤率为 0.0089%，空位损伤率为 0.3174%，杂质损伤率为 0.045%；图 2-11（b）中注入剂量为 1×10^{15} 离子/cm^3，产生替代原子密度为 6.4×10^{18} 原子/cm^3，空位密度为 22.72×10^{18} 原子/cm^3，替代损伤率为 0.0077%，空位损伤率为 0.2744%，杂质损伤率为 0.039%；图 2-11（c）中注入剂量为 5×10^{15} 离子/cm^3，产生替代原子密度为 5.8×10^{18} 原子/cm^3，空位密度为 20.6×10^{18} 原子/cm^3，替代损伤率为 0.0070%，空位损伤率为 0.2488%，杂质损伤率为 0.035%；图 2-11（d）中注入剂量为 1×10^{16} 离子/cm^3，产生替代原子密度为 5.4×10^{18} 原子/cm^3，空位密度为 18.9×10^{18} 原子/cm^3，替代损伤率为 0.0065%，空位损伤率为 0.2283%，杂质损伤率为 0.033%。

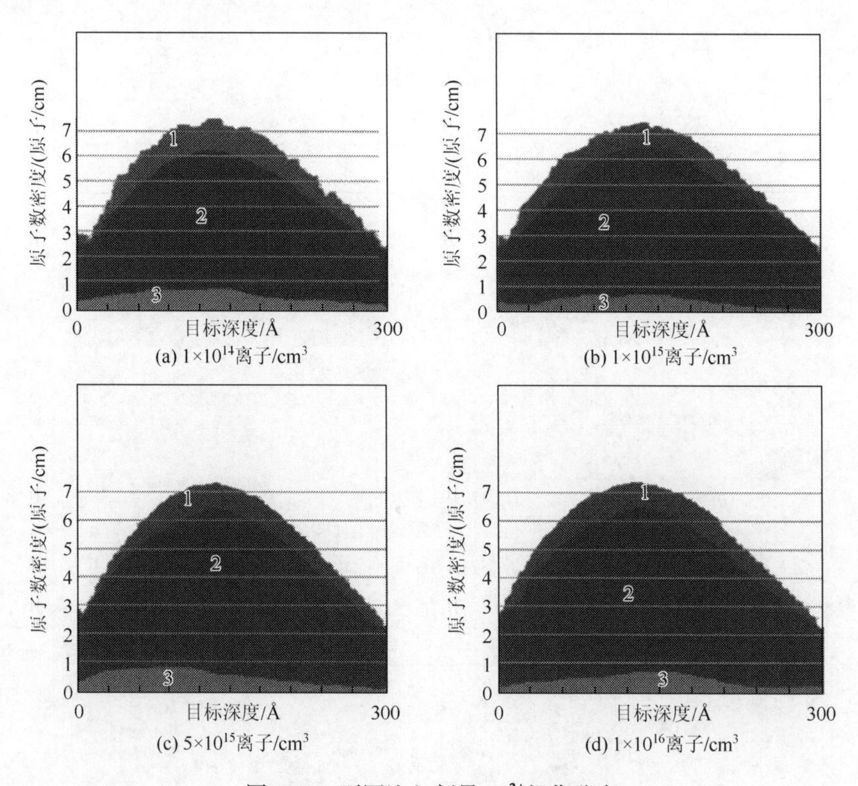

图 2-11　不同注入剂量 Al^{3+}损伤分布

随着注入剂量增加，散射离子和反冲原子分布越来越接近于高斯分布。通过对图 2-11 中数据进行计算，基体损伤率不随着注入剂量的增加而提高，反而略呈下降趋势。初步分析，这是由于在注入剂量增加的过程中，伴随基体表面损伤加剧，基体继续产生损伤，有效碰撞概率减小，而基体中可发生受碰损伤原子总量几乎不变，导致损伤率下降。

5. 能量传递场分布模拟

在一次碰撞过程中，能量从入射离子转移到反冲原子。图 2-12～图 2-14 中纵坐标给出单个入射离子在不同深度下经单位距离（1Å）时损失给反冲原子的能量，这是大量入射离子的统计平均值，虽不能反映每个离子的能量传递情况，但在计算总入射离子能量传递时，可通过此图得出所需数值。在能量传递场分布模拟曲线中，曲线 1 表示不同离子传递给基体的能量场分布，曲线 2 表示氟原子获得的能量场分布，曲线 3 表示碳原子获得的能量场分布。

1）不同注入离子下能量传递

图 2-12 给出不同注入离子在相同注入能量（20keV）、相同注入剂量（1×10^{14} 离子/cm^3）下能量传递场分布情况。图 2-12（a）中注入离子为 Al^{3+}，有约 45.9eV

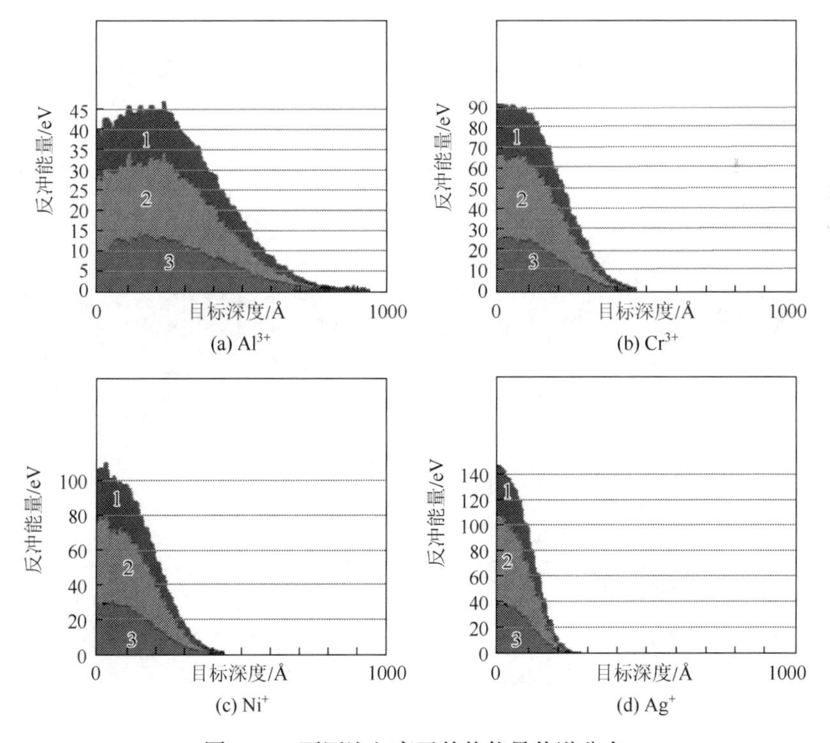

图 2-12　不同注入离子基体能量传递分布

的能量从 Al^{3+}传出，其中 13.8eV 的能量传递给碳原子，32.1eV 的能量传递给氟原子；图 2-12（b）表示 Cr^{3+}注入时的情况，共传递出约 90.1eV 的能量，其中 25.1eV 的能量传递给碳原子，65.0eV 的能量传递给氟原子；图 2-12（c）中注入离子为 Ni^{+}，共传递出 110.3eV 的能量，31.8eV 的能量传递给碳原子，78.5eV 的能量传递给氟原子；图 2-12（d）表示 Ag^{+}注入时的情况，共有 142eV 的能量发生传递，其中 32eV 的能量传递给碳原子，110eV 的能量传递给氟原子。PTFE 中晶格能 $E_{latt} = 3eV$；碳表面键能 $E_{surf} = 7.41eV$，氟表面键能 $E_{surf} = 2eV$；碳原子移位能 $E_{disp} = 28eV$，氟原子移位能 $E_{disp} = 25eV$；碳核阻止能量 $E_{stop} = 3.982eV$，氟核阻止能量 $E_{stop} = 10.981eV$。在以上离子注入过程中，碳原子在受到 Ni^{+}、Ag^{+}辐照时才离开原位置形成移位原子，而氟原子由于移位能较低，发生大量移位运动。将图 2-12（a）与图 2-12（b）～（d）相比，在同样能使氟原子移位的情况下，Al^{3+}注入产生更多移位原子，且同时保持 PTFE 的碳骨架结构，对基体碳骨架破坏最小，使之保留承受载荷时形成转移膜能力，有利于保持基体形成转移膜和自润滑能力。

2）不同注入能量下能量传递

图 2-13 表示相同离子（Al^{3+}）、相同注入剂量（1×10^{14} 离子/cm^3）、不同注入能量下能量传递情况。随着注入深度增加，基体原子吸收能量峰值移动，但每次碰撞损失能量未发生变化。

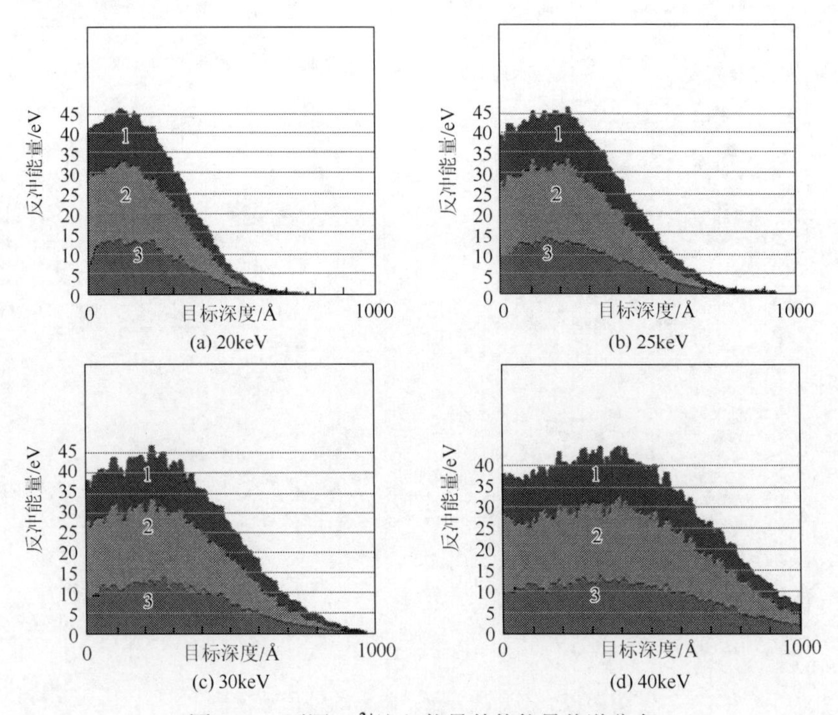

图 2-13　不同 Al^{3+}注入能量基体能量传递分布

3）不同注入剂量下能量传递

图 2-14 表示相同离子（Al^{3+}）、相同注入能量（20keV）、不同注入剂量下能量传递情况。随着注入剂量增加，原子吸收峰趋向均匀，曲线更加平滑，说明离子注入过程是一个概率性随机事件，服从大量统计规律。

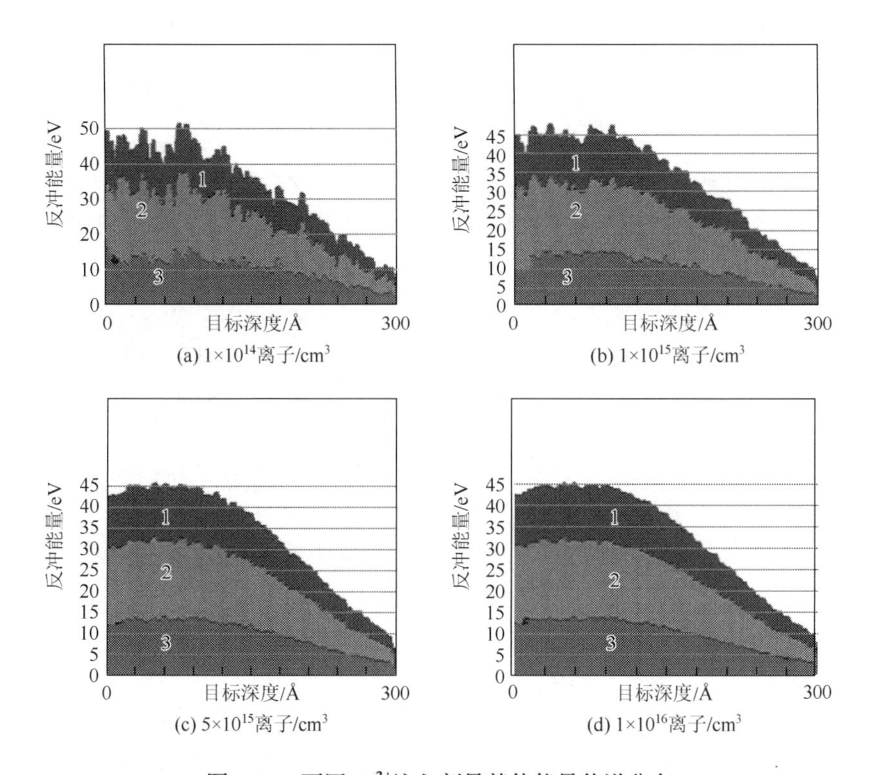

图 2-14　不同 Al^{3+}注入剂量基体能量传递分布

2.1.4　优化结果分析

通过对模拟实验结果分析可知，离子注入技术可较好地改善并提高 PTFE 的耐磨性，通过调控四种金属离子（Al^{3+}、Cr^{3+}、Ni^{+}、Ag^{+}）注入 PTFE，保持相同注入能量（20keV）、相同注入剂量（1×10^{14} 离子/cm^3），获得最佳投影射程分布结果：Al^{3+}注入射程为 26.1nm，平均杂质浓度为 2.8×10^{19} 离子/cm^3，粒子数分布半峰宽约为 40nm；Cr^{3+}注入射程为 22.8nm，平均杂质浓度为 45.6×10^{19} 离子/cm^3；Ni^{+}注入射程为 21.2nm，平均杂质浓度为 42.4×10^{19} 离子/cm^3；Ag^{+}注入射程为 18.4nm，平均杂质浓度为 97.1×10^{19} 离子/cm^3，Cr^{3+}、Ni^{+}、Ag^{+} 三种离子注入材料得到粒子数分布半峰宽均在 20nm 甚至不足 20nm，效果都不

如 Al^{3+}。向 PTFE 中引入金属离子可以改变 PTFE 表面结构，使材料在与磨损部件接触过程中，可以在形成对偶面转移膜中掺入杂质粒子，这样既保留部分自润滑性能，又能增加对偶面转移膜在磨损部件上的附着能力。如果注入深度过小，在与磨损部件对磨过程中，注入层将全部转移到对偶面上，这样不但不能提高耐磨能力，反而会加剧材料磨损。而 Cr^{3+}、Ni^{+}、Ag^{+}在同等条件下注入基体后，均在约 20nm 深度形成高浓度掺杂，这种表面改性薄膜在机械力作用下很可能整体剥离，不利于抵抗磨损。所选四种离子中，Al^{3+}改性效果最好。同时，Al^{3+}注入基体后对 PTFE 基体碳骨架破坏最小，对 PTFE 基体片层结构损伤最小，有利于保持材料自润滑特性，且 Al^{3+}散射发生更强烈，形成薄膜更厚、更均匀，当承受载荷时，可较好地保持转移膜力学性能对称性，有利于保持基体形成转移膜和自润滑能力，使 PTFE 耐磨性能得到提高。因此，四种注入金属离子中 Al^{3+}注入效果最佳。

选择注入离子为 Al^{3+}时，通过调控注入能量（20keV、25keV、30keV、40keV）和注入剂量（1×10^{14} 离子/cm^3、1×10^{15} 离子/cm^3、5×10^{15} 离子/cm^3、1×10^{16} 离子/cm^3）的不同组合，获得了理想的优化结果。

保持相同注入剂量（1×10^{14} 离子/cm^3）条件下，获得不同注入能量下最佳 Al^{3+}投影射程分布：注入能量为 20keV 时，注入射程为 26.1nm，平均杂质浓度为 2.8×10^{19} 离子/cm^3；注入能量为 25keV 时，注入射程为 48.8nm，平均杂质浓度为 2.3×10^{19} 离子/cm^3；注入能量为 30keV 时，注入射程为 61.0nm，平均杂质浓度为 1.9×10^{19} 离子/cm^3；注入能量为 40keV 时，注入射程为 82.8nm，平均杂质浓度为 1.5×10^{19} 离子/cm^3。优选注入能量为 20keV。

保持注入能量为 20keV 时，获得不同注入剂量下最佳 Al^{3+}投影射程分布：当注入剂量为 1×10^{14} 离子/cm^3 时，注入射程为 28.8nm，平均杂质浓度为 3.7×10^{19} 离子/cm^3，产生替代原子密度为 7.4×10^{18} 原子/cm^3，空位密度为 26.28×10^{18} 原子/cm^3，替代损伤率为 0.0089%，空位损伤率为 0.3174%，杂质损伤率为 0.045%；当注入剂量为 1×10^{15} 离子/cm^3 时，平均杂质浓度为 3.2×10^{19} 离子/cm^3，产生替代原子密度为 6.4×10^{18} 原子/cm^3，空位密度为 22.72×10^{18} 原子/cm^3，替代损伤率为 0.0077%，空位损伤率为 0.2744%，杂质损伤率为 0.039%；当注入剂量为 5×10^{15} 离子/cm^3 时，平均杂质浓度为 2.9×10^{19} 离子/cm^3，产生替代原子密度为 5.8×10^{18} 原子/cm^3，空位密度为 20.6×10^{18} 原子/cm^3，替代损伤率为 0.0070%，空位损伤率为 0.2488%，杂质损伤率为 0.035%；当注入剂量为 1×10^{16} 离子/cm^3 时，平均杂质浓度为 2.7×10^{19} 离子/cm^3，产生替代原子密度为 5.4×10^{18} 原子/cm^3，空位密度为 18.9×10^{18} 原子/cm^3，替代损伤率为 0.0065%，空位损伤率为 0.2283%，杂质损伤率为 0.033%。随着逐渐提高注入剂量，注入射程仅有微小波动。随着注入剂量增大，纳米复合薄膜更加均匀，性能更加一致。同时，注入剂量增加引起辐射扩散作用增强，加剧PTFE基体损伤。注入剂量的选择依赖于改性纳米复合薄膜的均匀性以及损伤数量与范围。本实验通过对Al^{3+}注入剂量调控，获得最佳注入剂量为1×10^{16}离子/cm^3，此值可兼顾均匀性和损伤，对PTFE基体改性效果最好。因此，优选注入能量为20keV，注入剂量为1×10^{16}离子/cm^3，这样既可以保持足够注入深度，又可将损伤控制在较小程度，在此最佳工艺条件下改性PTFE基体耐磨性能效果应当最佳。通过实物实验获得两者高度吻合的结论，说明仿真实验具有科学价值。

2.2　Al_2O_3/PTFE多层纳米复合薄膜调控与制备

1. EMP瓦样品预处理

EMP瓦样品分为A、B两组，A组有4×5个样品组件，B组有3×5个样品组件。首先对样品进行表面去污处理，用酒精润湿后，放入带有丙酮液的超声波清洗仪中进行清洗。清洗后，所有样品在干燥箱中进行干燥，干燥温度为100℃，恒温1.5h。沉积或溅射前，用N^+洗靶，注入剂量为1×10^{17}离子/cm^3，注入能量为50keV（高维丽，2008；Shao et al.，2005；邵俊鹏和汤卉，2004；汤卉和邵俊鹏，2003）。

2. 离子磁控溅射技术制备纳米复合薄膜最佳工艺参数与性能调控

将预处理后EMP瓦样品放入等离子体源离子注入系统PSⅡ中并作为阳极靶，分别以Ag板、Al板、PTFE板为阴极靶，进行磁控溅射，得到Ag/PTFE纳米复合薄膜、Al_2O_3/PTFE纳米复合薄膜、PTFE/PTFE纳米复合薄膜和Al_2O_3/PTFE多层纳米复合薄膜样品，多层纳米复合薄膜共10层，理论厚度达770nm，纳米复合薄膜厚度与多层纳米复合薄膜接近。实验调控方案设计参阅表2-1。

3. 离子注入技术制备纳米复合薄膜最佳工艺参数与性能调控

采用离子注入技术制备Al_2O_3/PTFE多层纳米复合薄膜，在金属蒸发真空弧80-10型离子注入机金属真空室内完成，离子注入机加速电压最大达40kV。Al^{3+}注入能量选为20keV，三种离子束注入剂量选为1×10^{15}离子/cm^3、5×10^{15}离子/cm^3和1×10^{16}离子/cm^3，Al^{3+}束流密度为10μA/cm^2，Al^{3+}注入在2×10^{-4}Pa的背底压力下形成，工作压力为3×10^{-3}～5×10^{-3}Pa。分别以PTFE板和Al板为阴极靶，交替注入，通过注入时间控制沉积层厚度，多层纳米复合薄膜共10层，厚度达到770nm。多层纳米复合薄膜厚度是经过多次循环注入得到的，掺杂Al^{3+}和PTFE

粒子交替注入 5 次，得到 5 层 Al_2O_3 纳米薄膜和 5 层 PTFE 纳米薄膜相间的 Al_2O_3/PTFE 多层纳米复合薄膜，实验调控方案设计见表 2-1。

表 2-1　实验调控方案设计

样品编号		改性技术	薄膜材料	背底压力/Pa	注入能量/keV	工作压力/Pa	沉积时间/min	环境温度/℃	膜层厚度/nm	电流/mA
A	1	离子磁控溅射	Ag	1.5×10^{-3}	2.8～3	5×10^{-3}	5/10/15	40	770	100～110
	2		Al_2O_3	1.5×10^{-3}	3.2～3.5	5.1×10^{-3}	95	35	750	110～120
	3		PTFE	1.5×10^{-3}	1.5～1.8	5.1×10^{-3}	50	35	750	35～40
	4		Al_2O_3/PTFE	1.5×10^{-3}	3.2～3.5/1.5～1.8	5.1×10^{-3}	C、D	35	770	110～120/35～40
B	1	离子注入	Al_2O_3/PTFE	2×10^{-4}	20	3×10^{-3}～5×10^{-3}	C、D	<150	770	10～20

注：C 和 D 指两组沉积时间（最佳）

2.3　Al_2O_3/PTFE 多层纳米复合薄膜本征性能分析

2.3.1　镀膜方式与 Al^{3+}注入剂量对 Al_2O_3/PTFE 薄膜晶型影响

图 2-15 是制备所得八种薄膜 X 射线衍射（X-ray diffraction，XRD）曲线。图 2-15（a）为离子磁控溅射 Ag 膜 XRD 图，可知 PTFE 表面主要为纳米银，粒径为 50nm，还可发现 AgF 峰，这是 XRD 分析中射线辐射造成的。图 2-15（b）～（d）为离子磁控溅射 PTFE、Al_2O_3、Al_2O_3/PTFE 膜 XRD 图，可知 Al_2O_3/PTFE 膜由 PTFE 峰和 Al_2O_3 峰构成，Al_2O_3 衍射角为 35°，与标准图谱比对，是 θ-Al_2O_3 结构，呈单斜晶系；PTFE 衍射角为 25°，呈准六方晶系。图 2-15（e）是离子注入 PTFE 膜 XRD 图，图 2-15（f）～（h）分别是 Al^{3+}注入剂量为 1×10^{15} 离子/cm^3、5×10^{15} 离子/cm^3 和 1×10^{16} 离子/cm^3 时 Al_2O_3/PTFE 膜 XRD 图。对图 2-15（f）～（h）分析可知，除准六方晶系的 PTFE 峰外，还存在 Al_2O_3、AlF_3、AlN 峰，有增强相产生，AlN 峰由洗靶时 N^+残留所致。Al_2O_3 衍射角为 72.22°～72.58°，是 γ-Al_2O_3，呈立方晶系，结构稳定。因实验采用低注入剂量，故 Al_2O_3 峰较弱，在图 2-15（f）中基本看不到 Al_2O_3 峰。图 2-15（g）中 Al_2O_3 峰很弱，图 2-15（h）中 Al_2O_3 峰最强，说明注入剂量为 1×10^{16} 离子/cm^3 时，纳米复合薄膜掺杂 Al^{3+} 效果最佳。γ-Al_2O_3 是一种硬质陶瓷材料，耐磨性能极强。因此 Al_2O_3 可有效强化 PTFE（Zhao et al.，2010）。

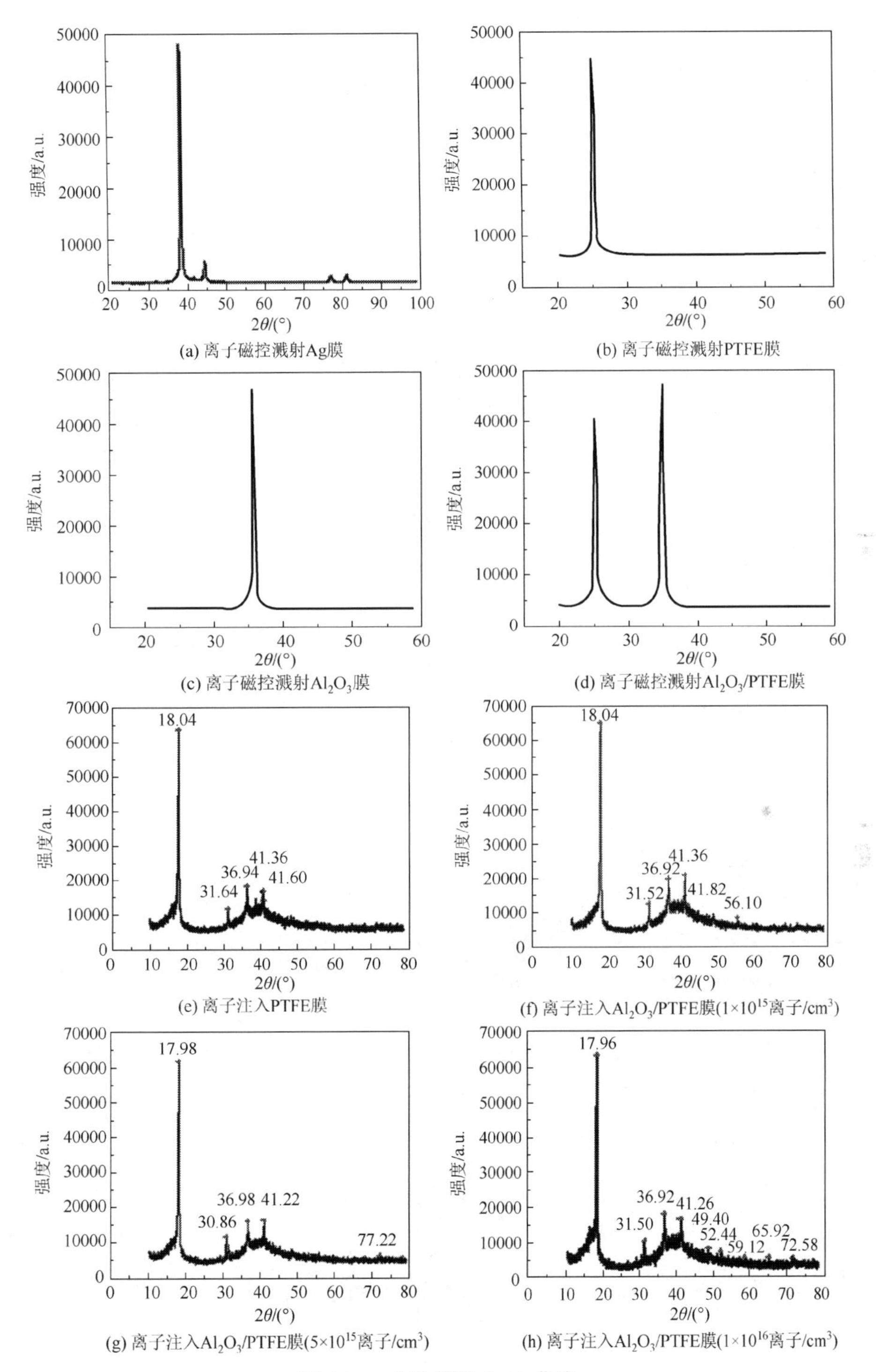

(a) 离子磁控溅射Ag膜

(b) 离子磁控溅射PTFE膜

(c) 离子磁控溅射Al_2O_3膜

(d) 离子磁控溅射Al_2O_3/PTFE膜

(e) 离子注入PTFE膜

(f) 离子注入Al_2O_3/PTFE膜(1×10^{15}离子/cm^3)

(g) 离子注入Al_2O_3/PTFE膜(5×10^{15}离子/cm^3)

(h) 离子注入Al_2O_3/PTFE膜(1×10^{16}离子/cm^3)

图 2-15　八种薄膜 XRD 曲线

2.3.2　镀膜方式与 Al^{3+} 注入剂量对 Al_2O_3/PTFE 薄膜元素价态与成分影响

由 X 射线光电子能谱（X-ray photoelectron spectroscopy，XPS）可测得离子磁控溅射与离子注入 Al^{3+} 对 PTFE 相结构影响。XPS 在 PHI-5300ESCA 系统上完成。经离子磁控溅射处理样品 C1s 谱用 XPS 检测，C1s 峰主要分布在 CF_2 键中（能量为 292.0～292.2eV），还有少量在 C—C 键中（能量为 284.9～285.3eV）和 C—H 键中（能量为 284.0～284.4eV）。经 Al^{3+} 注入处理样品 C1s 谱用 XPS 检测，C1s 峰主要分布在 CF_3 键中（能量为 293.1～294.0eV）、CF_2 键中（能量为 292.2～292.5eV）、CF 键中（能量为 289.4～290.4eV）、C═O 键中（能量为 288.1～288.9eV）。C═O 键形成增加 PTFE 表面形成氢键能力，有利于 EMP 瓦表面油膜建立，强化润滑效果。在 C—O 键中能量为 285.9～286.6eV，在 C═C 键中能量为 284.6～284.8eV，经离子磁控溅射和 Al^{3+} 注入处理后 PTFE 样品表面元素组成如表 2-2、图 2-16 所示。EMP 瓦样品元素价态与成分如表 2-3 所示。

Al^{3+} 注入冲力使 PTFE 键断裂，CF_3 键和 CF_2 键形成源于键分离和脱氟化，因此 C═O 键和 C—O 键形成可解释为：离子注入会形成甲基自由基，甲基自由基与氧反应，且随注入剂量增加，C═O 键加入量增加（Tang et al.，2003）。

表 2-2　两种样品元素 XPS 分析

原子能级	—	O1s	F1s	Al2p	离子磁控溅射技术
结合能/a.u.	—	3.45	31.17	0.54	
原子能级	N1s	O1s	F1s	Al2p	离子注入技术
结合能/a.u.	0.499	0.733	1.000	0.256	
	2.45	3.37	30.40	0.53	

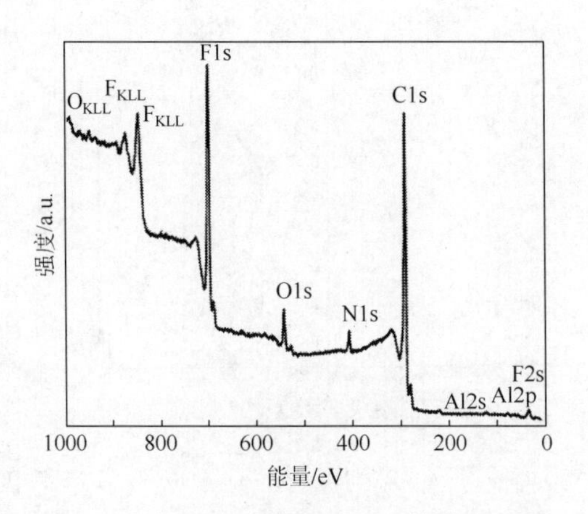

图 2-16　离子注入 Al_2O_3/PTFE 薄膜 XPS 图

表 2-3 EMP 瓦样品元素 XPS 分析

键	Al^{3+}注入剂量/(×10^{16} 离子/cm^3)			
	0	0.1	0.5	1
	N1s	O1s	F1s	Al2p
CF_3 键	95.00	1.36	1.84	2.74
CF_2 键	—	84.85	75.84	77.59
CF 键	—	2.62	3.29	4.58
C═O 键	—	1.11	6.89	3.43
C—O 键	—	1.20	2.85	1.43
C═C 键	5.00	8.86	9.29	10.23

2.4 Al_2O_3/PTFE 多层纳米复合薄膜微摩擦学性能改性

2.4.1 镀膜方式与 Al^{3+}注入剂量对 Al_2O_3/PTFE 薄膜硬度影响

通过用纳米探头对改性前后的 PTFE 样品进行力学性能测试，发现溅射 Ag 没有使 PTFE 硬度增加，相反有所下降，溅射 PTFE、Al_2O_3、Al_2O_3/PTFE 薄膜硬度分别达到 0.06GPa、0.21GPa、0.14GPa。经 Al^{3+}注入样品（1×10^{15} 离子/cm^3、5×10^{15} 离子/cm^3、1×10^{16} 离子/cm^3）硬度分别为 0.15GPa、0.19GPa、0.65GPa。改性前 PTFE 硬度为 0.04GPa。由此可见，改性后，除 Ag 膜外，其他材料薄膜都使 PTFE 硬度在不同程度上有所增加，且随薄膜厚度和层数变化而变化，经 Al^{3+}注入改性后 PTFE 硬度较未改性样品平均提高 5～6 倍（Shao et al.，2005），如图 2-17 所示。

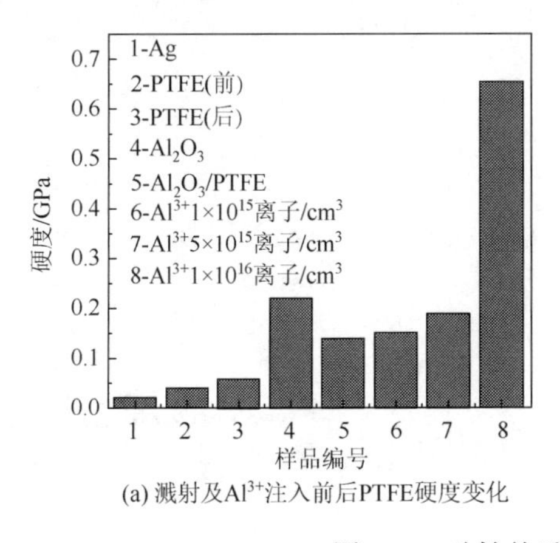

(a) 溅射及 Al^{3+}注入前后PTFE硬度变化

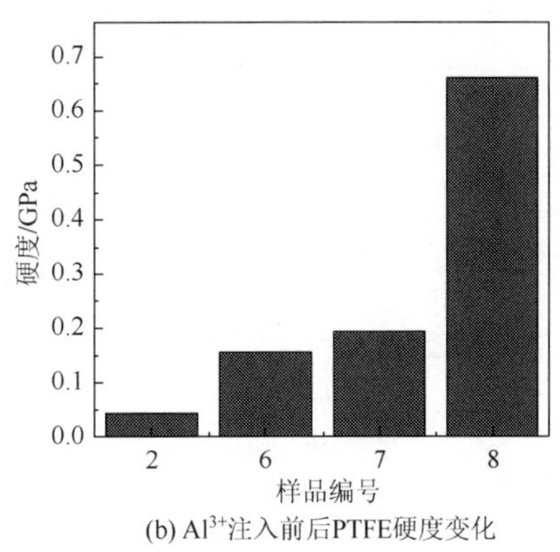

(b) Al^{3+}注入前后PTFE硬度变化

图 2-17 改性前后 PTFE 硬度变化

2.4.2　镀膜方式与 Al^{3+}注入剂量对 Al_2O_3/PTFE 薄膜弹性模量影响

由图 2-18 可知，当注入元素为 Al，其他工艺条件相同，注入剂量分别为 1×10^{15} 离子/cm^3、5×10^{15} 离子/cm^3、1×10^{16} 离子/cm^3 时，改性后 PTFE 表面硬度（H）和弹性模量（E）均有不同程度变化。注入剂量为 1×10^{15} 离子/cm^3、5×10^{15} 离子/cm^3 时，改性后样品弹性模量比改性前有所降低，分别是 0.9GPa、1.5GPa，对提高抵抗黏着磨损能力是有利的；注入剂量为 1×10^{16} 离子/cm^3 时，弹性模量没有降低，反而有所提高，是 2.2GPa，对提高抵抗黏着磨损能力是不利的（改性前 PTFE 弹性模量为 2.0GPa）。与改性前样品相比，Al^{3+}注入后样品具有更高的 H/E 值，分别为 0.165、0.127、0.295（改性前样品为 0.02），这有利于降低 PTFE 塑性变形，提高弹性变形能力，从而使经过束线式 Al^{3+}注入的 PTFE 具有更高的抵抗黏着磨损能力。综合分析，注入剂量为 1×10^{16} 离子/cm^3 时，改性效果最好，是原来的 14 倍以上，平均改性效果达到原来的 6～8 倍。

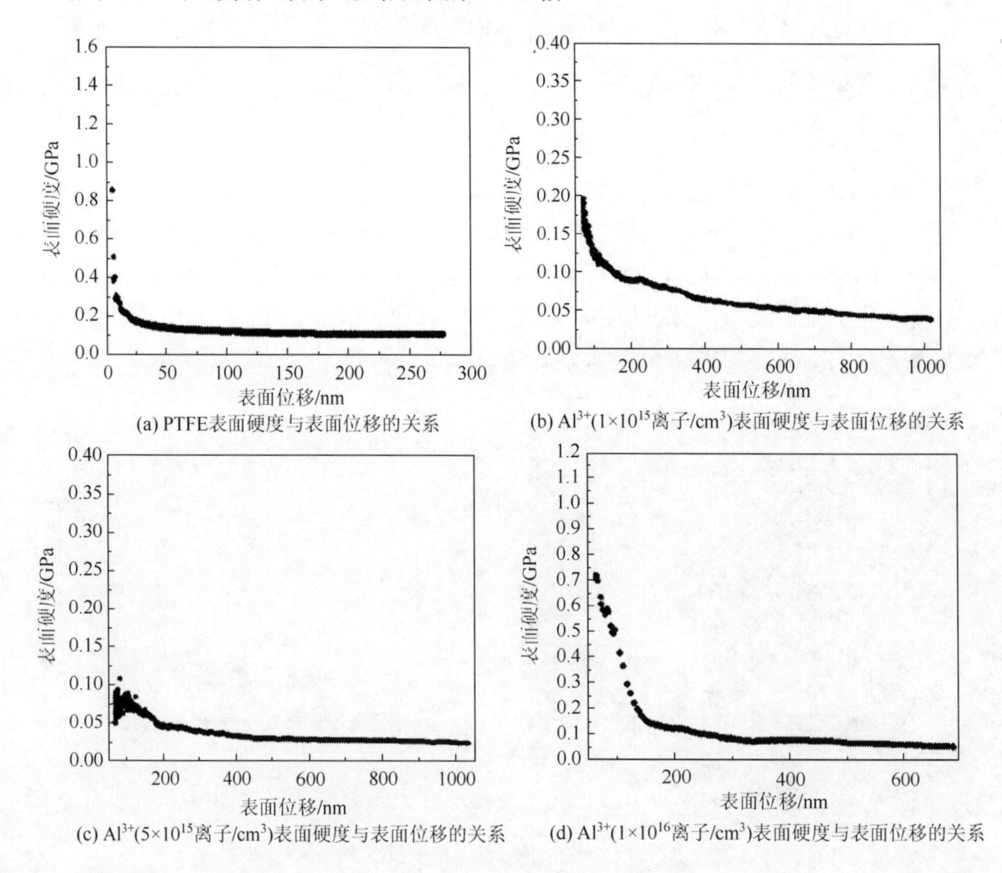

(a) PTFE表面硬度与表面位移的关系　(b) Al^{3+}(1×10^{15}离子/cm^3)表面硬度与表面位移的关系

(c) Al^{3+}(5×10^{15}离子/cm^3)表面硬度与表面位移的关系　(d) Al^{3+}(1×10^{16}离子/cm^3)表面硬度与表面位移的关系

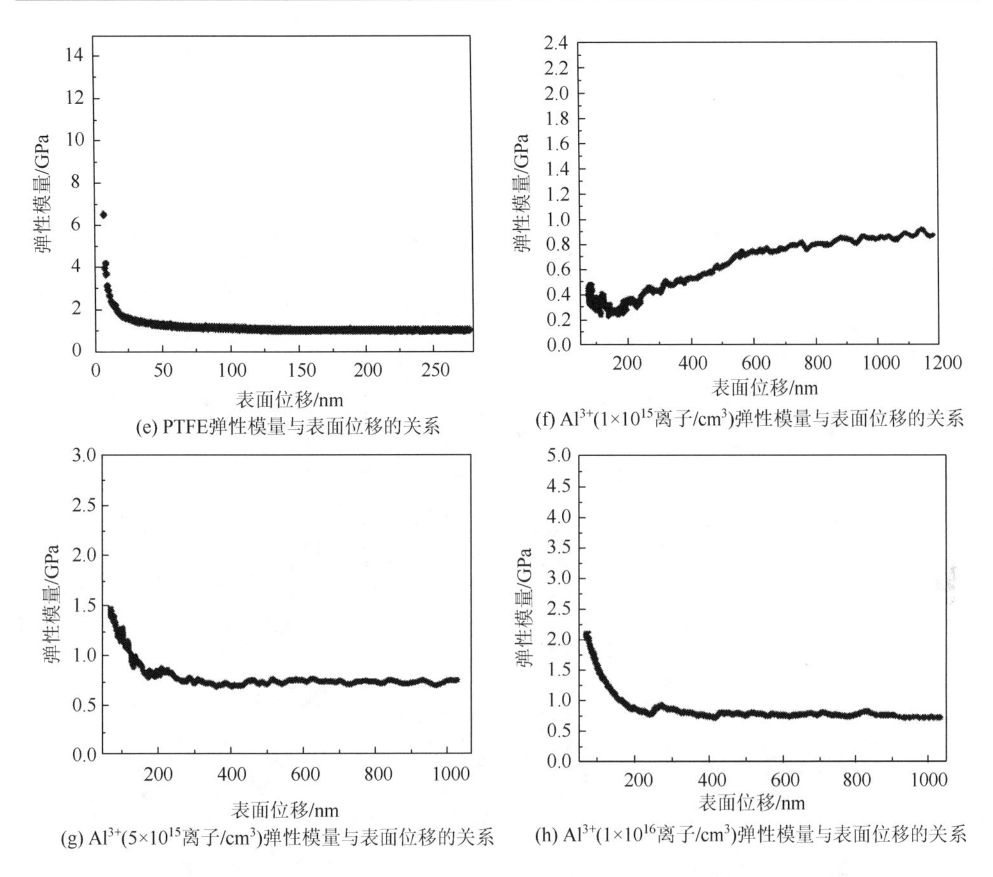

图 2-18　离子注入改性前后 PTFE 表面硬度（H）和弹性模量（E）变化

2.4.3　镀膜方式与 Al^{3+}注入剂量对 Al_2O_3/PTFE 薄膜摩擦性能影响

改性后样品的微摩擦学性能在无磨损环境下使用 CJS111A 球型摩擦机测量。磨料材质为 GCr15，制成直径为 6mm 的球。改性前后样品切成 10mm×10mm 大小，实验条件如下：无润滑剂，承载 150g，转子转速为 125r/min，总转速为 3000r/min。经原子力显微镜/摩擦力显微镜（atomic force microscopy/friction force microscopy，AFM/FFM）测试，所有改性后样品的耐磨性均比改性前样品好，未注入样品磨损最严重，磨痕深度均值为 5μm，如图 2-19（a）所示；用 Ag 改性后，Ag 和 PTFE 界面结合力很差，稍加载荷表面溅射层已脱落，如图 2-19（b）所示。Al^{3+}注入处理后样品无显著表面损伤，如图 2-19（c）～（e）所示，且随注入剂量增加，磨痕逐渐变浅。注入剂量为 1×10^{15} 离子/cm^3 时，磨痕深度达 2.5μm；注入剂量为 1×10^{16} 离子/cm^3 时，无明显磨损痕迹，磨痕深度达 2μm。结果表明在相同测试条件下，改性前样品损伤深度要比改性后样品深得多。经 1×10^{16} 离子/cm^3

注入剂量处理EMP瓦样品损伤是改性前样品的1/8，但摩擦系数有所增加，为0.15～0.18。综合考虑耐磨和润滑要求，选择 Al^{3+} 注入剂量为 1×10^{16} 离子/cm^3，对 PTFE 抗摩擦磨损效果最佳（Shao et al.，2007；贾惠娟等，2003）。

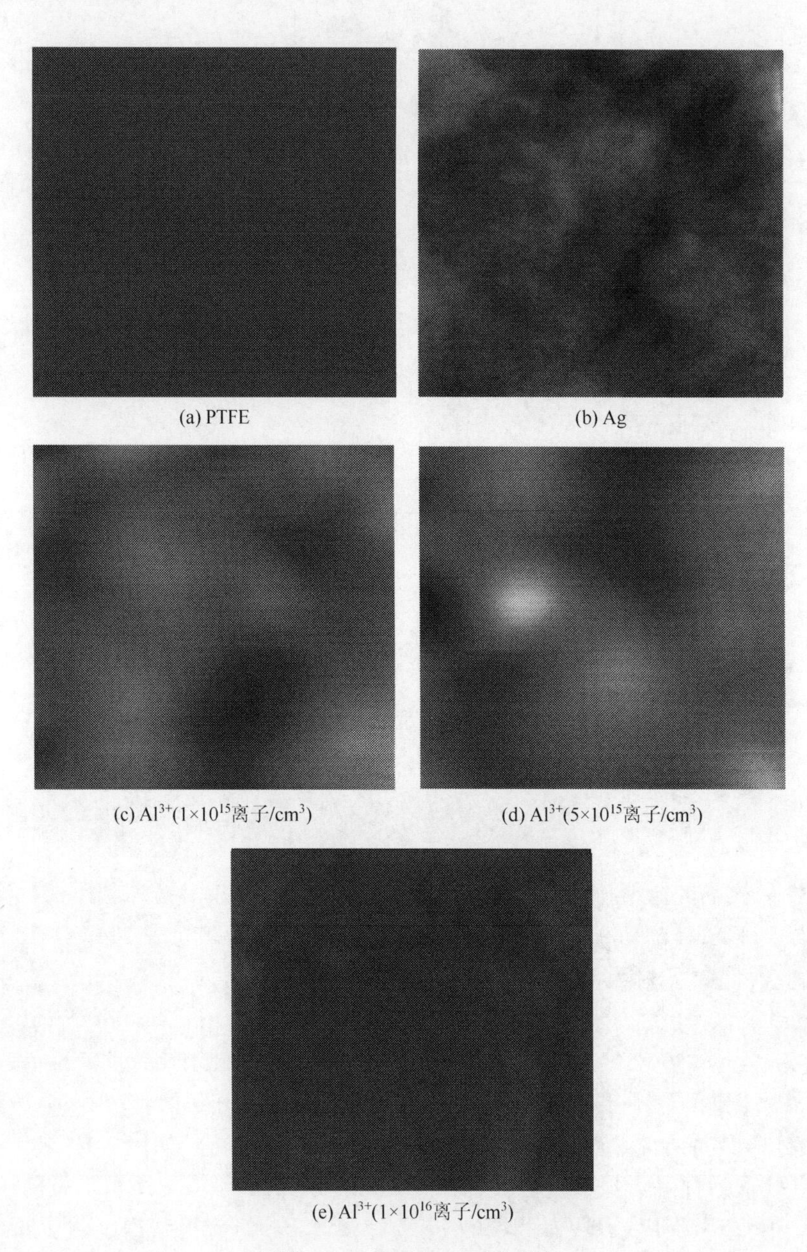

(a) PTFE　(b) Ag

(c) Al^{3+}(1×10^{15}离子/cm^3)　(d) Al^{3+}(5×10^{15}离子/cm^3)

(e) Al^{3+}(1×10^{16}离子/cm^3)

图 2-19　AFM/FFM 测试图

PTFE、离子注入 Al_2O_3/PTFE 膜的微摩擦力与载荷损伤的关系如图 2-20 所示。如图 2-20（a）所示，PTFE 在载荷为 70nN 时，最浅处磨痕深度达 6.5μm，载荷大于 70nN 时，微摩擦力与载荷损伤曲线上升斜率变大，载荷为 130nN 时，磨痕深度达到 18μm；离子注入 Al_2O_3/PTFE 膜在载荷为 70nN 时，微摩擦力与载荷损伤曲线上升斜率较小，载荷大于 70nN 时，微摩擦力与载荷损伤基本维持恒定，说明耐磨损能力提高，离子注入 Al_2O_3/PTFE 膜表面无磨损现象出现，载荷增加时，Al_2O_3/PTFE 膜表面出现磨痕，最深处磨痕深度达 2μm，平均磨痕深度约是 PTFE 的 1/8，较改性前 PTFE 耐磨损能力提高很多。如图 2-20（b）所示，PTFE 摩擦系数为 0.02～0.06，Al^{3+}注入后，Al_2O_3/PTFE 膜摩擦系数有所增加。

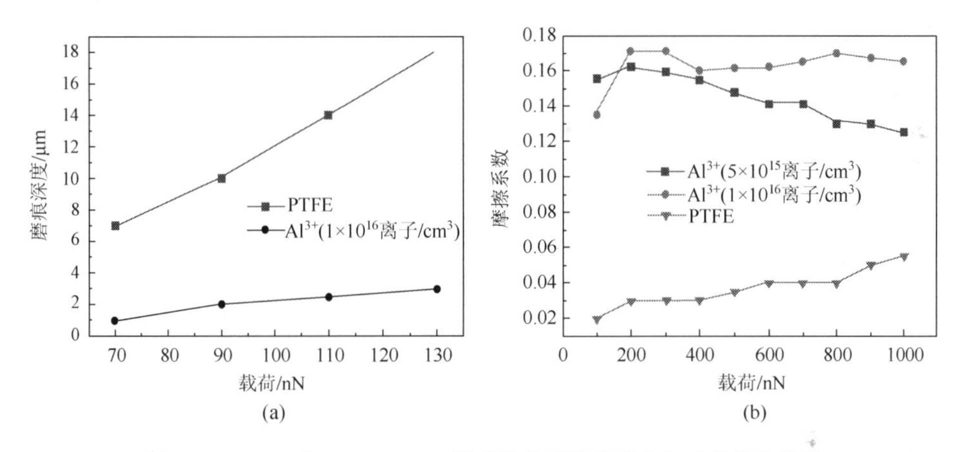

图 2-20　PTFE 和 Al_2O_3/PTFE 膜改性前后微摩擦力与载荷损伤关系

参 考 文 献

高维丽. 2008. 聚四氟乙烯表面微摩擦学特性的改性[J]. 中国有色金属学报，18（6）：1129-1134.

贾惠娟，邵俊鹏，汤卉. 2003. Teflon/Al_2O_3 纳米复合膜的结构及微观摩擦学特性[J]. 哈尔滨理工大学学报，15（3）：67-69.

邵俊鹏，汤卉. 2004. 弹性金属塑料瓦表面纳米镀膜工艺及设备[R]. 哈尔滨市攻关项目（2002AA5CG023）.

谭模强. 2005. SRIM ASIPP[M]. 北京：机械工业出版社.

汤卉，邵俊鹏. 2003. 聚四氟乙烯表面改性摩擦学性能研究[R]. 哈尔滨市青年后备基金项目（2003AFXXJ010）.

汤卉，邵俊鹏. 2015. Al 离子注入改性聚四氟乙烯能量场分布与模拟[R]. 黑龙江省科学基金面上项目（E201130）.

赵文芳，宋宝玉，曲建俊. 2006. 国内外弹性金属塑料瓦轴承的研究现状[J]. 机械科学与技术（4）：13-15.

Shao J P，Jia H J，Tang H. 2005. Aluminum ion beam surface modification of elastic metallic-plastic pads for improving tribological properties[J]. Transactions of Nonferrous Metals Society of China，15（3）：3120-3124.

Shao J P，Tang H，Zhang Y Q. 2007. Study on computer emulation of PTFE's wear ability improvement by Al^{3+} ion implantation[C]. Wuhan：Proceedings of the Fifth International Conference on Physical and Numerical Simulation of Materials Processing：1288-1293.

Shao X，Shao J P，Tang H，et al. 2018. Force balance control and optimization of the quadruped hydraulic robot based on materials structure design[J]. Journal of Nanoelectronics and Optoelectronics（13）：1482-1492.

Shao X，Zhang Y D，Tang H. 2015. Improved mechanical properties of Al_2O_3/PTFE layer by metal ion implantation[J]. International Journal of Control and Automation，8（12）：89-96.

Stoller R E，Toloczko M B，Was G S. 2013. On the use of SRIM for computing radiation damage exposure[J]. Nuclear Instruments and Methods in Physics Research，Section B：Beam Interactions with Materials and Atoms，310：75-80.

Tang H，Jia H J，Shao J P. 2003. Structure and micro-tribological properties of PTFE/Al_2O_3 micro-assembling film[J]. Transactions of Nonferrous Metals Society of China，13（6）：1381-1384.

Tang H，Shao X，Lei L. 2014. Energy transfe and distribution optimization of PTFE with implanting metal ions[C]. Shenyang：LEMCS2014：839-842 .

Zhao Y，Tang H，Wang F C. 2010. The analysis of X-ray diffraction by Al^{3+}implanted polytetrafluorethylene[C]. Hong Kong：IEEE INEC2010：1061-1062.

Ziegler J F，Ziegler M D，Biersack J P. 2010. SRIM—The stopping and range of ions in matter[J]. Nuclear Instruments and Methods in Physics Research，Section B：Beam Interactions with Materials and Atoms，268（11-12）：1818-1823.

第3章　CYSZ热障涂层设计、制备、调控与热震性能改性

航空航天产业中所用发动机及热端部件的工作温度已高达1700℃，传统工程材料已不能满足此工况需要，必须采用先进结构材料制备热障涂层（thermal barrier coatings，TBCs）冷却发动机。热障涂层把发动机及部件从大量持续热负荷中隔离出来，使负载部件合金与涂层表面之间存在可承受温差。因此，要求热障涂层应具有更高的热稳定性，以避免因温度过高引起热稳定性变化，并避免更低的热导率，进而保护基体免受高温侵蚀并使其拥有更好的热震性能，以延长涂层使用寿命。自20世纪60年代，学者对各种涂层材料进行研究，归纳而言，适合做热障涂层的候选材料有YSZ、$3Al_2O_3$-$2SiO_2$、α-Al_2O_3、YSZ+CeO_2、$La_2Zr_2O_7$、$ZrSiO_4$、SiC/SiC CMC[①]等。

等离子喷涂制备陶瓷层的性质与用于喷涂的粉体的性质息息相关，用于等离子喷涂的粉体虽然在名义上具有相同的化学成分和相组成，但由于制备过程不同，颗粒尺寸和粒径分布不同，即使喷涂条件相同，涂层也可能表现出不同的性质，因此粉体制备技术在制备热障涂层中起着至关重要的作用。

目前，等离子喷涂制备YSZ涂层研究在很多文献中都有记载，但采用共沉淀法制备CeO_2稳定YSZ（CYSZ）并用APS技术制备热障涂层的研究却很少。本章采用共沉淀法制备CYSZ，以450NS镍铝粉体（80%Ni和20%Al）为中间层，35Cr2Ni4MoA合金结构钢为基体材料，将450NS镍铝粉体和CYSZ粉体通过喷雾造粒及等离子喷涂方式分别喷涂到35Cr2Ni4MoA合金结构钢基体上制备CYSZ热障涂层，研究CeO_2加入量（简称Ce加入量）对CYSZ涂层抗热循环行为的影响，确定CeO_2最佳加入量。将纳米材料独有的特点与热障涂层材料相结合，探索热障涂层微观组织与宏观性能之间的内在联系，为使CYSZ材料能更好地应用于发动机及热端部件提供理论与实验依据。

3.1　CYSZ热障涂层实验方案设计、制备与调控

3.1.1　CYSZ氧化物粉体制备

1. 纳米氧化物粉体制备技术选择

常用的纳米氧化物粉体制备技术主要有四种：共沉淀法、溶胶-凝胶法、

---

① CMC指陶瓷基复合材料（ceramic material composite）。

水热法、固相法。

共沉淀法是将沉淀剂和稳定剂加入纳米氧化物相应的盐溶液中进行反应，将所得固体分离出来，用水或醇洗涤至中性，再干燥、煅烧得到纳米氧化物。在粉体制备过程中，反应物浓度、pH 及反应温度影响纳米氧化物的初始晶粒尺寸，洗涤、干燥及煅烧工艺均可以控制纳米氧化物的晶粒大小与分散性。Wang（2006）采用共沉淀法，以 $ZrOCl_2 \cdot 8H_2O$ 和 $Y(NO_3)_3 \cdot 6H_2O$ 为原料、$NH_3 \cdot H_2O$ 为沉淀剂、PEG-800 为分散剂制备的 YSZ 粉体的粒径约为 13nm，且分散性良好。Zhong 等（2014）采用共沉淀法制备纳米 ZrO_2 粉体时，发现纳米 ZrO_2 前驱体经 1300℃煅烧后，晶粒尺寸大于 31nm 的粉体颗粒为单斜相，晶粒尺寸小于 13nm 的粉体颗粒为四方相。

本章提出采用共沉淀法制备纳米 CYSZ 粉体，是因为共沉淀法制备的纳米粉体的初始晶粒尺寸小、粒径分布范围窄，此方法易于使稳定剂 CeO_2 及 Y_2O_3 均匀地分散于 ZrO_2 中（汤卉等，2016a）。

2. YSZ 陶瓷粉体制备

采用溶胶-凝胶法，以一定量的 $ZrOCl_2 \cdot 8H_2O$ 为先驱体、水为溶剂，搅拌时加入稳定剂 Y_2O_3，并加入一定比例的分散剂 PEG-6000 配制成一定浓度的溶液。将上述溶液在 75℃左右的水浴中充分搅拌，以 3 滴/min 的速度向溶液中滴加 $NH_3 \cdot H_2O$，直至 pH 为 10，停止加入 $NH_3 \cdot H_2O$。将所得沉淀液陈化 24h，抽滤并用无水乙醇洗涤沉淀直至用 $AgNO_3$ 检测不出 Cl^-。胶体沉淀在 80℃的干燥箱中干燥 24h，经煅烧、研磨制得纳米 ZrO_2 粉体。反应原理见式（3-1）～式（3-4）（王文雪等，2014）。

$$Zr^{4+} + 4NH_3 \cdot H_2O \longrightarrow Zr(OH)_4 \downarrow + 4NH_4^+ \tag{3-1}$$

$$Y^{3+} + 3NH_3 \cdot H_2O \longrightarrow Y(OH)_3 \downarrow + 3NH_4^+ \tag{3-2}$$

$$Zr(OH)_4 \longrightarrow ZrO_2 + 2H_2O \tag{3-3}$$

$$2Y(OH)_3 \longrightarrow Y_2O_3 + 3H_2O \tag{3-4}$$

3. CYSZ 陶瓷粉体制备

以 $ZrOCl_2 \cdot 8H_2O$、$Y(NO_3)_3 \cdot 6H_2O$、$Ce(NO_3)_3 \cdot 6H_2O$ 为原料，$NH_3 \cdot H_2O$ 为沉淀剂，PEG-6000 为分散剂，基于共沉淀法确定盐溶液浓度为 0.5mol/L，制备 50mL 溶液。掺杂 Y 及分散剂 PEG-6000 加入量由制备 YSZ 陶瓷粉体决定，Y 加入量为 7.5%（质量分数，下同），PEG-6000 加入量为 3%，煅烧时间为 4h，$NH_3 \cdot H_2O$ 加入量依沉淀所需 pH 为准，把反应温度、pH、煅烧温度作为变量分别进行研究，通过实验确定制备纳米陶瓷粉末的最佳工艺参数。反应原理见式（3-1）～式（3-7）（汤卉等，2016a；王文雪，2015）。

$$Zr^{4+} + 4NH_3 \cdot H_2O \longrightarrow Zr(OH)_4 \downarrow + 4NH_4^+$$

$$Y^{3+} + 3NH_3 \cdot H_2O \longrightarrow Y(OH)_3 \downarrow + 3NH_4^+$$

$$Ce^{3+} + 3NH_3 \cdot H_2O \longrightarrow Ce(OH)_3 \downarrow + 3NH_4^+ \tag{3-5}$$

$$2Ce(OH)_3 \longrightarrow Ce_2O_3 + 3H_2O \tag{3-6}$$

$$Zr(OH)_4 \longrightarrow ZrO_2 + 2H_2O$$

$$2Y(OH)_3 \longrightarrow Y_2O_3 + 3H_2O$$

$$Ce(OH)_4 \longrightarrow CeO_2 + 2H_2O \tag{3-7}$$

3.1.2 CYSZ陶瓷粉体喷雾造粒

因为粉体较轻、流动性不好，所以共沉淀法制备的CYSZ陶瓷粉体不适用于等离子喷涂。将CYSZ陶瓷粉体进行喷雾造粒后，造粒粉体球形度好、流动性好、粒径分布窄，可用于等离子喷涂。根据前面实验确定的最佳工艺参数制备出五种Ce加入量的CYSZ陶瓷粉体，加入适量黏结剂聚乙烯醇（polyvinyl alcohol，PVA）和去离子水，放入球磨机中搅拌，通过喷雾造粒机进行造粒，让粉体在黏结剂的作用下团聚成球形，增加粉体的流动性，再将造粒好的CYSZ陶瓷粉体经热处理1h，使黏结剂PVA完全挥发以排除其影响，并提高纳米颗粒强度。所用调控工艺参数见表3-1（汤卉等，2016b；王文雪，2015）。

表3-1 喷雾造粒调控工艺参数

材料	压力/MPa	距离/mm	粗糙度/μm
24目白刚玉砂	0.2～0.6	100～300	≥4

3.1.3 等离子喷涂技术制备CYSZ热障涂层

基体材料为35Cr2Ni4MoA合金结构钢，黏结层材料为450NS镍铝粉末（80%Ni和20%Al），陶瓷层材料为CYSZ陶瓷粉体，采用Metco-9M等离子喷涂设备，在35Cr2Ni4MoA合金结构钢基体上喷涂黏结层和陶瓷层。由于基体表面存在油污和杂质，喷涂前先用丙酮进行清洗，再对基体表面喷砂，增加基体表面粗糙度，提高涂层与基体的结合强度。然后，将样品放在等离子喷涂设备实验台上，准备五种Ce加入量（0%、1%、5%、10%、15%）的喷涂材料，每种1kg，分别将五种CYSZ陶瓷粉体放入送粉器中，送粉器型号为Metco TWIN 10-C

Powder Feeder，外部垂直送粉，机械手型号为ABB 2400/16。等离子喷涂调控工艺参数见表3-2。喷涂后黏结层和陶瓷层厚度分别为100μm和200μm（汤卉等，2016b；王文雪，2015）。

表3-2　等离子喷涂调控工艺参数

电流/A	电压/V	喷涂距离/mm	Ar压力/MPa	H_2压力/MPa	送粉压力/MPa	送粉速率/(g/min)
600～650	68～70	100～120	0.50～0.54	0.35～0.37	0.35±0.02	15～20

3.2　共沉淀工艺条件对CYSZ陶瓷粉体微观结构影响

3.2.1　Ce加入量对CYSZ陶瓷粉体相结构影响

图3-1是反应温度为75℃，煅烧温度为500℃，Ye加入量为7.5%，Ce加入量分别为0%、1%、5%、10%、15%时，CYSZ陶瓷粉体XRD图。由图3-1可以看出，煅烧温度为500℃时，当Ce加入量为0%的YSZ陶瓷粉体的相结构为单斜相，而加入CeO_2后，CYSZ陶瓷粉体由单斜相转变为四方相，并且能稳定到室温，说明CeO_2加入可以提高ZrO_2晶型的稳定性。Ce加入量增加后，CYSZ陶瓷粉体晶型结构不再发生变化。当Ce加入量为1%时，衍射峰尖锐，强度和结晶最优。当Ce加入量继续增加并达到15%时，CYSZ陶瓷粉体衍射峰强度逐渐降低，晶化特征逐渐减弱，结晶程度也降低。

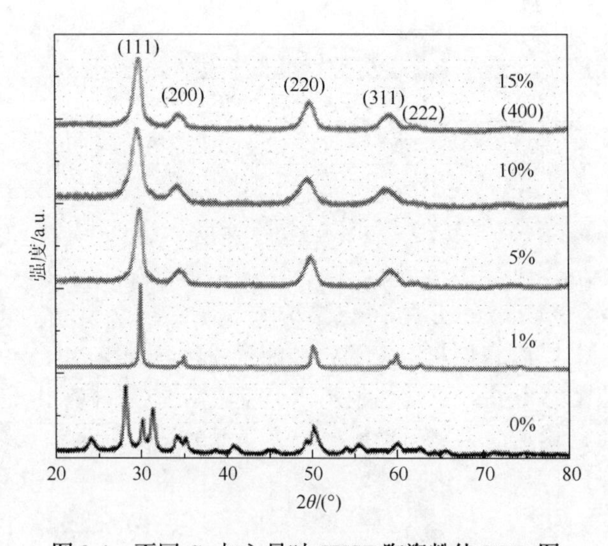

图3-1　不同Ce加入量时CYSZ陶瓷粉体XRD图

3.2.2 共沉淀工艺制程对CYSZ陶瓷粉体微观结构影响

1. 反应温度对CYSZ陶瓷粉体相结构及颗粒尺寸影响

图3-2为不同反应温度时CYSZ陶瓷粉体XRD图。其中，图3-2（a）为Ce加入量为1%，Y加入量为7.5%，盐溶液pH为10，煅烧温度为500℃，最佳反应温度为75℃时，CYSZ陶瓷粉体XRD图。图3-2（b）为盐溶液五个反应温度[室温（23℃）、50℃、65℃、75℃、85℃]条件下制备的CYSZ陶瓷粉体XRD图。

从图3-2（a）中可以看出，陶瓷粉体衍射峰与PDF卡片42-1164 ZrO_2四方相吻合，在2θ为30.3°、35.1°、50.4°、59.9°、63.2°和74.3°均有很明显的衍射峰，对应(111)、(200)、(220)、(311)、(222)和(400)晶面，呈四方相结构，没有单质CeO_2或第二相出现，但衍射峰有小角度偏移，说明Ce和Y已经固溶到ZrO_2中，制备样品为铈钇锆固溶体。在纳米YSZ中引入稀土氧化物CeO_2作为共掺杂第二相，ZrO_2晶格中Zr以Zr^{4+}形式存在于晶胞的八个顶点及面心位置，Zr^{4+}离子半径为0.077nm，Ce^{4+}离子半径为0.092nm，Y^{3+}离子半径为0.10nm，O^{2-}离子半径为0.103nm，通过增大阳离子和阴离子半径比（r^+/r^-），增加八配位体稳定性，$r_{Zr}{}^+/r_O{}^- = 0.7476$，$r_Y{}^+/r_O{}^- = 0.9709$，$r_{Ce}{}^+/r_O{}^- = 0.8932$，所以$Ce^{4+}$、$Y^{3+}$掺杂至$ZrO_2$晶格中取代$Zr^{4+}$位置，导致晶间距发生改变，使$ZrO_2$晶格畸变而产生固溶强化，使$ZrO_2$晶格更加稳定。此外，它们电负性相近，$Y_2O_3$、$CeO_2$、$ZrO_2$相对电负性分别为1.20、1.12、1.22，所以CeO_2取代ZrO_2促进稳定四方相结构形成，使得体系表面能和化学势下降，从而增强煅烧驱动力。由此可知，掺杂适量CeO_2有利于降低YSZ煅烧温度，形成稳定四方相结构。

从图3-2（b）可以看出，不同反应温度下制备CYSZ陶瓷粉体均为四方相结构，并随着反应温度升高，衍射峰逐渐变尖锐，晶化特征逐渐加强。

为确定CYSZ陶瓷粉体的晶粒尺寸，从图3-2（b）中选择(111)布拉格峰为计算依据，根据谢乐公式：

$$D = \frac{k\lambda}{\beta \cos\theta} \tag{3-8}$$

式中，D为平均晶粒尺寸（nm）；k为常数，取0.89；λ为入射波长（nm），铜靶取0.15405nm；β为半峰宽（rad）；θ为布拉格角（°）。计算晶粒尺寸如表3-3所示，误差为±0.01%。

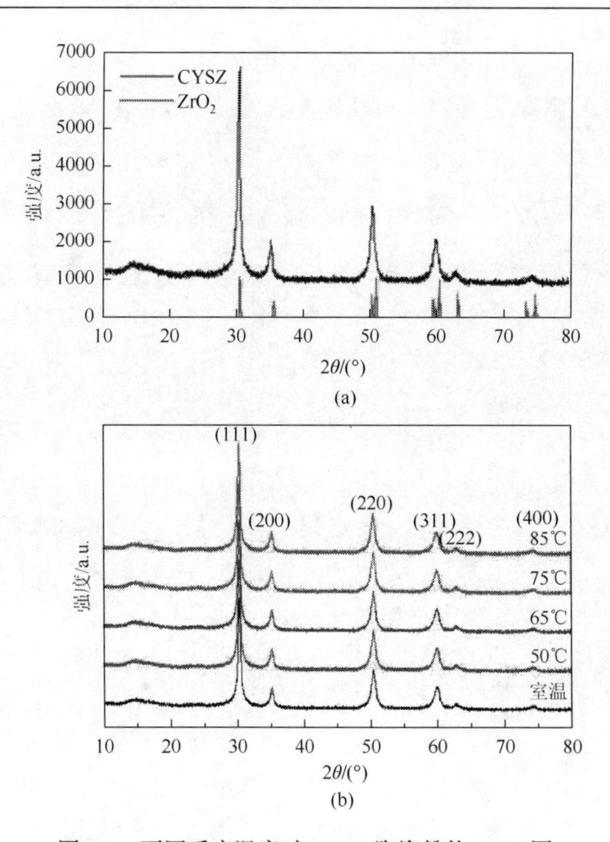

图 3-2　不同反应温度时 CYSZ 陶瓷粉体 XRD 图

表 3-3　不同反应温度时 CYSZ 陶瓷粉体晶粒尺寸

反应温度/℃	β/rad	2θ/(°)	D/nm
室温	0.008465	30.251	16.2
50	0.009356	30.198	14.7
65	0.009372	30.212	14.6
75	0.008762	30.186	15.7
85	0.007924	30.189	17.3

由表 3-3 可知，CYSZ 陶瓷粉体的平均晶粒尺寸为 14.6～17.3nm。根据小尺寸晶粒物理稳定原理，ZrO_2 从四方相到单斜相变化存在临界尺寸 45nm，晶粒尺寸小于此值时体系为稳定四方相结构，得到稳定四方相 ZrO_2 粉体。

虽然反应温度不同，但陶瓷粉体的晶粒尺寸均为 15nm 左右，为纳米级别。粉体晶粒尺寸随反应温度升高先减小后增大，结合 XRD 图分析可知，反应温度为 85℃时，衍射峰强度达到最高，粉体晶化完全，但该温度下制备的粉体晶粒尺寸较大，说明反应温度较高时，质点扩散速率较大，晶粒生成速率大，沉淀颗粒尺寸较大。陶瓷粉体晶粒尺寸越小，对陶瓷烧结性能及力学性能越有利，从煅烧特性、结晶完美和结构稳定性三方面考虑，选择最佳盐溶液反应温度为 75℃。

2. 反应温度对 CYSZ 陶瓷粉体微观形貌影响

用扫描电子显微镜（scanning electron microscope，SEM）对反应温度为室温、50℃、65℃、75℃、85℃的 CYSZ 陶瓷粉体进行观察，如图 3-3（a）～（e）所示。由图可以看出，反应温度为室温时，CYSZ 陶瓷粉体颗粒尺寸相对较大且分布不均匀；反应温度为 50℃和 65℃时，CYSZ 陶瓷粉体团聚比较明显；反应温度为 85℃时，CYSZ 陶瓷粉体颗粒比较大；反应温度为 75℃时，CYSZ 陶瓷粉体分散比较均匀，形状比较规则，颗粒尺寸适中。通过以上分析，确定 75℃作为共沉淀法制备 CYSZ 陶瓷粉体的最佳反应温度。

(a) 室温　(b) 50℃　(c) 65℃　(d) 75℃　(e) 85℃

图 3-3　不同反应温度时 CYSZ 陶瓷粉体 SEM 图

3. pH 对 CYSZ 陶瓷粉体相结构及颗粒尺寸影响

图 3-4 为共沉淀体系 pH 分别为 8、9、10、11 时 CYSZ 陶瓷粉体 XRD 图。选择 pH 大于 7 的原因是三价镧系元素离子在 pH 为 6～8 时才会发生沉淀（黄祺，2011）。

通过对图 3-4 观察可以发现，在共沉淀体系 pH 不同的情况下，CYSZ 陶瓷粉体的相结构没有明显差别，均为四方相结构。根据溶度积常数可以算出形成钇、铈氢氧化物的 pH 在 9 左右。因此为使钇、铈沉淀完全，共沉淀体系 pH 应选 10、11 作为较佳工艺参数。再根据谢乐公式计算出不同 pH 时 CYSZ 陶瓷粉体的晶粒尺寸（表 3-4），最后确定 pH。

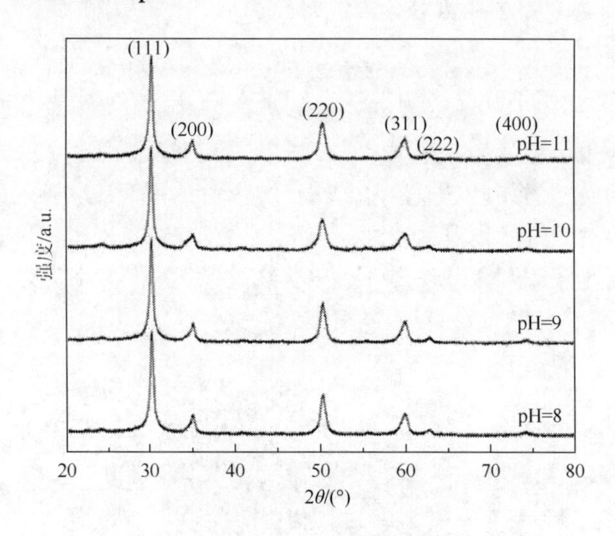

图 3-4　不同 pH 时 CYSZ 陶瓷粉体 XRD 图

表 3-4　不同 pH 时 CYSZ 陶瓷粉体晶粒尺寸

pH	β/rad	2θ/(°)	D/nm
8	0.006877	30.175	19.9
9	0.007400	30.235	18.5
10	0.008762	30.186	15.6
11	0.008046	30.19	17.0

由表 3-4 可以看出，CYSZ 陶瓷粉体的晶粒尺寸随 pH 升高先减小后增大，pH 为 10 时 CYSZ 陶瓷粉体的晶粒尺寸达到最小；pH 为 11 时，CYSZ 陶瓷粉体晶粒尺寸反而增大。在沉淀完全的前提下，优选 CYSZ 陶瓷粉体晶粒尺寸小、分散均匀时的工艺参数，pH 取 10。

4. pH 对 CYSZ 陶瓷粉体微观形貌影响

图 3-5（a）～（d）分别是共沉淀体系的 pH 为 8、9、10、11 时 CYSZ 陶瓷粉体的 SEM 图。由图可以看出，共沉淀体系的 pH 为 10 时 CYSZ 陶瓷粉体的分散相对均匀，结合 pH 为 10 时 CYSZ 陶瓷粉体 XRD 图，确定 pH 为 10 作为共沉淀法制备 CYSZ 陶瓷粉体的最佳工艺参数。

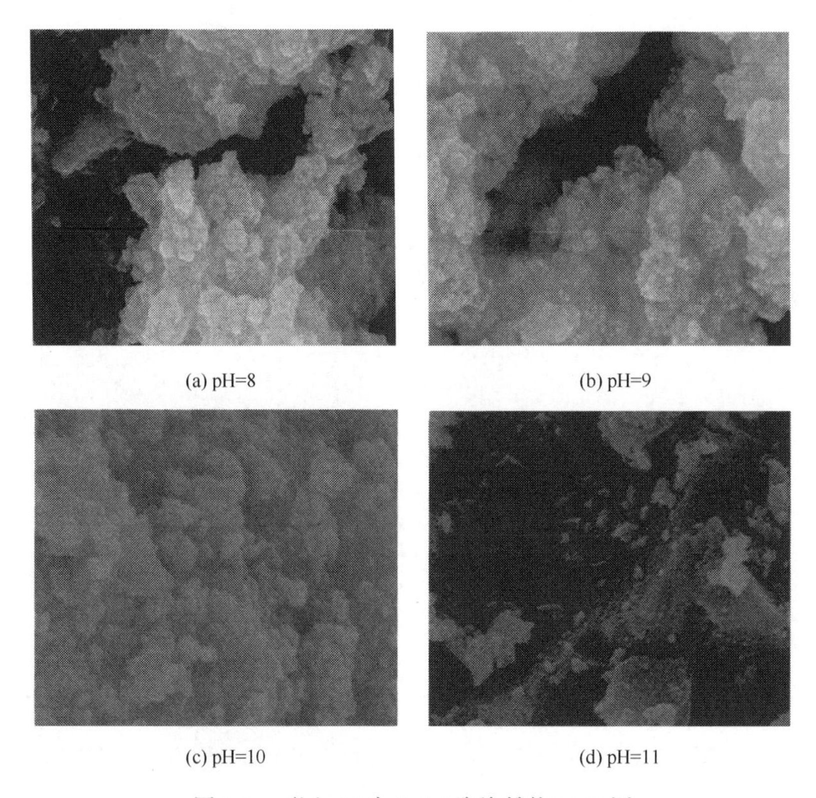

(a) pH=8　(b) pH=9

(c) pH=10　(d) pH=11

图 3-5　不同 pH 时 CYSZ 陶瓷粉体 SEM 图

3.2.3　烧结工艺对 CYSZ 陶瓷粉体微观结构影响

1. 煅烧温度确定

对共沉淀法制得的水合氧化物干燥后进行热重-差热分析（thermogravimetric-differential thermal analyzer，TG-DTA）。TG-DTA 曲线如图 3-6（a）所示。TG-DTA 曲线分为两个阶段：①室温至 280℃，在 100℃失重速率最大，这是由于干燥不能将抽滤、醇洗后水合氧化物中水分全部除尽，残余吸附水及乙醇会在升温过程中继续挥发，同时伴有少量分散剂 PEG-6000 分解，因此在 80～110℃出现一个较大失重谷；②280～500℃，在 350℃附近也出现失重谷，产生原因是铈、锆、钇氢氧化物脱去结构水，主要为氢氧化锆分解。

图 3-6（b）是 ZrO_2、YSZ、CYSZ 水合氧化物热重（thermogravimetry，TG）曲线对比。从图 3-6（b）中可以看出，在失去相同质量时 CYSZ 热分解温度明显较 YSZ、ZrO_2 低。热分解温度数据如表 3-5 所示，表中 T_d 表示热分解温度，T_d^5 和 T_d^{10} 分别表示样品失重 5%和 10%时所对应的温度。由表 3-5 可以看出，添加稀土元素

后样品失重率相同的温度逐渐降低，这说明稀土元素引入可以降低样品热分解温度，使粉体更快趋于稳定。

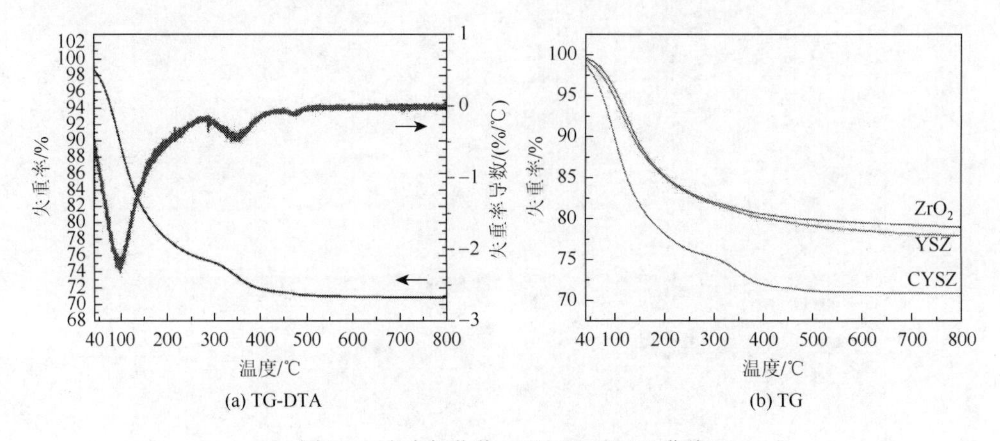

图 3-6　水合氧化物 TG-DTA 和 TG 曲线

表 3-5　ZrO_2、YSZ、CYSZ 热分解温度

组分	T_d/℃	T_d^5 /℃	T_d^{10} /℃
ZrO_2	335.40	110.74	145.44
YSZ	327.93	105.65	141.68
CYSZ	320.83	74.70	99.14

2. 煅烧温度对陶瓷粉体相结构及颗粒尺寸影响

根据水合 ZrO_2 粉体 TG-DTA 曲线，确定以 280℃、400℃、500℃、650℃和 850℃为煅烧温度，探究煅烧条件对 CYSZ 陶瓷粉体相结构及颗粒尺寸影响。图 3-7 为五种煅烧温度下 CYSZ 陶瓷粉体 XRD 图。由图 3-7 可以看出，280℃煅烧时，CYSZ 陶瓷粉体为无定形态，主要为氢氧化物。样品晶化特征随煅烧温度升高而更加明显。经过 400℃、500℃煅烧，CYSZ 陶瓷粉体在室温下能够保持稳定四方相结构。煅烧温度为 500℃时，衍射峰尖锐，半峰宽变小，说明团聚粉体中 ZrO_2 晶粒发育良好，结晶完全。经过 650℃、850℃煅烧后，出现单斜相衍射峰，表明陶瓷粉体晶体结构除以四方相为主外，还存在少量单斜相，煅烧温度升高后，陶瓷粉体晶型不再发生变化。单斜相会使 CYSZ 陶瓷粉体在喷涂及热循环时发生相变而产生体积变化，产生应力而导致涂层脱落、缩短寿命。因此，优选相组成为单一四方相时的煅烧温度，即煅烧温度为 500℃。

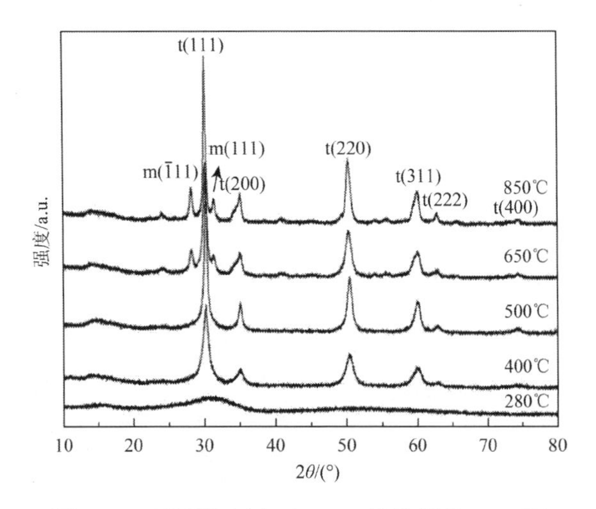

图 3-7　五种煅烧温度下 CYSZ 陶瓷粉体 XRD 图

m 指单斜相，t 指四方相

3. 煅烧温度对陶瓷粉体微观形貌影响

图 3-8（a）～（e）为煅烧温度为 280℃、400℃、500℃、650℃和 850℃时 CYSZ 陶瓷粉体 SEM 图。280℃煅烧样品的颗粒之间相互堆砌；400℃煅烧样品出现孔洞和小孔洞，能看出有小颗粒生成，但颗粒分散性不好；500℃煅烧样品的分散性明显优于其他温度；650℃和 850℃煅烧样品表面有大面积团聚现象。结合不同煅烧温度时 CYSZ 陶瓷粉体 XRD 分析，500℃煅烧时晶粒生长比较好、晶化程度好，因此，确定最佳煅烧温度为 500℃。

图 3-8　不同煅烧温度下 CYSZ 陶瓷粉体 SEM 图

3.3　喷雾造粒工艺对 CYSZ 陶瓷粉体微观结构影响

以反应温度为 75℃，pH 为 10，煅烧温度为 500℃作为共沉淀法制备 CYSZ 陶瓷粉体的工艺参数，制备 Y 加入量为 7.5%，Ce 加入量分别为 0%、1%、5%、10%、15%的 CYSZ 陶瓷粉体，采用 PVA 为黏结剂，加入量为 1%，将一定量的 CYSZ 纳米陶瓷粉体、PVA 与去离子水放入球磨机中球磨 24h，再进行喷雾造粒。

根据相关文献（杜宽河，2012；刘怀菲，2011），确定喷雾造粒时，进料泵转速为 16～22r/min，进风温度为 270～280℃。按此工艺参数造粒得到 CYSZ 陶瓷粉体的球形度好、尺寸均匀、产量高。将造粒好的五种球形粉体于 1100℃热处理 1h，使有机物 PVA 燃烧殆尽，造粒粉体纯度高、强度高，避免等离子喷涂过程中挥发，在涂层中留下较大孔洞。

3.3.1　喷雾造粒工艺对 CYSZ 陶瓷粉体相结构影响

图 3-9 为喷雾造粒后，Ce 加入量为 1%时 CYSZ 陶瓷粉体 XRD 图。从图 3-9 中可看到，陶瓷粉体衍射峰仍非常尖锐，与图 3-1 中造粒前 Ce 加入量为 1%时 CYSZ 陶瓷粉体的相结构没有差异，说明喷雾造粒工艺不会改变 CYSZ 陶瓷粉体的晶型结构，仍为四方相。

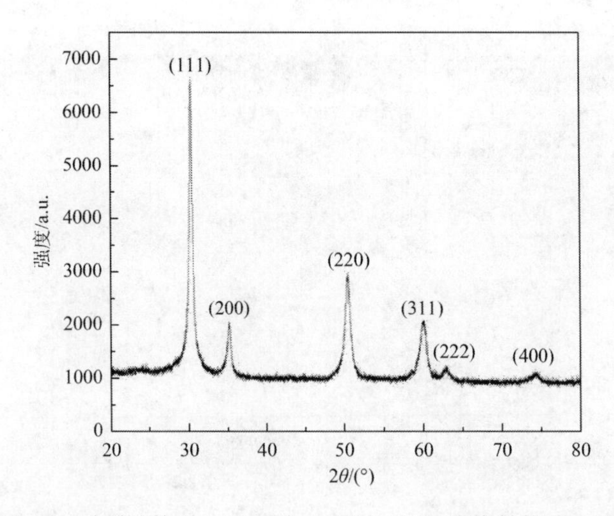

图 3-9　喷雾造粒后，1%Ce 加入量时 CYSZ 陶瓷粉体 XRD 图

3.3.2　CYSZ 陶瓷粉体表面元素种类及化合价

图 3-10 为 CYSZ 陶瓷粉体 XPS 图。结合图 3-10 的 4 个分图可知，图 3-10（a）是 Ce 加入量为 1%时 CYSZ 陶瓷粉体 XPS 图，考察 CYSZ 陶瓷粉体表面元素种类及化合价。图 3-10（a）中明显存在的标识谱线有 Zr4p、Ce4d、Y3d、Zr3d、C1s、Zr3p、O1s、Ce3d，其中 C1s 来源于 XPS 油扩散泵，在实验中用 C1s = 284.07eV 峰位做荷电校正。图 3-10（b）和图 3-10（c）为 CYSZ 陶瓷粉体中 Ce 3d 图，可以看出，Ce^{4+}峰分别出现在 881.8eV、887.2eV 和 897.2eV 处，对应于 Ce^{4+}峰 $3d^94f^1$、$3d^94f^2$ 和 $3d^94f^0$ 的最终状态，即 Ce^{4+}为 CeO_2。对应自旋轨道分裂发生在 900.2eV 和 915.6eV，其中 915.6eV 为 Ce^{4+}峰，如图 3-10（c）和（d）所示。Ce3d5/2 主峰与 Ce3d3/2 主峰之间的峰值能量间隔即自旋轨道分裂能量为 900.2−881.8 = 18.4（eV）。

根据 Cortese 等（2013）的研究，如果粉体表面存在一定量的 Ce^{3+}，则在 884.9eV 处出现新峰。这些位置分别作为 Ce^{3+}峰 $3d^94f^1$ 的最终状态。而图 3-10（b）中 Ce^{3+}

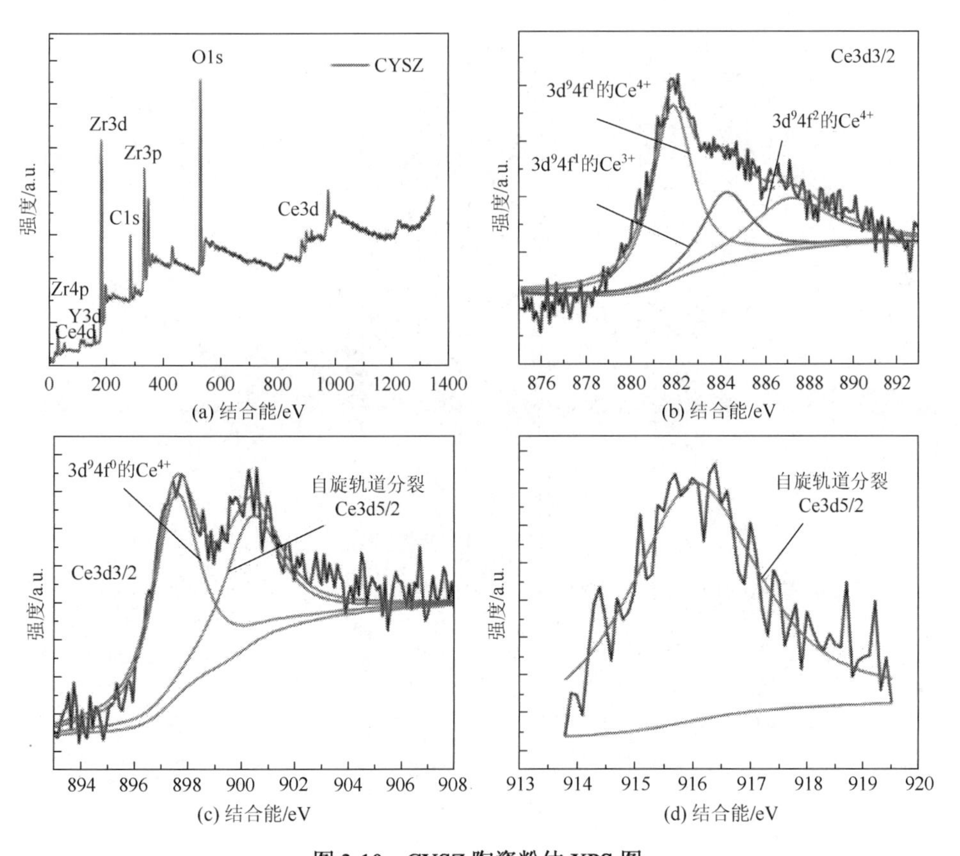

图 3-10　CYSZ 陶瓷粉体 XPS 图

峰 $3d^94f^1$ 值较小，说明粉体中含有微量 Ce^{3+}。少量 CeO_2 有可能被还原为 Ce_2O_3。而高能射线轰击容易导致少量 Ce^{4+}发生还原。因此，共沉淀法得到的 CYSZ 陶瓷粉体表面 Ce 主要为 CeO_2，并已成功添加到 CYSZ 陶瓷粉体中。

3.3.3 喷雾造粒后 CYSZ 陶瓷粉体微观形貌

图 3-11 为 Ce 加入量为 1%的 CYSZ 陶瓷粉体喷雾造粒后 SEM 图。其他四种 CYSZ 陶瓷粉体的微观形貌相似，在此不列出。

从图 3-11（a）中可以看到，喷雾造粒后 CYSZ 陶瓷粉体为均匀球形，分布较均匀。从放大表面形貌［图 3-11（b）］中可以看出，大球体由无数小纳米颗粒黏结而成，因此球形表面孔洞较多、结构疏松，等离子喷涂时粉体较易熔化。后期热处理的目的是除去陶瓷粉体中的有机成分，对造粒体球形度、半径等影响不大。

(a) 500倍　(b) 1000倍

图 3-11　喷雾造粒后 CYSZ 陶瓷粉体 SEM 图

3.3.4 喷雾造粒后 CYSZ 陶瓷粉体粒径分布

图 3-12 为 Ce 加入量为 0%、1%、5%、10%、15%时 CYSZ 陶瓷粉体喷雾造粒后，过 250 目和 500 目筛子，筛分出可用于等离子喷涂 CYSZ 陶瓷粉体的粒径分布。从图 3-12 中可以看到，筛后五种 CYSZ 陶瓷粉体粒径集中在 20～60μm，比较均匀。此粒径区间 CYSZ 陶瓷粉体适合等离子喷涂。

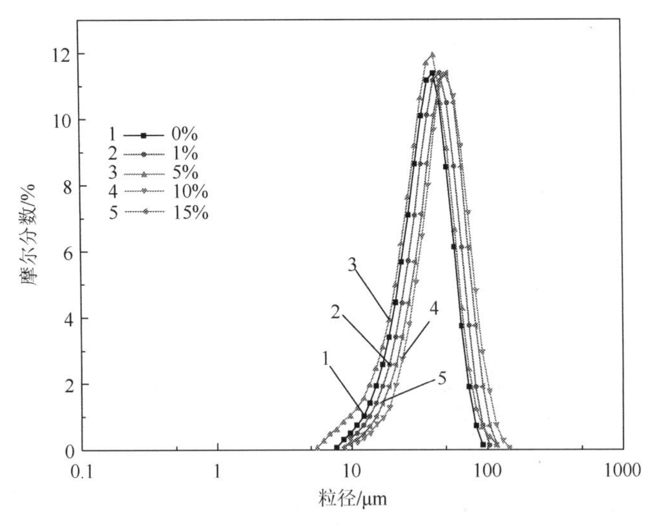

图3-12　喷雾造粒后CYSZ陶瓷粉体粒径分布

3.4　等离子喷涂工艺对CYSZ热障涂层微观结构与热震性能影响

3.4.1　CeO_2对CYSZ热障涂层微观结构影响

1. CeO_2对CYSZ热障涂层相结构影响

分别将掺杂Ce加入量为0%、1%、5%、10%、15%的CYSZ涂层样品命名为1#、2#、3#、4#及5#，图3-13为1#～5#涂层样品XRD图。

由图3-13可知，五种涂层的相结构均为四方相。等离子喷涂时，等离子弧温度很高，可达上万摄氏度，陶瓷粉体经过等离子弧的时间较短，稳定剂的加入使四方相ZrO_2不能转变为单斜相，而稳定剂的量又不足以在极短时间内使ZrO_2由四方相变为立方相，因此制备的五种涂层都为四方相结构。2#涂层比1#涂层的谱峰强度有所降低，半峰宽增加，说明晶粒尺寸减小，CeO_2加入对晶粒生成有抑制作用，Ce^{4+}进入ZrO_2晶格中，造成晶格畸变，使晶粒形成更稳定的四方相结构，表面能低，晶粒生长的推动力小，涂层晶粒尺寸小。此外，随着Ce加入量的增加，谱峰强度及半峰宽变化不大，说明晶粒相结构及尺寸基本保持稳定。

涂层相结构影响涂层性能，如果涂层相结构为稳定四方相，涂层在热循环过程中相变概率会有所降低。相变引起体积变化是涂层剥落的主要原因。因此，加入CeO_2后，结构为四方相的热障涂层的热稳定性和热循环寿命会大大提高。

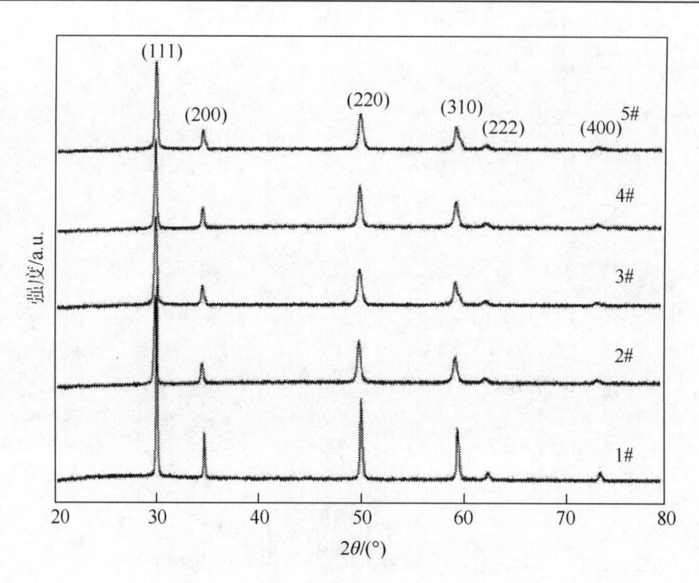

图 3-13 五种 CYSZ 涂层 XRD 图

2. CeO_2 对 CYSZ 热障涂层表面形貌影响

图 3-14 为 1#～5#涂层样品表面 SEM 图。从图 3-14 中可以看到，1#涂层表面存在很多微裂纹，孔洞较大，数量较多，结合不够紧密，而加入纳米 CeO_2 的 2#～5#涂层比较紧密，孔洞较少。随着 Ce 加入量的增加，涂层孔洞越来越少，一部分孔洞被圆形颗粒填充，另一部分孔洞处于闭合状态。原因在于，在喷涂过程中，纳米 ZrO_2 熔点较高，有些粉末粒子还未来得及熔化就被喷出，涂层由熔化粒子和未熔化粒子构成，中间就会夹杂一部分空气，在涂层表面形成孔洞。孔洞含量、形状、分布都对涂层性能有一定影响。孔洞可使陶瓷密度减小、热导率降低、热震性能提高。但孔洞也是应力集中区，可直接受力成为裂纹，致使陶瓷层强度降低。而加入纳米 CeO_2 后，涂层表面整体熔化较好，熔滴之间结合比较紧密，涂层较为平整。熔化粒子经过等离子弧接触温度较低的基体时，由于时间极短，较大温度差引起的残余应力不能释放，就会在涂层中形成微裂纹。这种微裂纹细小且分布均匀，当热震循环受到热应力时，微裂纹可以消耗裂纹扩展时的部分能量，未熔化粒子也能消耗部分能量，减少大裂纹生成。另外，CeO_2 多吸附在晶界处，降低界面能，可使涂层晶粒细化，晶界增多，对裂纹偏转起到积极作用。因此，想要提高涂层硬度、结合强度和热震性能，就要在喷涂过程中控制好微裂纹和孔洞尺寸与分布，即控制好稳定剂加入量，2#涂层效果较好。

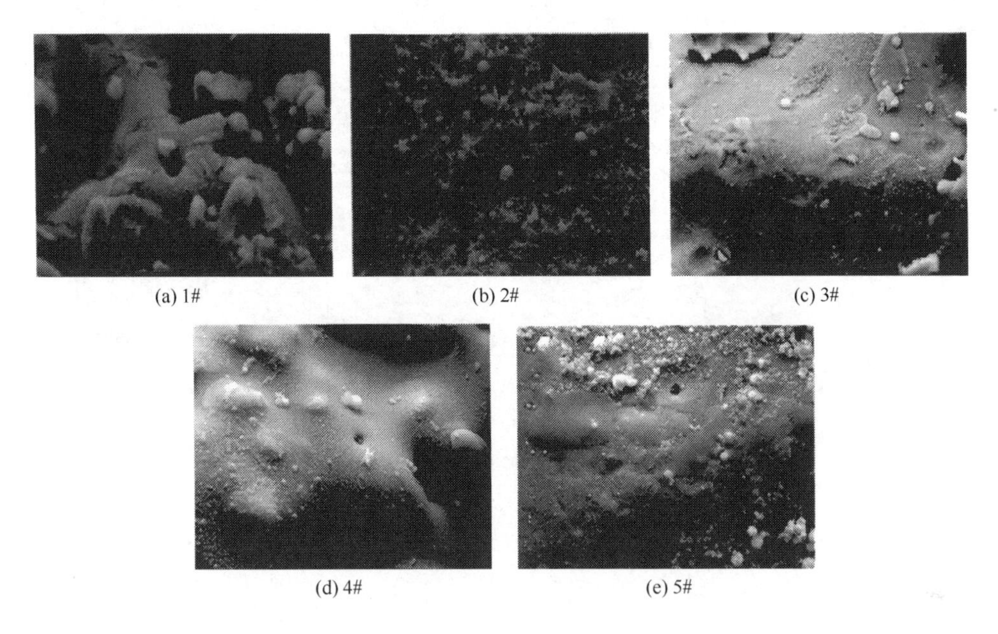

(a) 1#　(b) 2#　(c) 3#　(d) 4#　(e) 5#

图 3-14　五种 CYSZ 涂层表面 SEM 图

3. CeO_2 对 CYSZ 热障涂层截面形貌影响

图 3-15 为 1#及 2#涂层截面形貌。从图 3-15 中可以看到，热障涂层包括三部分：①高温合金基体；②Ni/Al 黏结层，约 100μm；③陶瓷层，即隔热层，约 200μm。结合区存在两个界面，分别为基体与黏结层界面以及黏结层与陶瓷层界面，黏结层组织紧密，没有微裂纹，与基体结合较好。这是由于 Ni/Al 为金属间化合物，被送入等离子弧后熔化完全，熔滴到达基体后，与基体凹凸表面以机械力结合，较紧密，界面较窄；而陶瓷粉体由于熔点较高，在被送入等离子弧时，部分陶瓷粉体未熔化就直接被火焰流喷出，对黏结层产生很大应力，陶瓷与金属线膨胀系数极不匹配，又产生一部分应力。因此可以看到，陶瓷层与黏结层相互交错，界面较宽。

由图 3-15（a）和（b）对比可以看出，未加入纳米 CeO_2 时，陶瓷涂层组织疏松，与黏结层结合不够紧密，孔洞较大，导致陶瓷层与黏结层结合力下降，涂层热震性能下降；而加入纳米 CeO_2 后，陶瓷涂层孔洞变小，和黏结层结合紧密。团聚纳米颗粒经过等离子弧时更易熔化，在撞击黏结层时熔化颗粒对孔洞填充较好，但颗粒内部仍是多孔洞结构，沉积时还会形成闭合孔洞，但数量减少。这样在高温条件下外界气体就难以到达陶瓷层与黏结层界面，减缓黏结层表面氧化膜生长，减小热应力，陶瓷层与黏结层结合强度有所提高。

(a) 1#　　(b) 2#

图 3-15　CYSZ 涂层截面 SEM 图

3.4.2　CeO_2 对 CYSZ 热障涂层显微硬度及结合强度影响

图 3-16（a）为 1#～5#涂层显微硬度。由图 3-16（a）可知，CYSZ 涂层显微硬度随纳米 Ce 加入量增加不断提高。其中 5#涂层显微硬度最大，达到 1350.8MPa，高于未加入纳米 CeO_2 的 1#涂层（922.9 MPa）。原因是在喷涂过程中，涂层中存在熔化区和未熔化区，熔化区组织致密、硬度较大，而未熔化区主要由未熔化 CYSZ 陶瓷粉体构成，粉体本身气孔率较大、结构比较疏松，并且熔化或半熔化状态颗粒堆积在涂层表面形成一些形状不规则孔洞，从而影响涂层显微硬度。而加入纳米 CeO_2 后，陶瓷粉体经过等离子弧加热，熔化区增大，涂层中孔洞和杂质减少，涂层组织排列更紧密，因此涂层显微硬度有所提高。

涂层显微硬度提高有利于增强涂层耐磨及耐腐蚀性能，不但提高对基体的保护能力，而且提高涂层使用寿命。但涂层显微硬度越大，韧性就越差，导致涂层抗剥落能力降低。

图 3-16（b）为 1#～5#涂层结合强度。由图 3-16（b）可以看到，1#涂层结合强度最低，而加入纳米 CeO_2 样品涂层结合强度明显提高，其中 2#涂层结合强度最好，达到 51MPa。由于基体在喷涂前经过喷砂处理，表面比较粗糙，等离子喷涂时，熔化颗粒撞击到基体表面沿合金表面铺展，和基体之间形成良好机械咬合，形成物理结合型界面。陶瓷粉体经等离子弧加热时，熔化及半熔化颗粒撞击到较为平整的黏结层表面，机械咬合相对较差，并且 1#涂层由于组织排列不紧密，孔洞较多，形成陶瓷层与黏结层的机械结合就相对弱得多，在拉伸试验中优先产生裂纹，结合强度较低。而加入纳米 CeO_2 后，涂层之间孔洞减少，涂层致密度提高，降低裂纹产生概率，导致结合强度提高，并且纳米 CeO_2 可以起到润湿作用，不但使陶瓷颗粒之间接触增多，而且使陶瓷层与黏结层接触面积增大。因此，涂层结

合强度显著提高。而随着 Ce 加入量增加，局部纳米 CeO_2 过多，会使涂层局部结合能力下降，导致涂层结合强度下降。

涂层结合强度与涂层使用寿命直接相关，为了提高涂层结合强度，要控制好 Ce 加入量。

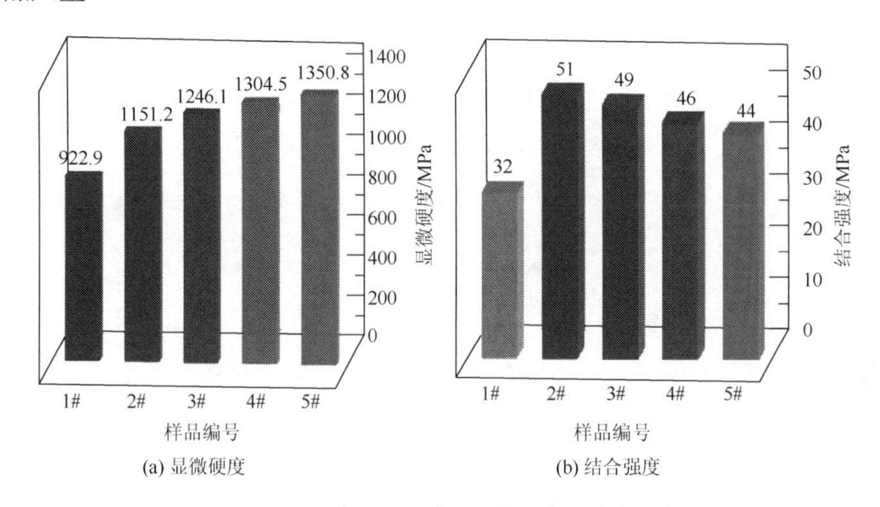

图 3-16　五种 CYSZ 涂层显微硬度及结合强度

3.4.3　CeO_2 对 CYSZ 热障涂层热导率影响

对 1#～5#涂层 800℃时热导率进行测试分析，计算得到五种涂层热导率，如表 3-6 所示。由表 3-6 可以看出，五种涂层的密度逐渐增大，热扩散系数随 Ce 加入量的增加先减小后增大，加入 CeO_2 的 2#～5#涂层的热导率都要低于未加入 CeO_2 的 1#涂层，并且都低于传统 YSZ 涂层的热导率［2.3W/(m·K)］，2#～5#涂层的热导率随着 Ce 加入量的增加而增大，与涂层的热扩散系数的变化规律一致。其中，Ce 加入量为 1%的 2#涂层热导率最低，达到 1.29W/(m·K)。热障涂层的隔热性能与其微观结构有关。前面分析可知，CeO_2 的加入可以使 ZrO_2 陶瓷粉末在等离子喷涂过程中更好地熔化，涂层组织致密，降低了 YSZ 涂层的大孔洞数量，使涂层形成细小网状微裂纹，降低热导率，提高隔热性能。但当 Ce 加入量过多时，涂层密度增大，涂层孔洞及微裂纹数量减少，空气在封闭状态下的热导率为 0.023W/(m·K)，明显低于固体的热导率。涂层中空气含量越少，涂层的热导率反而越大。因此，添加适量的 CeO_2，控制好涂层中孔洞及微裂纹的数量，对于降低涂层热导率、提高涂层隔热性能至关重要。

表 3-6　五种 CYSZ 涂层热导率计算

样品编号	涂层密度 ρ /(g/cm^3)	比热容 C_p /[J/(g·K)]	热扩散系数 D_T /(10^{-6}m^2/s)	热导率 λ /[W/(m·K)]
1#	5.43	0.67	0.451	1.64
2#	5.54	0.65	0.358	1.29
3#	5.60	0.62	0.380	1.32
4#	5.64	0.59	0.409	1.36
5#	5.71	0.55	0.455	1.43

3.4.4　CeO_2 对 CYSZ 热障涂层热震性能影响

1. CeO_2 对热震前后 CYSZ 热障涂层样品完整度影响

图 3-17 为热震前后五种 CYSZ 涂层样品宏观形貌照片。当热震循环次数达到 16 次时，1#涂层材料开始出现起皮、剥落现象，面积达到 5%，判定为失效。随着热震循环次数增加，其他四种涂层样品都出现不同程度的剥落。当达到 70 次左右时，3#和 4#涂层样品判定为失效，2#和 5#涂层样品表面基本完好；当达到 80 次左右时，2#和 5#涂层样品都判定为失效。热震循环 84 次后，分别取五种涂层样品中破坏最严重的一个，如图 3-17（b）所示（Lyu et al.，2019）。

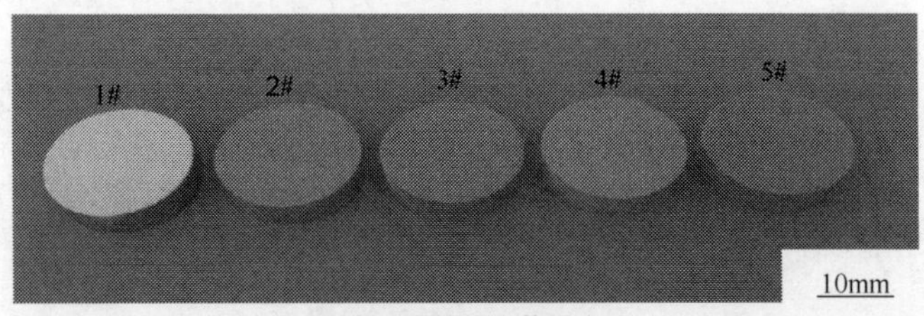

(a) 热震前涂层形貌照片

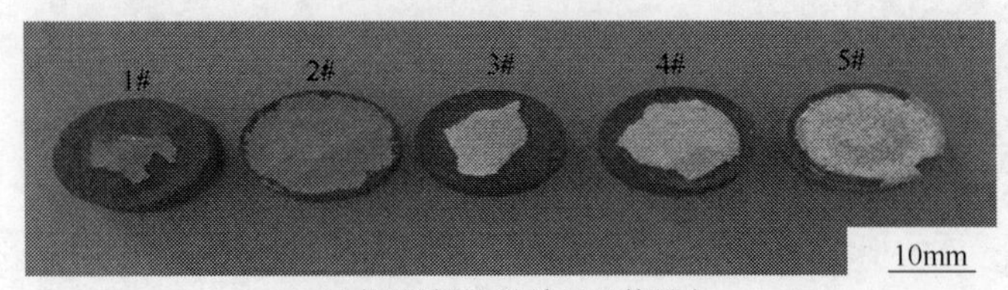

(b) 热震循环84次涂层形貌照片

图 3-17　热震前后五种 CYSZ 涂层样品宏观形貌照片

2. CeO_2 对 CYSZ 热障涂层平均热震次数影响

每种涂层平均热震次数如图 3-18 所示。1#涂层样品表面脱落面积最大，为整个样品表面积的 80%，仅残留部分涂层，3#和 4#涂层样品表面脱落面积很大，而 2#和 5#涂层样品在边缘处发生涂层剥落，中心部分基本完整，热震性能优于其他三种。从图 3-18 中可以看到，1#涂层样品平均热震次数最少，为 16 次；2#涂层样品平均热震次数最多，为 84 次；3#、4#和 5#涂层样品平均热震次数也明显多于 1#涂层样品，分别为 67 次、72 次和 78 次，表明纳米 CeO_2 的加入可以有效提高 CYSZ 热障涂层的热震性能。

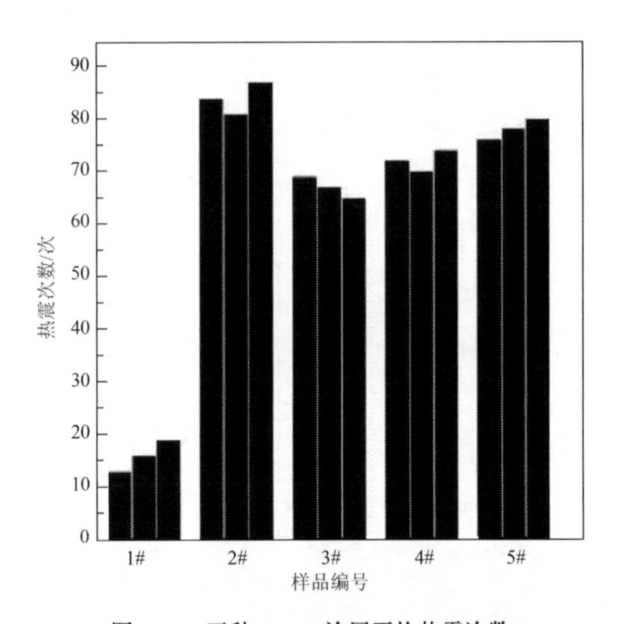

图 3-18　五种 CYSZ 涂层平均热震次数

3.4.5　CeO_2 对热震前后 CYSZ 热障涂层微观结构影响

1. CeO_2 对 CYSZ 热障涂层热震前后相结构影响

对热震前后 1#～5#涂层样品做 XRD 对比分析，如图 3-19 所示。由图 3-19 可知，热震前后五种涂层样品相组成基本没有变化，只检测出 $CeZrO_2$ 固溶体单一相，没有其他相生成，说明热震后五种涂层都没有生成新物质。计算五种涂层热震前后的平均晶粒尺寸可以发现，1#涂层晶粒长大较其他四种涂层更加明显，原因是在等离子喷涂过程中，晶粒发育不完全，热循环时借助外界能量会继续长大，涂层平均晶粒尺寸增大。而加入纳米 CeO_2 的涂层在经过热循环后进入 ZrO_2 晶格中，Ce^{4+}使 ZrO_2 晶粒更加稳定，表面 CeO_2 熔化颗粒与陶瓷粒子共用晶界长大，未熔化颗粒依靠表面能及吸收能量吸附在纳米陶瓷粒子表面，不会长大，因此加入纳米 CeO_2 的涂层样品的热稳定性更好。

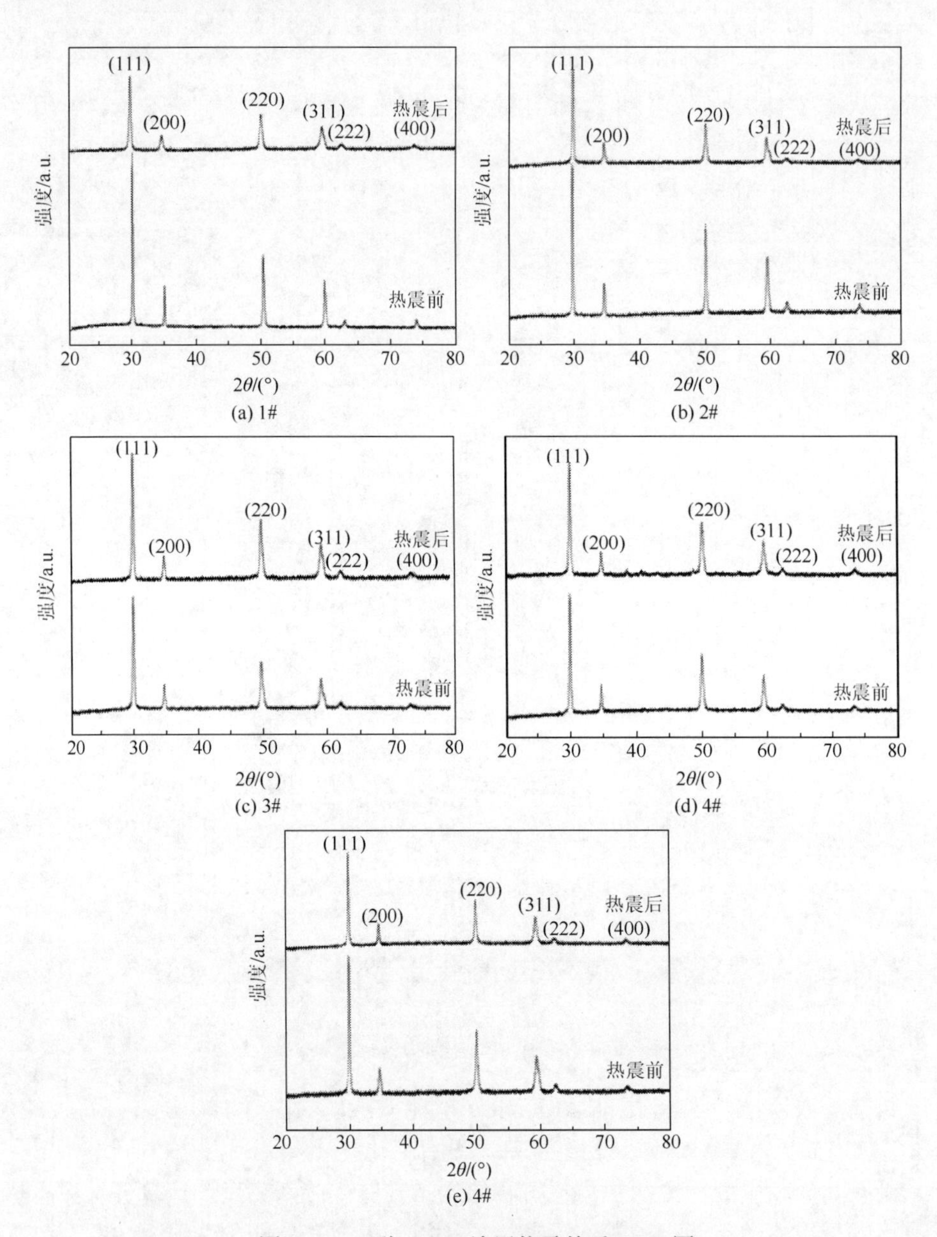

图 3-19　五种 CYSZ 涂层热震前后 XRD 图

2. CeO_2 对 CYSZ 热障涂层热震后三维形貌影响

图 3-20 为热震后 1#和 2#涂层样品表面三维形貌图。由图 3-20 可以看出，热震后两种涂层表面晶粒发生纵向生长。陶瓷层与黏结层热导率不同，热量沿纵向传递较快，造成涂层晶粒在纵向上存在较大温度梯度，内外熔化状态不同。此外，热震后，1#涂层表面纵向生长晶粒数量要明显多于 2#涂层，这是因为 CeO_2 加入可以抑制热循环过程中晶粒生长，Ce^{4+}进入 ZrO_2 晶格后引起晶格畸变，使晶粒更加稳定，减少由晶粒长大产生应力引起涂层出现大裂纹而导致涂层剥落，说明 CeO_2 加入可以提高涂层的热震性能。

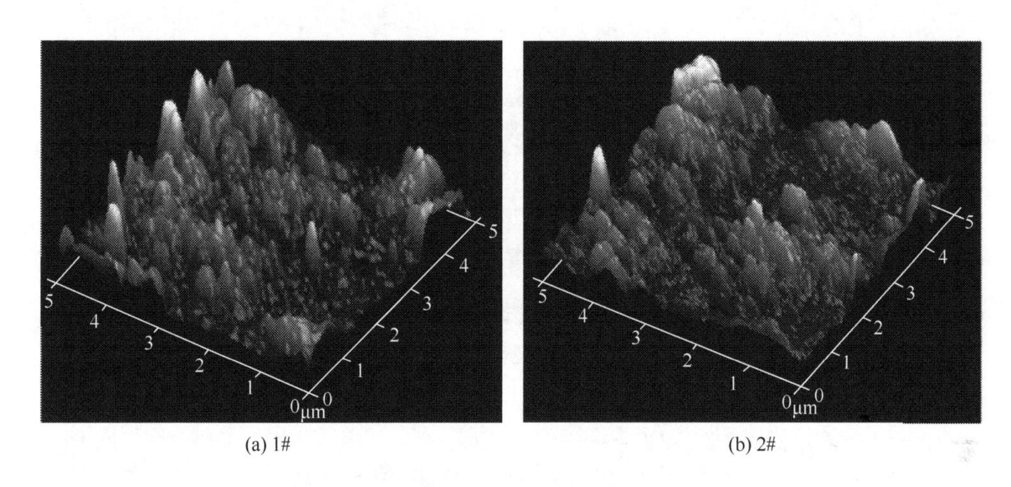

(a) 1#　　(b) 2#

图 3-20　热震后 CYSZ 涂层表面三维形貌图

3. CeO_2 对 CYSZ 热障涂层热震后表面形貌影响

图 3-21 为 1#及 2#涂层样品热震后表面 SEM 图。从图 3-21（a）中可以看出，1#涂层样品热震后表面裂纹明显，陶瓷纳米粒子出现烧结，呈块状堆积在一起，伴随大的孔洞；从图 3-21（b）可以发现，2#涂层样品热震后表面微裂纹细小，也存在大裂纹，但数量明显减少。加入纳米 CeO_2 后，块状结构减少，陶瓷纳米粒子排列紧密，孔洞较小。加入适量纳米 CeO_2 可以促使涂层形成微裂纹，释放涂层应力，使涂层不易从基体上剥落，热震失效过程减慢；并且纳米 CeO_2 减少涂层孔洞，细化晶粒，阻碍 ZrO_2 四方相向立方相转变，涂层的热震性能有所提高。

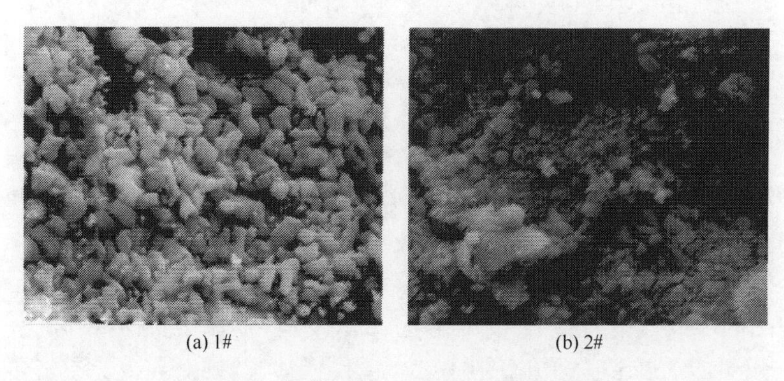

(a) 1#　(b) 2#

图 3-21　热震后 CYSZ 涂层表面 SEM 图

4. CeO_2 对 CYSZ 热障涂层热震后界面影响

图 3-22 和图 3-23 为热震后 1#和 2#涂层样品截面形貌及线扫描分析。由图 3-22 和图 3-23 可以看出，加入纳米 CeO_2 的 2#涂层热震后截面形貌要优于 1#涂层热震后截面。通过 1#和 2#涂层热震后截面元素扫描分析可知，在黏结层与陶瓷层界面，主要元素都发生线性突变，说明黏结层与陶瓷层界面只有少量元素扩散，结合方式主要为机械咬合，结合强度较低。在界面处局部区域 Al 元素和 O 元素加入量都发生突变，黏结层中的 Al 向外扩散，陶瓷层中的 O 向内扩散，Al 和 O 发生化学反应，生成连续的 Al_2O_3 层，即热生长氧化物层（thermally grown oxide，TGO），这是黏结层能够抗氧化的原因。

TGO 能产生较大相变应力，形成的 Al_2O_3 强度较低、韧性不好，使得界面弱化，并且受热应力时 TGO 中的显微孔洞会连接在一起，形成较大裂纹，因此在涂层热震循环失效时，断裂都发生在黏结层与陶瓷层界面处。TGO 对热障涂层失效起着至关重要的作用。TGO 是裂纹源，还是裂纹迅速扩展通道。抑制 TGO 生成是改善热障涂层性能、提高热障涂层使用寿命的重要途径之一。

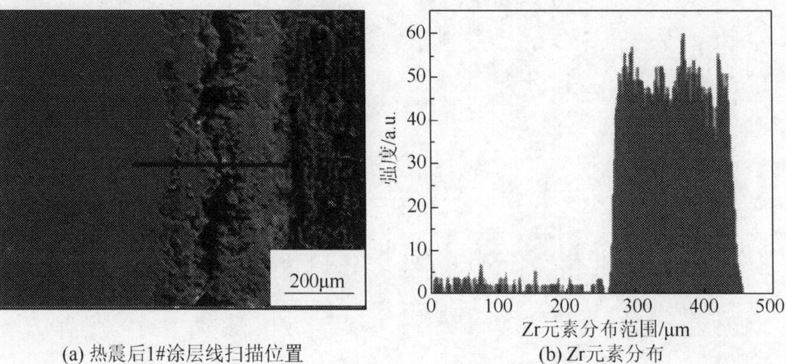

(a) 热震后1#涂层线扫描位置　(b) Zr元素分布

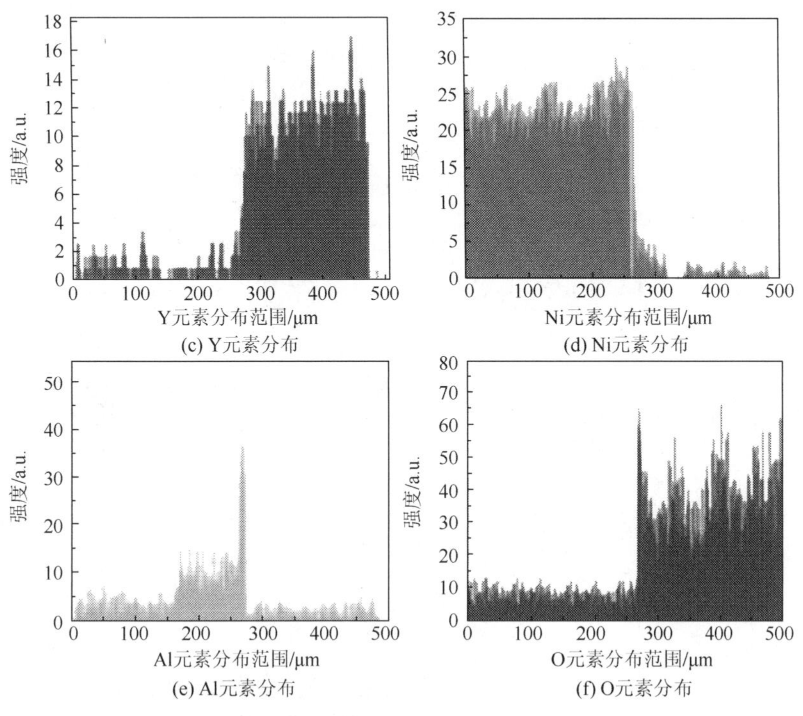

(c) Y元素分布　(d) Ni元素分布

(e) Al元素分布　(f) O元素分布

图 3-22　1#涂层样品热震后截面形貌及线扫描分析

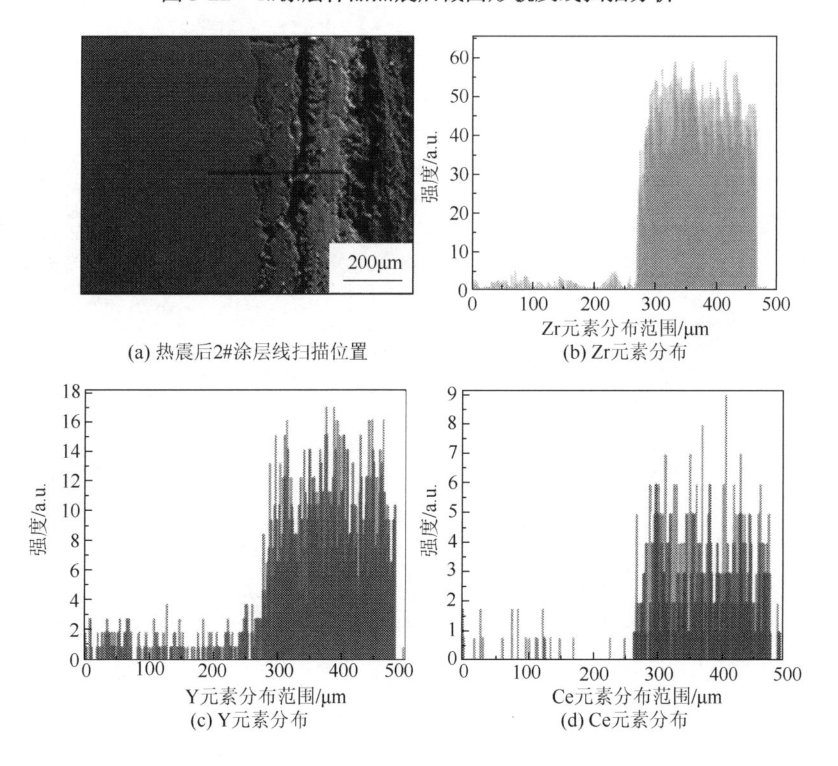

(a) 热震后2#涂层线扫描位置　(b) Zr元素分布

(c) Y元素分布　(d) Ce元素分布

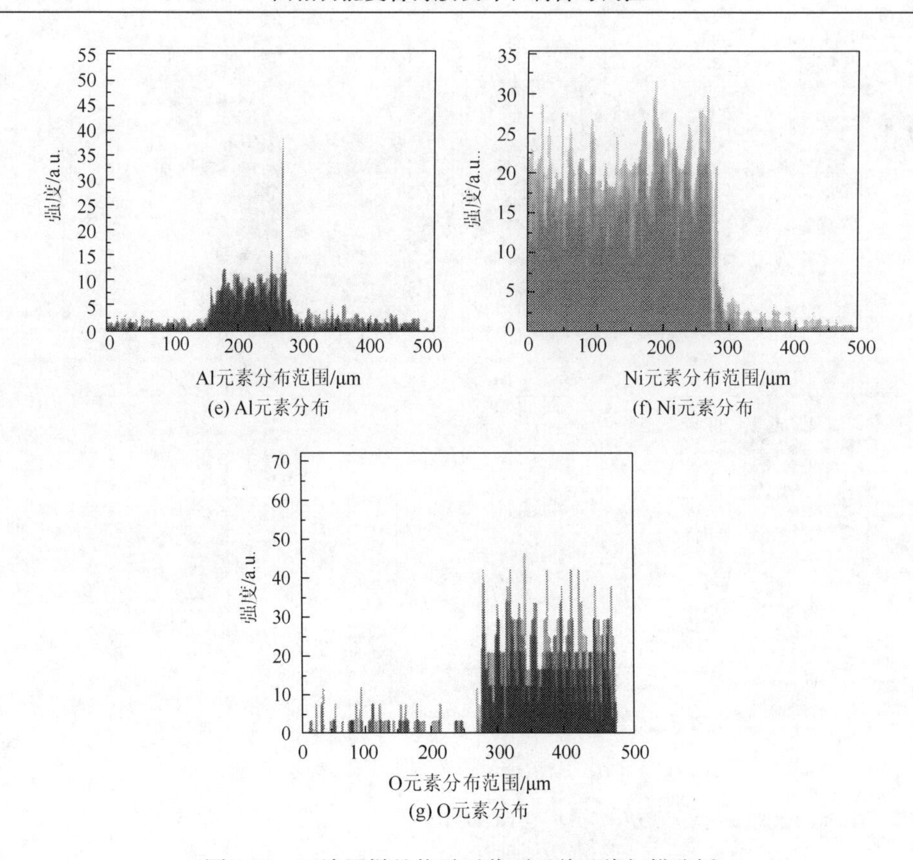

(e) Al元素分布

(f) Ni元素分布

(g) O元素分布

图 3-23　2#涂层样品热震后截面形貌及线扫描分析

加入纳米 CeO_2 的 2#涂层样品热震形成 TGO 较薄。这是由于纳米 CeO_2 加入，陶瓷涂层更加致密，阻碍 Al 元素向陶瓷层扩散，减缓涂层内部氧化速度，因此加入纳米 CeO_2 涂层样品的热震性能要优于纳米 YSZ 涂层样品。

3.5　热障涂层热震后表面裂纹扩展机理

Hasselman（1969）从断裂力学观点出发，提出脆性陶瓷材料热震断裂开始与裂纹扩展统一理论，解释热震环境中陶瓷材料从裂纹成核、扩展、抑制到最终断裂的全过程。陶瓷材料有长裂纹扩展和短裂纹扩展两种方式。对于原始长裂纹，首先进入裂纹准静态扩展阶段，即在开始阶段强度是保持不变的，当达到临界热震温差后，其强度才随着温差增大呈下降趋势；对于原始短裂纹，首先进入裂纹动态扩展阶段，其扩展速率与裂纹尺寸有关，当陶瓷体受到临界热震温差作用时，强度会突然下降，随后就进入裂纹准静态扩展阶段。

在 Hasselman 断裂开始与裂纹扩展统一理论中，临界热震温差 ΔT_c 的表达式如下：

$$\Delta T_{\mathrm{c}} = \left[\frac{\pi G(1-2v)^2}{2E_0\alpha^2(1-v^2)} \right]^{\frac{1}{2}} \left[1 + \frac{16(1-v^2)Nl^3}{9(1-2v)} \right] \left(\frac{1}{l} \right)^{\frac{1}{2}} \tag{3-9}$$

式中，G 为断裂能；v 为泊松比；E_0 为不含裂纹的基本弹性模量；α 为热膨胀系数；N 为裂纹密度；l 为等效裂纹长度。

当等效裂纹长度为长裂纹时，式（3-9）中 $\left[1 + \frac{16(1-v^2)Nl^3}{9(1-2v)} \right]$ 近似为 $\frac{16(1-v^2)Nl^3}{9(1-2v)}$，则式（3-9）可简化为

$$\Delta T_{\mathrm{c}} = \left[\frac{128\pi G(1-v^2)N^2l^5}{81\alpha^2 E_0} \right]^{\frac{1}{2}} \tag{3-10}$$

当等效裂纹长度为短裂纹时，式（3-9）中 $\left[\frac{16(1-v^2)Nl^3}{9(1-2v)} \right]$ 可忽略，则式（3-9）可简化为

$$\Delta T_{\mathrm{c}} = \left[\frac{\pi G(1-2v)^2}{2E_0\alpha^2(1-v^2)l} \right]^{\frac{1}{2}} \tag{3-11}$$

一旦短裂纹发生，会快速进入动态扩展阶段，终止裂纹扩展长度 l_f 为

$$l_{\mathrm{f}} = \left[\frac{3(1-2v)}{8(1-v^2)l_0 N} \right]^{\frac{1}{2}} \tag{3-12}$$

式中，l_0 为初始裂纹长度。

对于长裂纹，由式（3-10）可知，要增大临界热震温差就要适当提高裂纹密度和尺寸。对于短裂纹，由式（3-11）可知，要增大临界热震温差就要适当减小裂纹尺寸。由图 3-21 可知，1#涂层形成大网状裂纹，即长裂纹热震失稳过程快。添加纳米 CeO_2 后，2#涂层形成细小网状裂纹，属于短裂纹开裂状态。在热震过程中还发现，当裂纹发生后，2#涂层经过多次热震后涂层表面形貌不发生变化，这一过程符合式（3-12），再增加热震次数时，涂层才发生小面积剥离，短裂纹热震失稳过程缓慢。如此，从理论上解释了纳米 CeO_2 的加入对涂层热震性能提高的原因。

采用共沉淀法制备纳米 CYSZ 陶瓷粉体，对其进行喷雾造粒，用等离子喷涂技术按照特定喷涂参数，设计、制备五种 Ce 加入量的 CYSZ 陶瓷涂层，通过调

控 CYSZ 陶瓷涂层微观结构与热性能间的关系，得到制备 CYSZ 陶瓷涂层的最佳工艺条件及优良的热震性能的对应关系。

CYSZ 陶瓷涂层的最佳工艺条件为：Y 加入量为 7.5%，Ce 加入量为 1%，反应温度为 75℃，pH 为 10，煅烧温度为 500℃。喷雾造粒后团聚粉体为均匀球形，分布较均匀，尺寸为 20～60μm，流动性好。等离子喷涂后，Ce 加入量为 1%的 CYSZ 陶瓷涂层平整，涂层孔洞及微裂纹数量少，喷涂黏结层厚度约为 100μm，CYSZ 陶瓷层厚度约为 200μm，纳米 CeO_2 加入使陶瓷层与黏结层喷涂处结合更紧密。

CYSZ 陶瓷涂层显微硬度最大值出现在 Ce 加入量为 15%的样品中，达到 1350.8MPa；涂层结合强度最大值是 Ce 加入量为 1%的样品，为 51MPa；涂层热导率最低值出现在 Ce 加入量为 1%样品中，为 1.29W/(m·K)。

加入 CeO_2 的 CYSZ 陶瓷涂层热震性能明显优于未加入 CeO_2 的 YSZ 陶瓷涂层，Ce 加入量为 1%涂层平均热震次数最多，为 84 次；热震前后涂层相组成保持不变；加入 CeO_2 的涂层属于短裂纹开裂状态，热震失稳过程缓慢，在黏结层与陶瓷层界面处形成的 TGO 较薄，热震性能有所提高。

参 考 文 献

杜宽河. 2012. 等离子喷涂用纳米氧化锆球形团聚粉末的制备研究[D]. 武汉：湖北工业大学.

黄祺. 2011. 大气等离子喷涂制备三元纳米 YSZ 热障涂层及性能研究[D]. 武汉：武汉理工大学.

刘怀菲. 2011. 二元稀土氧化物掺杂稳定氧化锆热障涂层材料的制备及性能研究[D]. 长沙：中南大学.

汤卉，董鹏展，邵璇，等. 2016a. 等离子热喷涂法制备的热障涂层：中国，201621187475.7[P]. 2017-05-10.

汤卉，吕杨，王文雪，等. 2016b. 等离子热喷涂法制备的热障涂层及制备方法：中国，201610961456.3[P]. 2017-02-22.

王文雪，汤卉，李磊，等. 2014. 温度及 Y_2O_3 对 SG 法制备 ZO_2 相结构及粒度的影响[J]. 哈尔滨理工大学学报，19（3）：7-30.

王文雪. 2015. 基于共沉淀法制备纳米 CeO_2/Y_2O_3 稳定 ZrO_2 热障涂层及热性能研究[D]. 哈尔滨：哈尔滨理工大学.

Cortese B，Caschera D，Caro T D，et al. 2013. Micro-chemical and morphological features of heat treated plasma sprayed zirconia-based thermal barrier coatings[J]. Thin Solid Films，549：321-329.

Hasselman D P H. 1969. Unified theory for fracture initiation and crack propagation in brittle ceramics subjected to thermal shock[J]. Journal of the American Ceramic Society，48：600-604.

Lyu Y，Shao X，Wang W X，et al. 2019. Study on thermal shock resistance of nano-CeO_2-Y_2O_3 co-stabilized ZrO_2（CYSZ）ceramic powders thermal barrier coating of aircraft engines[J]. Journal of Nanoelectronics and Optoelectronics，14（11）：1597-1605.

Wang C. 2006. Experimental and computational phase studies of the ZrO_2-based systems for thermal barrier coatings[D]. Stuttgart：University of Stuttgart.

Zhong X H，Zhao H Y，Zhou X M，et al. 2014. Thermal shock behavior of toughened gadolinium zirconate/YSZ double-ceramic-layered thermal barrier coating[J]. Journal of Alloys and Compounds，593：50-55.

第4章　无机纳米颗粒改性PI复合薄膜设计、制备、调控与热性能优化

有机-无机复合薄膜将无机物的刚性、尺寸稳定性、热稳定性和阻燃性与有机物的韧性、加工性及介电性能综合在一起，从而产生许多新的、特殊的光电特性，在电工、电子、光电通信等领域展现出广阔的应用前景，成为高分子化学和材料科学等领域的研究热点。

本章利用超声-机械共混法制备纳米 SiO_2 和纳米 Al_2O_3 掺杂聚酰亚胺（polyimide，PI）复合薄膜，利用溶胶-凝胶法制备纳米 SiO_2、纳米 Al_2O_3 共掺杂 PI 复合薄膜，探讨不同固体加入量、相同固体加入量不同无机组分质量比、不同掺杂工艺和不同亚胺化工艺对复合薄膜的结构和形貌、颗粒尺寸、均匀性、分散性以及其热稳定性、电击穿场强、介电性能、耐电晕性、紫外-可见光透过率和力学性能等的影响，为高性能 PI 薄膜研制与应用提供实验数据及理论依据。

4.1　PI 结构与性能

4.1.1　PI 结构特征

PI 是主链上含有酰亚胺环的一类聚合物，其中以含有酞酰亚胺结构的聚合物尤为重要。这类聚合物虽然早在 1908 年已有报道，但那时聚合物本质还未被认识，所以没有受到重视。直到 20 世纪 40 年代中期才有一些专利出现，但它真正作为一种高分子材料的发展则开始于 20 世纪 50 年代。当时美国杜邦公司申请了一系列专利，并于 20 世纪 60 年代初首先将 PI 薄膜（Kapton）及清漆（Pyre ML）商品化，从此开始了 PI 蓬勃发展的时代（王绪强，1998）。

PI 单体是二酐和二胺。二酐是比较特殊的单体，均苯四甲酸二酐和偏苯三酸酐可由石油炼制产品中芳香烃油提取的均四甲苯和偏三甲苯经气相和液相氧化一步法制得。其他重要二酐已由各种方法制备，但成本十分昂贵。中国科学院长春应用化学研究所发现用邻二甲苯氯代、氧化再经异构化分离可以得到高纯度的 4-氯代苯酐和 3-氯代苯酐，以这两种化合物为原料可以制备一系列二酐，其降低成本的潜力很大，是一条有价值的制备路线（徐庆玉等，2002）。

目前所使用的两步法、一步法缩聚工艺都使用高沸点溶剂，非质子极性溶剂价格较高，还难以除尽，最后需要高温处理。热塑性 PI 还可用二酐和二胺直接在挤出机中造粒，不再需要溶剂，可大大提高效率。用氯代苯酐不经过二酐，直接和二胺、双酚、硫化钠或单质硫聚合得到 PI 则是最经济的制备路线。

4.1.2　PI 性能特点

PI 加工要求也是多种多样的，如高均匀度成膜、纺丝、气相沉淀、亚微米级光刻、深度刻蚀、大面积/大体积成型、离子注入、纳米级杂化技术等（Liu et al.，2003）。PI 在实际制备中常采用聚酰胺酸（polyamic arid，PAA）为前驱体，*N,N*-二甲基乙酰胺（dimethylacetamide，DMAc）和氮甲基吡啶（1-methyl-2-pyrrolidinone，NMP）等为非质子溶剂。这类溶剂也是水和甲醇、乙醇等质子溶剂的良好溶剂，常温下能与水以任意比例混溶，因而有机聚合溶液在含有相当量水分的制备过程中也不会沉淀或失去本征特性，为溶胶-凝胶法在制备杂化材料时水解缩合带来许多有利条件。更为重要的是由 PAA 转变为 PI 的亚胺化工艺为分子内缩合脱水过程，这些优良的制备特性为深入研究 PI 类杂化体系奠定了良好的基础，同时其高热稳定性和高玻璃化转变温度有助于稳定以纳米尺寸分散的微粒，不使其聚集，对制备杂化材料也十分有利。

4.2　纳米 SiO_2-Al_2O_3/PI 复合薄膜实验方案设计

4.2.1　两步法制备 PI 原理

两步法是制备 PI 薄膜常用的方法，也是本章制备 PI 薄膜所采用的方法。它将芳香族二酐和芳香族二胺在适当的有机溶剂中制成可溶性 PAA，再经过热处理形成 PI 薄膜。两步法制备 PI 反应原理如图 4-1 所示（刘立柱等，2006）。

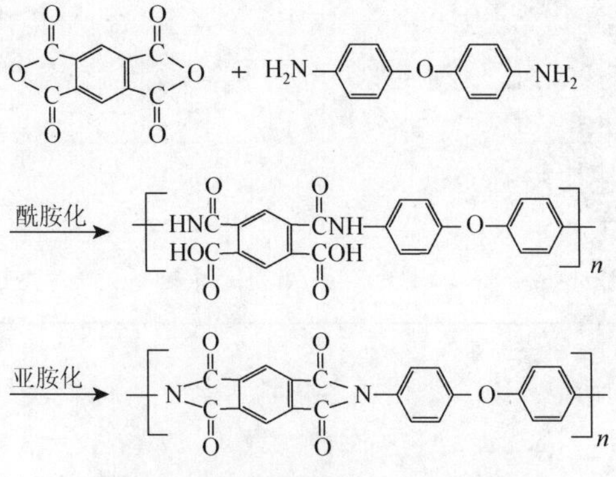

图 4-1　两步法制备 PI 反应原理

4.2.2　PAA 配方和反应条件设计

1. PAA 配方

表 4-1 为不同固体加入量（质量分数）PAA 胶液的原料配比。

表 4-1　不同固体加入量 PAA 原料配比（一）

反应物质	PAA 固体加入量/%		
	8	10	12
PMDA/g	2.15	2.75	3.38
ODA/g	1.94	2.47	3.04
DMAc/mL	50	50	50

注：PMDA 指均苯四甲酸二酐；ODA 指 4,4′-二氨基二苯醚

2. 正交试验反应条件设计

利用正交表 L9（3^4）设计三水平、四因素正交试验；因素分别为反应温度、固体加入量、加料时间间隔、反应时间，每个因素水平根据前人的经验和大量试验基础确定。正交试验设计如表 4-2 所示。

表 4-2　制备 PAA 正交试验设计

实验编号	反应温度/℃	固体加入量（质量分数）/%	加料时间间隔/min	反应时间/h
1	5	10	6	2
2	5	12	9	3
3	5	8	12	3.5
4	15	10	9	3.5
5	15	12	12	2
6	15	8	6	3
7	25	10	12	3
8	25	12	6	3.5
9	25	8	9	2

3. 具体加料模式

在实验过程中不同实验的每次加料量及加料次数见表 4-3。

表 4-3　每次加料量和加料次数

实验编号	每次加料量/g×加料次数	每次加料量/g×加料次数	每次加料量/g×加料次数	每次加料量/g×加料次数
1	0.918×1	0.186×6	0.093×7	0.01×6
2	1.127×1	0.231×6	0.115×7	0.01×6
3	0.719×1	0.184×5	0.092×5	0.01×6
4	0.918×1	0.148×8	0.074×8	0.01×6
5	1.127×1	1.097×1	0.548×2	0.01×6
6	0.719×1	0.077×11	0.038×12	0.01×6
7	0.918×1	0.296×4	0.148×4	0.01×6
8	1.127×1	0.104×14	0.052×14	0.01×6
9	0.719×1	0.306×3	0.153×3	0.01×6

4.2.3　超声-机械共混法制备纳米 SiO_2-Al_2O_3/PI 复合薄膜

1. PAA 胶液固体加入量确定

将 ODA 溶于一定量的 DMAc 并搅拌使其完全溶解，再向该溶液少量多次均匀加入 PMDA，使 PMDA 与 ODA 的摩尔比为 1.02∶1.00，反应一定时间制成 PAA 胶液。在选择 PAA 胶液的固体加入量时，要考虑胶液的黏度既不能太大，也不能太小。太大不利于纳米粒子在胶液中的分散；太小不利于成膜。通过大量实验，认为胶液的固体加入量为 10%时最佳，以后制备的 PAA 胶液的固体加入量均为 10%。不同固体加入量 PAA 原料配比见表 4-4（王伟等，2005a）。

表 4-4　不同固体加入量 PAA 原料配比（二）

反应物质	PAA 固体加入量/%			
	8	10	12	14
PMDA/g	4.30	6.12	6.68	8.06
ODA/g	3.88	5.48	6.00	7.24
DMAc/mL	100	100	100	100

2. PAA混合胶液制备

按表4-4固体加入量10%的PAA胶液配比要求，把烘好的ODA溶于一定量的DMAc中并搅拌使其完全溶解，向该溶液少量加入PMDA，开启超声仪和搅拌器开始反应。反应一段时间后按照表4-5中薄膜反应物质配比要求加入纳米SiO_2、纳米Al_2O_3，再加入一定量的PMDA使其与ODA的摩尔比为1.02∶1.00，反应一定时间制备成掺杂无机粒子的PAA混合胶液。

表4-5　制备不同薄膜反应物质配比（一）

薄膜	组分	SiO_2/Al_2O_3质量比	固体加入量/%
A1	PI	—	—
B1	SiO_2/PI	—	4
C1	SiO_2/PI	—	4
C2	Al_2O_3/PI	—	4
C3	SiO_2-Al_2O_3/PI	2∶1	4
C4	SiO_2/PI	—	2
C5	SiO_2/PI	—	6

注：A表示没有加入SiO_2，无需特别标注；B表示机械共混法制备的薄膜；C表示超声-机械共混法制备的薄膜

3. 工艺流程

图4-2为超声-机械共混法制备PI复合薄膜的工艺流程。当加入纳米SiO_2和纳米Al_2O_3两种粉体时，先加入纳米SiO_2反应一段时间后，再加入纳米Al_2O_3。

4.2.4　溶胶-凝胶法制备纳米SiO_2-Al_2O_3/PI复合薄膜

1. SiO_2溶胶的制备

首先将正硅酸乙酯（tetraethoxysilane，TEOS）和DMAc加入三口瓶中，搅拌均匀，待温度达到80℃后，加入盐酸和蒸馏水的混合物，充分反应后，获得透明溶胶，常温下陈化待用。

2. Al_2O_3溶胶的制备

在85～95℃下，将三异丙氧基铝（aluminium isopropoxide，AIP）和去离子水混合搅拌1h水解，每隔一定时间加入硝酸，形成透明的溶胶，静置待用。

3. PAA 混合胶液的制备

实验中采用制备 PAA 后加入溶胶、制备 PAA 过程中加入溶胶和制备 PAA 过程中加入超声处理溶胶三种溶胶加入方法，制备 PAA 混合胶液，并且制备加溶胶时间不同（未做特殊说明，加溶胶时间均为 T_2，制备 PAA 反应时间为 T_1，$T_2>T_1$）和加入两种溶胶先后顺序不同（未做特殊说明，溶胶加入顺序均为先 Al 后 Si）的 PAA 混合溶胶。溶胶的加入量为理论计算量，假设所加溶胶中 Si 和 Al 元素全部转化为 SiO_2 或 Al_2O_3 无机网络（Liu et al.，2006）。

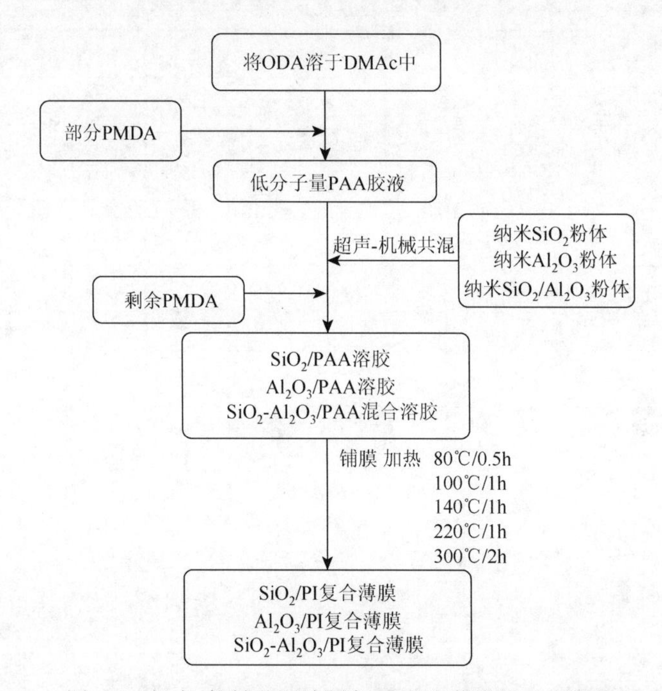

图 4-2　超声-机械共混法制备 PI 复合薄膜的工艺流程

4. 制备 PAA 后加溶胶

将事先制备好的硅溶胶和铝溶胶按表 4-6 中各种薄膜反应物质的配比要求加入 PAA 胶液中，继续搅拌 6～8h，抽真空过滤待用。

5. 制备 PAA 过程中加入溶胶

将事先制备好的硅溶胶和铝溶胶按表 4-7 中各种薄膜反应物质的配比要求在 T_1 或 T_2 时加入，实验中探讨了加入两种溶胶时先加硅溶胶和先加铝溶胶两种方法，加完溶胶后继续反应，将剩余二酐按工艺要求加完，继续搅拌 6～8h，抽真空过滤待用。

表 4-6　制备不同薄膜反应物质配比（二）

薄膜	组分	SiO_2/Al_2O_3 质量比	固体加入量/%
D1	SiO_2/PI	—	4
D2	Al_2O_3/PI	—	4
D3	SiO_2-Al_2O_3/PI	2∶1	4

注：D 表示溶胶-凝胶法制备的薄膜，溶胶未经超声处理，在制备 PAA 后加入

表 4-7　制备不同薄膜反应物质配比（三）

薄膜	组分	SiO_2/Al_2O_3 质量比	固体加入量/%
E1	SiO_2/PI	—	4
E2	SiO_2/PI	—	4
E3	Al_2O_3/PI	—	4
E4	SiO_2-Al_2O_3/PI	2∶1	4
E5	SiO_2-Al_2O_3/PI	4∶1	4
E6	SiO_2-Al_2O_3/PI	6∶1	4
E7	SiO_2-Al_2O_3/PI	6∶1	4

注：E 表示溶胶-凝胶法制备的薄膜，溶胶未经超声处理，在制备 PAA 过程中加入；E1 加溶胶时间为 T_1，其余为 T_2；E7 溶胶掺入顺序为先 Si 后 Al

6. 制备 PAA 过程中加入超声处理过的溶胶

将事先经超声制备好的硅溶胶和铝溶胶的混合溶胶按表 4-8 中各种薄膜反应物质的配比要求在 T_2 时加入，若需加偶联剂则在加溶胶前 10min 加入，加完溶胶后继续反应，将剩余二酐按工艺要求加完，继续搅拌 6～8h，抽真空过滤待用。

表 4-8　制备不同薄膜反应物质配比（四）

薄膜	组分	SiO_2/Al_2O_3 质量比	固体加入量/%	偶联剂
F1	SiO_2-Al_2O_3/PI	1∶1	4	—
F2	SiO_2-Al_2O_3/PI	2∶1	4	—
F3	SiO_2-Al_2O_3/PI	4∶1	4	—
F4	SiO_2-Al_2O_3/PI	6∶1	4	—
F5	SiO_2-Al_2O_3/PI	4∶1	6	—
F6	SiO_2-Al_2O_3/PI	4∶1	8	—
F7	SiO_2-Al_2O_3/PI	4∶1	4	DB-550

续表

薄膜	组分	SiO_2/Al_2O_3 质量比	固体加入量/%	偶联剂
F8	SiO_2-Al_2O_3/PI	4∶1	4	DB-560
F9	SiO_2-Al_2O_3/PI	4∶1	4	DB-580
F10	SiO_2-Al_2O_3/PI	4∶1	4	—

注：F 表示溶胶-凝胶法制备的薄膜，溶胶进行超声处理，在制备 PAA 过程中加入；F10 采用新亚胺化工艺

7. 亚胺化工艺

F10 薄膜的亚胺化工艺如下：将制备好的胶液倒置于玻璃片上并在 PI-1210 型自动涂膜机上铺膜，再把玻璃片放入干燥箱中，在低温烘一定时间，80℃时恒温 30min，100℃、140℃、220℃时各恒温 1h，300℃时恒温 2h 完成亚胺化，冷却至室温。将薄膜取出后放入去离子水中浸泡片刻，脱膜。

图 4-3 和图 4-4 均为溶胶-凝胶法制备 PI 复合薄膜的工艺流程图。其中图 4-3 中溶胶在制备 PAA 过程中加入，图 4-4 中溶胶在制备 PAA 后加入（梁冰等，2005）。

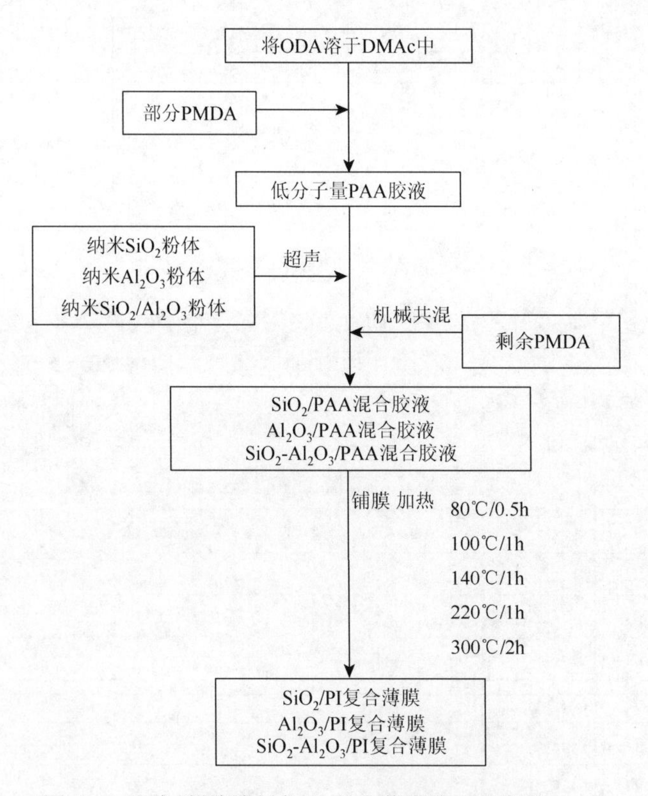

图 4-3　溶胶-凝胶法制备 PI 复合薄膜的工艺流程（一）

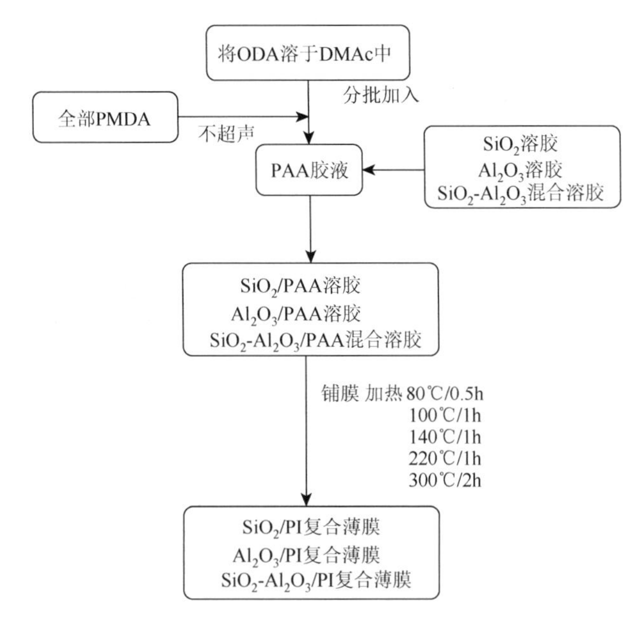

图4-4 溶胶-凝胶法制备PI复合薄膜的工艺流程（二）

4.3 亚胺化反应分析及复合薄膜分子结构预测

4.3.1 红外光谱分析

1. 亚胺化反应各阶段红外光谱分析

1）混合溶胶亚胺化反应各阶段的红外光谱分析

图4-5为SiO_2和Al_2O_3的混合溶胶按照亚胺化温度（80℃、100℃、140℃、220℃、300℃）处理后得到的红外光谱图。

图4-5中，由曲线5可以看出，1074cm^{-1}处的峰对应Si—O—Si的非对称伸缩振动，795.5cm^{-1}处的峰对应Si—O—Si的对称伸缩振动，947.9cm^{-1}处的峰对应Si—OH的弯曲振动，这与标准SiO_2谱图中的特征峰基本一致。在3245.6cm^{-1}处的宽峰是由H_2O分子振动、Al—OH的OH^-伸缩振动以及OH^-的弯曲振动共同引起的，1606.4cm^{-1}处的峰是由Al—OH的伸缩振动引起的，1000～400cm^{-1}处的宽峰是由Al—O的伸缩振动（580cm^{-1}、715cm^{-1}、994cm^{-1}）、Si—O的伸缩振动、H_2O分子振动共同引起的。由图中曲线1～5比较可以看出，随着温度的升高，3245.6cm^{-1}处OH^-的弯曲振动峰、947.9cm^{-1}处Si—OH的弯曲振动峰、1606.4cm^{-1}处Al—OH的伸缩振动峰逐渐变窄或者变小。这说明在亚胺化过程中，溶胶中的H_2O、Al—OH及Si—OH键逐渐减少，而Si—O—Si、Al—O—Al键增多，

这也说明在反应过程中逐渐形成固体的 SiO_2 与 Al_2O_3。但是整个谱图与标准 SiO_2 谱图比较，在 $1100cm^{-1}$ 处的配位 Si—O 伸缩振动峰有一定偏移，已偏移到 $1180.2cm^{-1}$。从这点可发现，混合后溶胶已可能存在 Si—O—Al 键（王伟等，2005b）。

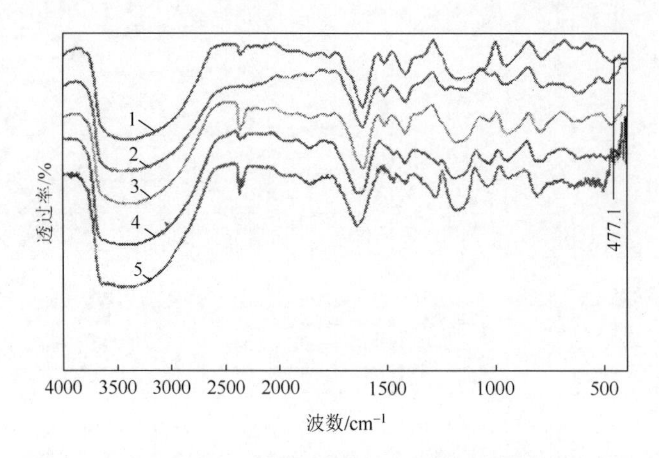

图 4-5 SiO_2 和 Al_2O_3 的混合溶胶在不同温度下的红外光谱图

1-80℃；2-100℃；3-140℃；4-220℃；5-300℃

2）PAA 及其混合胶液亚胺化反应各阶段的红外光谱分析

图 4-6 为纯 PAA 胶液在 80℃、100℃、140℃、220℃、300℃处理得到薄膜后测得的红外光谱图。图 4-7 是固体加入量为 4%、SiO_2 与 Al_2O_3 质量比为 4∶1 的 PAA 混合胶液在 80℃、100℃、140℃、220℃、300℃处理得到薄膜后测得的红外光谱图。

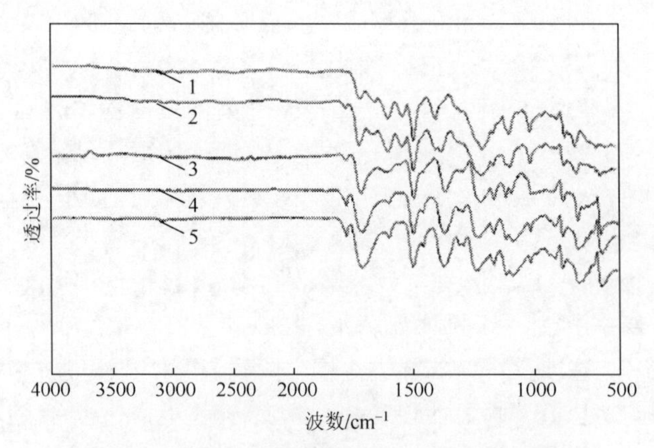

图 4-6 纯 PAA 胶液亚胺化各阶段红外光谱图

1-80℃；2-100℃；3-140℃；4-220℃；5-300℃

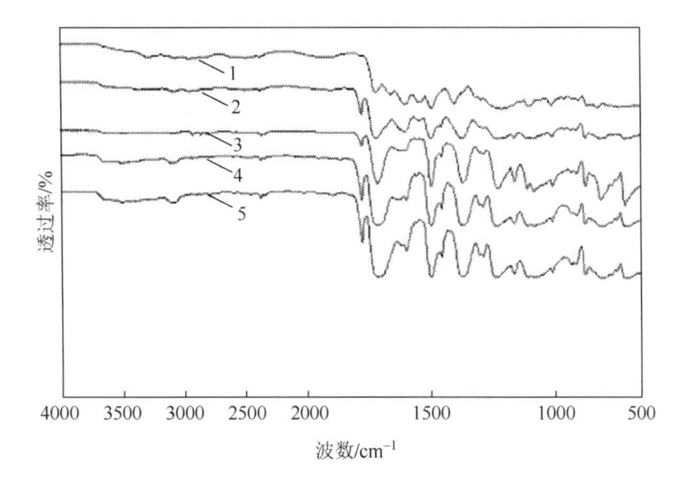

图 4-7　PAA 混合胶液亚胺化各阶段红外光谱图

1-80℃；2-100℃；3-140℃；4-220℃；5-300℃

从图 4-6 和图 4-7 中可见，随着温度的升高，PI 的特征峰 1775cm^{-1}、1708 cm^{-1}、718cm^{-1} 处亚胺环 C═O 的不对称、对称和弯曲振动峰和 1369cm^{-1} 处亚胺环 C—N—C 的伸缩振动峰逐渐加强，1636cm^{-1} 处酰胺酸 C═O 的伸缩振动峰、1547cm^{-1} 处仲酰胺 N—H 的伸缩振动峰逐渐消失，两者均在 100℃亚胺化后出现 1775cm^{-1} 处的 C═O 不对称峰；但纯 PAA 胶液在 140℃亚胺化后 1636cm^{-1} 处酰胺酸 C═O 的伸缩振动峰和 1547cm^{-1} 处仲酰胺 N—H 的伸缩振动峰消失，1369cm^{-1} 处亚胺环 C—N—C 的伸缩振动峰出现；而 PAA 混合胶液在 100℃亚胺化后 1636cm^{-1} 处酰胺酸 C═O 的伸缩振动峰消失，1369cm^{-1} 处亚胺环 C—N—C 的伸缩振动峰出现。由此推测，溶胶的加入加速了 PAA 的亚胺化反应。

从图 4-7 可见，随着温度升高，1030～1112cm^{-1} 和 740～881cm^{-1} 的无机相伸缩振动峰逐渐加强和宽化，且 817cm^{-1} 处的线性 Si—O—Si 伸缩振动峰逐渐减弱，740cm^{-1} 和 830cm^{-1} 处的 Al—O 伸缩振动峰以及 1112cm^{-1} 处的环形 Si—O—Si 伸缩振动峰逐渐加强。这也说明，随着温度升高，缩合反应程度增加，生成更多的交联点，得到更加紧密的网络结构。在图 4-7 的曲线 5 中存在 3200～3700cm^{-1} 的—OH 弯曲振动峰，说明无机相表面存在 Si—OH 和 Al—OH，而这些羟基具有极强的化学吸附性，能够与 PI 上面的 C═O 形成氢键，红外谱图中 PI 特征峰红移，从而在 PI 大分子链与无机相之间形成大量的物理交联点，最终实现目标杂化。

红外分析可知，随温度升高，无机相凝胶网络的形成和 PAA 的亚胺化同时完成，有机相与无机相之间的界面形成一个强相互作用的复合体系。

2. 复合薄膜红外光谱分析

1）超声-机械共混法制备复合薄膜红外光谱分析

图 4-8 是不同无机组分复合薄膜红外光谱图。图中曲线 1 为 C1 薄膜红外光谱曲线，816cm^{-1}、1083cm^{-1} 处的峰为线形 Si—O—Si 对称、反对称伸缩振动峰，1166cm^{-1} 处的峰为环形 Si—O—Si 伸缩振动峰。这说明在薄膜中 SiO_2 粉体存在线形和环形 Si—O—Si 两种结构，但与纯 SiO_2 粉体的红外光谱图（图略）相比，所对应的特征峰都窄化，可能是 Si—OH 和 PI 发生某种键联，两相相互作用强，削弱单相本体键。在图中还可看到 3500cm^{-1} 左右的弯曲振动峰，说明存在未形成某种键联的硅羟基或亚胺化不完全。

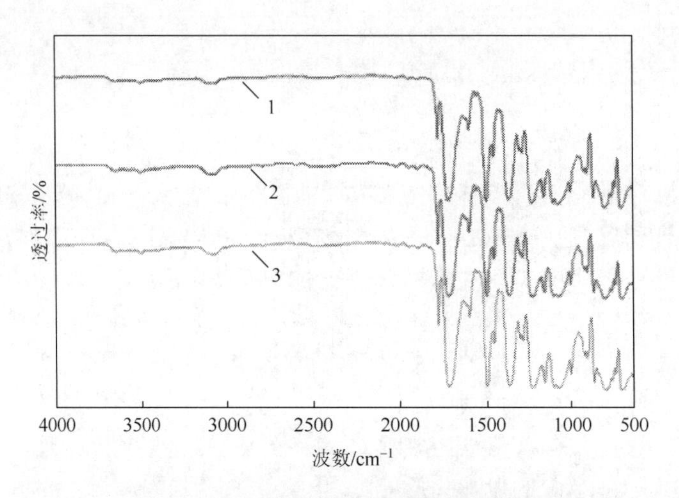

图 4-8　不同无机组分复合薄膜红外光谱图

1-C1 薄膜；2-C2 薄膜；3-C3 薄膜

图 4-8 中曲线 2 为 C2 薄膜红外光谱曲线，1596cm^{-1} 处的峰为 Al—O—Al 伸缩振动峰，816cm^{-1}、721cm^{-1} 处的峰为 Al—O 伸缩振动峰，但与纯 Al_2O_3 粉体的红外光谱图（图略）相比，所对应的特征峰都窄化，可能是 Al—OH 和 PI 发生某种键联，两相相互作用强，削弱了单相本体键。同样在图中还可看到 3500cm^{-1} 处左右的弯曲振动峰，说明存在未形成某种键联的铝羟基或亚胺化不完全。

图 4-8 中曲线 3 为 C3 薄膜的红外光谱曲线，816cm^{-1} 处 Si—O—Si 伸缩振动峰和 816cm^{-1}、721cm^{-1} 处 Al—O 伸缩振动峰产生偏移，可能存在两种粉体之间相互作用。在三个红外光谱曲线中都有 1547cm^{-1} 仲酰胺 N—H 的伸缩振动峰，证明亚胺化不完全。

2）两种制备方法制备复合薄膜红外光谱分析

图4-9中曲线1是C1薄膜红外光谱曲线，曲线2是D1薄膜红外光谱曲线。

从图4-9中可看出，两种曲线在1030～1190cm^{-1}存在伸缩振动峰，表明两种制备方法制得的复合薄膜中，都是既有线形Si—O—Si结构，又有环形Si—O—Si结构，说明了SiO_2溶胶在亚胺化时形成网络结构。比较每个曲线中816cm^{-1}、1083cm^{-1}处线形Si—O—Si对称、反对称伸缩振动峰和1166cm^{-1}处环形Si—O—Si伸缩振动峰的相对强弱，发现D1薄膜的线形吸收峰和环形吸收峰的强度比C1薄膜大，这说明超声-机械共混法制备的复合薄膜中所用的纳米SiO_2粉末存在环形的Si—O—Si结构较多，而溶胶-凝胶法制备的复合薄膜存在线形的Si—O—Si结构较多。D1薄膜曲线中1636cm^{-1}处的酰胺酸C═O伸缩振动峰、1547cm^{-1}处的仲酰胺N—H伸缩振动峰消失，表明溶胶-凝胶法所制备的薄膜亚胺化完全。

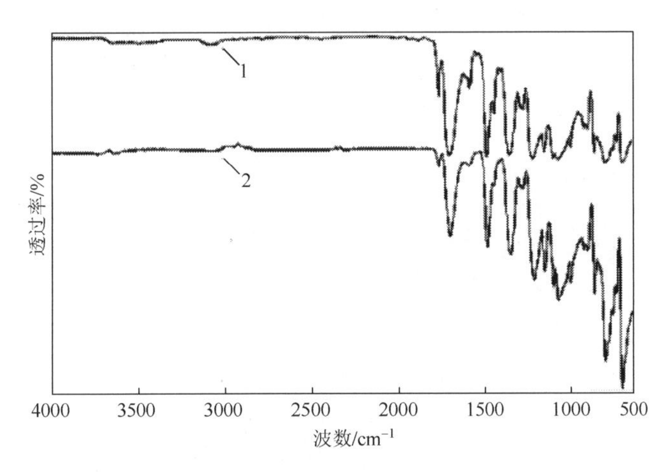

图4-9　不同制备方法制备复合薄膜红外光谱图

1-C1薄膜；2-D1薄膜

4.3.2　差示扫描量热分析

差示扫描量热（differential scanning calorimetry，DSC）测试如下：采用Pyris Diamond DSC差示扫描量热仪，升温速率为20℃/min，在氮气中测定纯PAA胶液和掺硅铝混合溶胶PAA混合胶液的反应热和反应起止温度。

图4-10和图4-11分别是纯PAA胶液和掺入硅铝混合溶胶PAA混合胶液的质量分数为4%、SiO_2/Al_2O_3质量比为4∶1的DSC曲线。从图中可知，混合溶胶加入使PAA的亚胺化反应热从283.3J/g降到133.8J/g，反应温度范围从109～196℃变为124～172℃，降低了亚胺化温度。这说明混合溶胶加速了PAA的亚胺化反应。

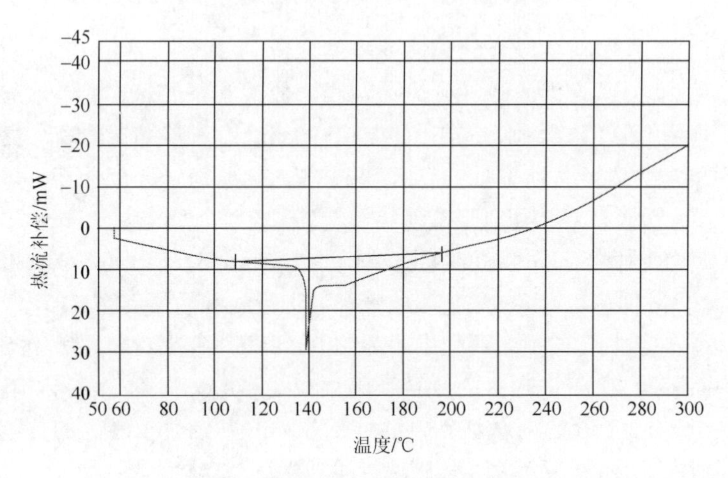

图 4-10　纯 PAA 胶液 DSC 曲线

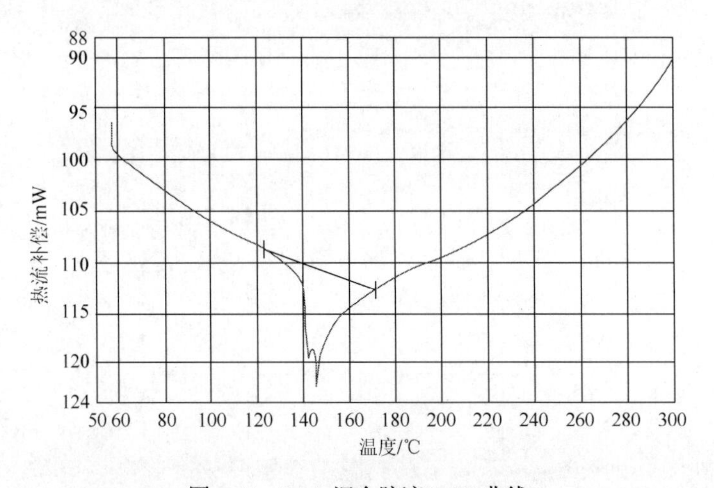

图 4-11　PAA 混合胶液 DSC 曲线

另外，掺入硅铝混合溶胶的 PAA 胶液（简称 PAA 混合胶液）的 DSC 曲线出现两个放热峰，分别为溶胶反应放热和 PAA 反应放热，PAA 混合胶液的反应放热峰（145℃）比纯 PAA 胶液反应放热峰（139℃）高。

4.3.3　原子力显微镜分析

图 4-12（a）～（e）分别为 PAA 混合胶液在 80℃、100℃、140℃、220℃、300℃处理得到薄膜后测得的 AFM 相图。由图 4-12（a）可知，经 80℃/0.5h 干燥后无机相已形成，其形状为较规则的网络结构。图 4-12（b）中，凝胶经 100℃/1h 干燥后无机相缩合反应加强，形状由网络结构变成弥散的十几纳米的

球状颗粒和短纤维，相界面不清晰。图 4-12（c）中，经 140℃/1h 干燥后无机相形成比较大的纳米团簇，深色的有机相逐渐形成。图 4-12（d）中，经 220℃/1h 干燥后，无机相形成了彼此独立的球形颗粒和不规则的颗粒，无机网络致密化，亚胺化程度增加。随着温度的进一步升高和干燥时间的延长，亚胺化进一步完善，无机网络更加致密，图 4-12（e）中的无机相为尺寸更小的球形颗粒和短纤维结构。

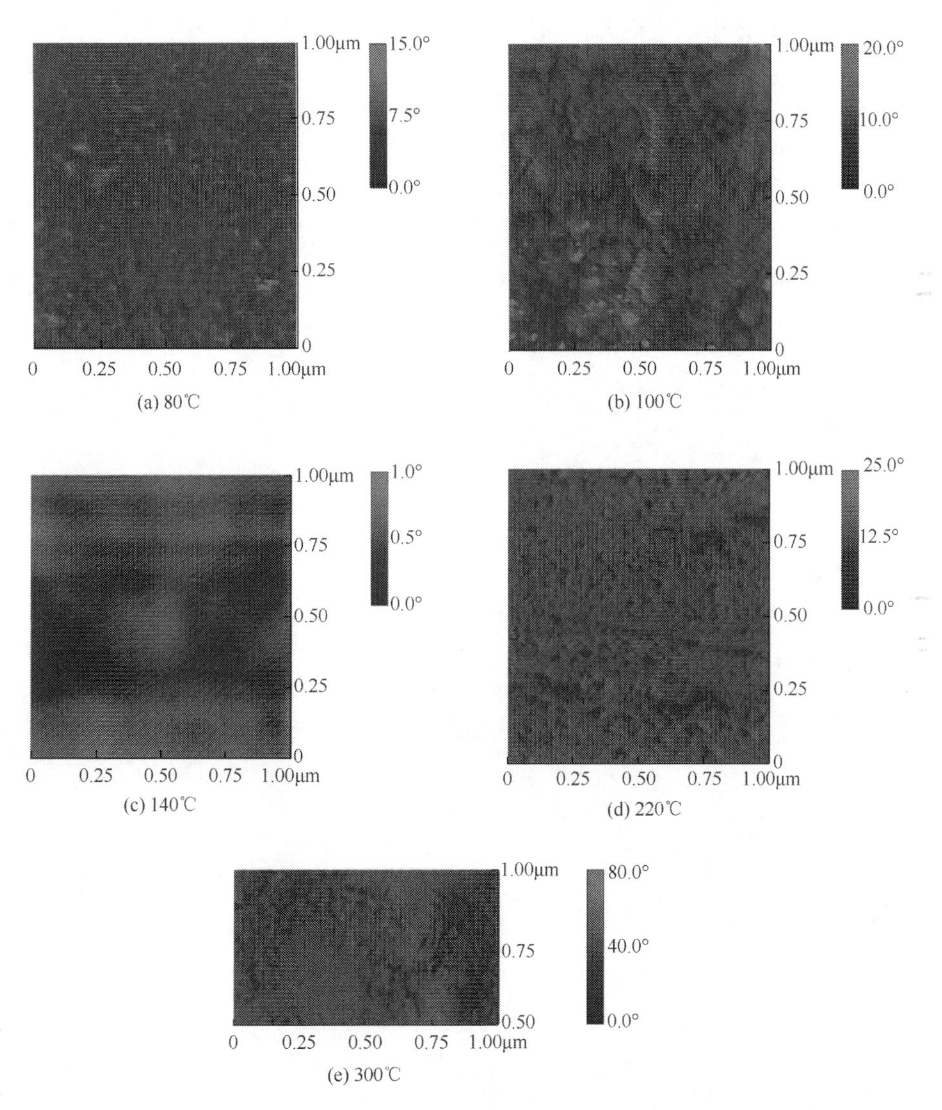

(a) 80℃　(b) 100℃　(c) 140℃　(d) 220℃　(e) 300℃

图 4-12　PAA 混合胶液亚胺化各阶段 AFM 相图

4.3.4　紫外-可见光光谱分析

图 4-13 为 PAA 混合胶液亚胺化过程各阶段的紫外-可见光光谱图。从图中可见，复合薄膜的透过率随着亚胺化温度的升高先下降后升高，在 140℃时最低，且向长波方向移动，当亚胺化温度超过 140℃以后变化不大。根据复合薄膜亚胺化过程的 AFM 分析结果，无机相的尺寸随着亚胺化温度的升高先增大后减小，在 140℃时尺寸最大，这说明复合薄膜的紫外-可见光透过率随亚胺化温度的变化由无机相尺寸变化所致。这一结果与复相材料光散射理论相一致。

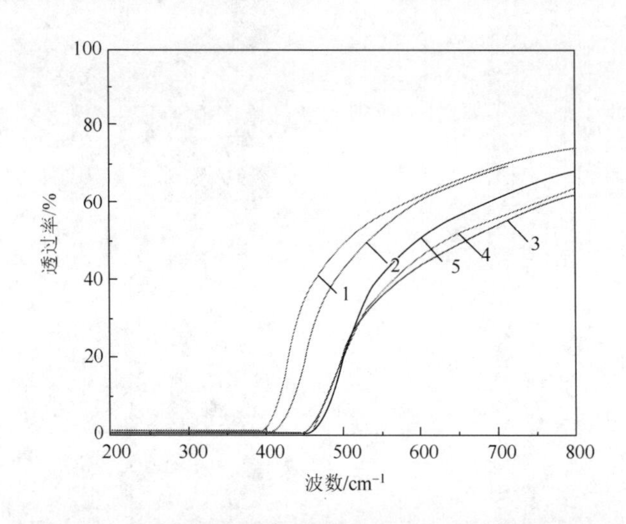

图 4-13　PAA 混合胶液亚胺化各阶段的紫外-可见光光谱图

1-80℃；2-100℃；3-140℃；4-220℃；5-300℃

4.3.5　复合薄膜分子结构预测

1. 不含偶联剂复合薄膜的分子结构预测

在 PAA 溶液中加入无机氧化物前驱体，其表面的羟基会与 PAA 的羧基反应，从而将前驱体“固定”在 PAA 大分子链上。在亚胺化时，前驱体进一步水解、缩合形成无机网络。因为羧酸盐的水解速度很慢，所以首先会发生烷氧基的水解，直到烷氧基全部水解之前，前驱体一直“固定”在 PAA 大分子链上。而当羧酸盐水解时，由于 PAA 大分子链的刚性和已部分亚胺化以及无机网络的长大，水解得到的无机粒子大部分仍保留在原位。同时，由于无机粒子表面有大量高活性的羟基，它们能够与 PI 大分子链上的羧基形成氢键，产生有效吸附，从而实现杂化材料的制备。其反应过程和分子结构如图 4-14 所示。

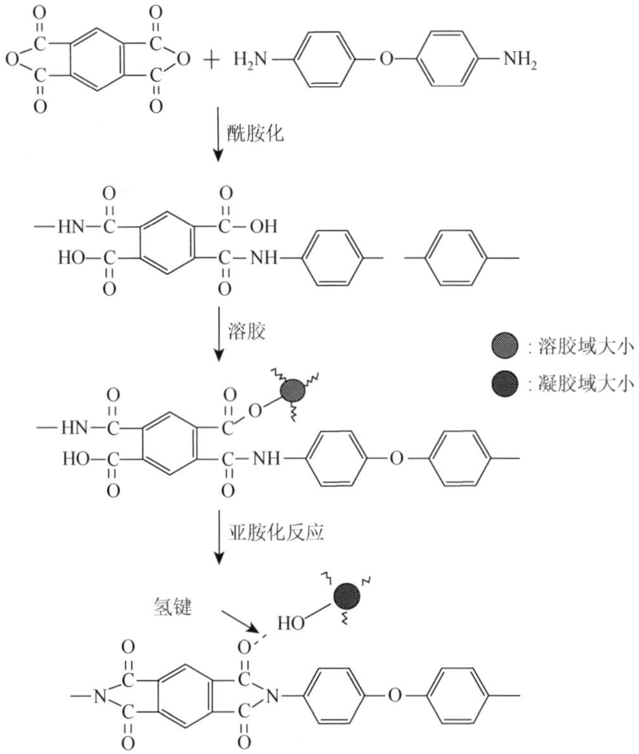

图 4-14　不含偶联剂复合薄膜的制备反应及分子结构

2. 含偶联剂复合薄膜的分子结构预测

图 4-15 是 F3 和 F7 薄膜红外光谱图。F3 薄膜组分的构成是固体加入量为 4%、SiO_2 与 Al_2O_3 的质量比为 4∶1；F7 薄膜是在 F3 薄膜的基础上，加入一定量的偶联剂 DB-550。F7 薄膜的红外光谱图中出现了 2917～2983cm^{-1} 的 C—H 伸缩振动峰，该峰相对于偶联剂中 H_2N—CH_2 的 2820cm^{-1} 处 C—H 伸缩振动峰产生偏移，并且在 1030～1120cm^{-1} 和 815cm^{-1} 处的 Si—O—Si 伸缩振动峰加强。这说明偶联剂既参与了 PAA 的主链反应，又参与了溶胶的凝胶化反应。因此加偶联剂的复合薄膜，除上述反应过程和分子结构外，还应具有如图 4-15 所示的反应过程和分子结构。

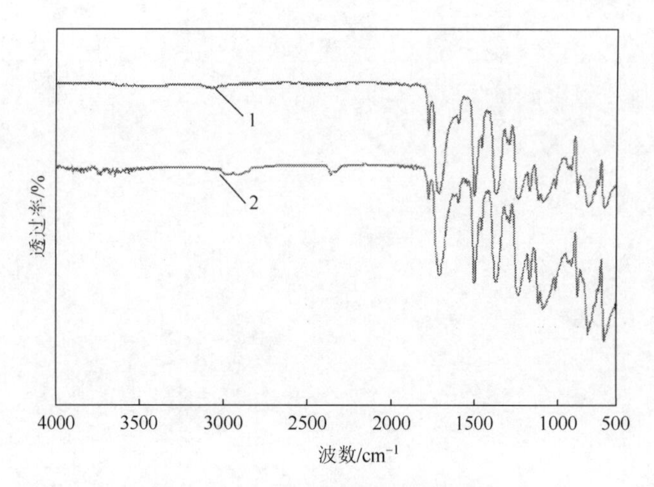

图 4-15 F3、F7 薄膜红外光谱图

1-F3 薄膜；2-F7 薄膜

4.4 纳米 SiO_2-Al_2O_3/PI 复合薄膜结构表征

4.4.1 原子力显微镜分析

1. 超声-机械共混法制备复合薄膜的 AFM 分析

1）超声对无机纳米粉体分散的影响

图 4-16 和图 4-17 分别是超声-机械共混法和普通机械共混法制备的 C1 薄膜和 B1 薄膜 AFM 相图。从图 4-16 和图 4-17 可见，前者 SiO_2 的平均粒径为 70nm 左右且分散比较均匀；后者分散不均匀且粒径不均一，粒径个别为 500nm 左右，这说明超声波起到了明显的分散作用。

2）电晕试验后复合薄膜表面形貌分析

图 4-18 和图 4-19 分别是 A1 薄膜和 C1 薄膜电晕试验后 AFM 相图，可看出电晕试验后薄膜表面粗化且存在大量沟道，这是因为 PI 是结晶-非晶两相共存聚合物。按照电介质击穿理论，通常晶区击穿场强约是非晶区的 2 倍，因此电树沿着球晶间的非晶区发展成通道。由于电晕放电产生等离子体的剥蚀作用及放电氧化（原子氧）作用，同时 PI 薄膜中存在氮元素，从而在放电过程中，除炭化外，易生成硝酸等导电性物质，导致薄膜表面被腐蚀，进而 PI 薄膜表面层会不断剥蚀掉，随着放电集中于沟道并向内部发展，直至最后电击穿。比较这两张图可以看出，复合薄膜表面的沟道比 PI 薄膜要窄得多，且电腐蚀程度比 PI 薄膜要小。这是因为，第一，纳米 SiO_2 填充的体积效应减少了炭化组分加入量；第二，SiO_2

本身具有较好的耐电晕性，而且提高了薄膜材料的导热能力；第三，可能有效分散的纳米 SiO_2 进入非晶区后使其形成一些新的精细结构，增加了放电通道生长的阻力；第四，纳米 SiO_2 强吸电子基团吸附电离产生电子，形成局部稳定的电场，在材料表面形成屏蔽电场，对复合薄膜的内部起到屏障的作用，使复合薄膜耐电晕性有所提高。

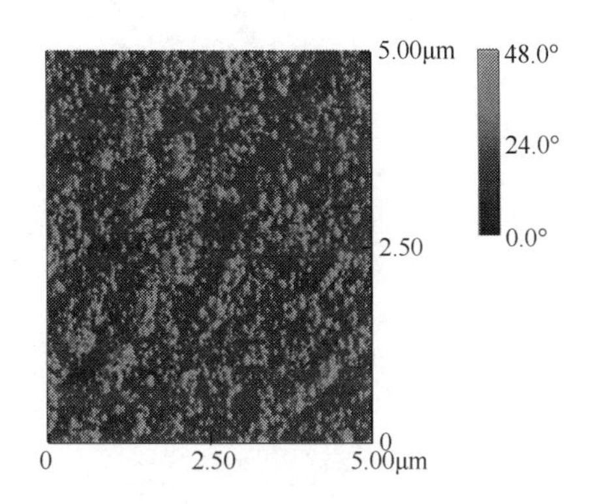

图 4-16　C1 薄膜 AFM 相图

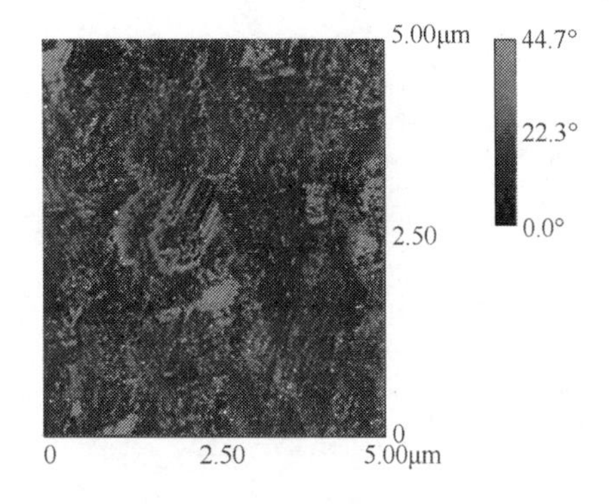

图 4-17　B1 薄膜 AFM 相图

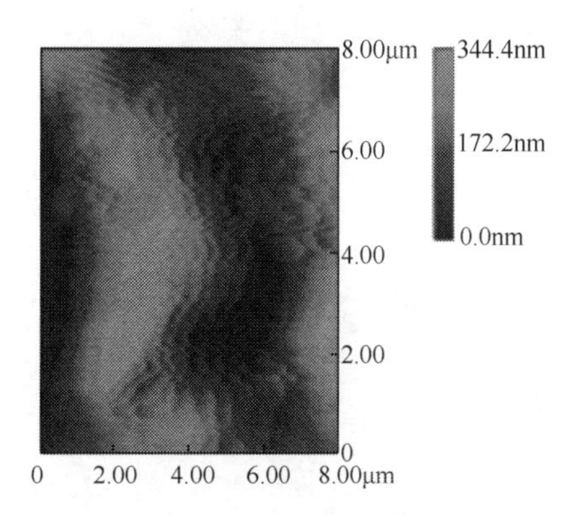

图 4-18　电晕试验后 A1 薄膜 AFM 相图

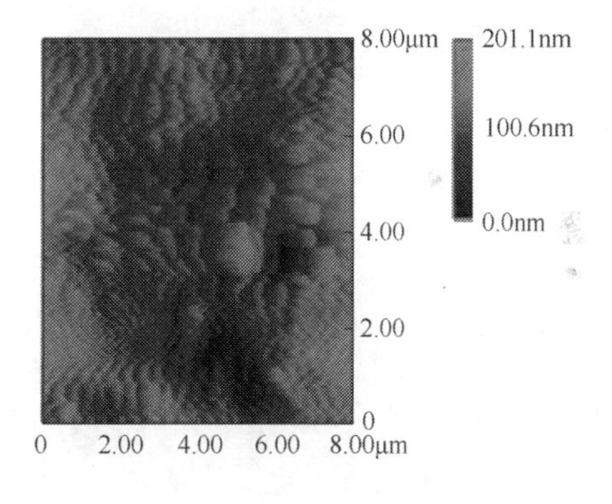

图 4-19　电晕试验后 C1 薄膜 AFM 相图

2. 溶胶-凝胶法制备复合薄膜的 AFM 分析

1）不同无机组分复合薄膜的形态结构

图 4-20 为 E2 薄膜 AFM 相图。由图 4-20 可以看出，SiO_2 无机相以球形颗粒随机地分布在基体中，大部分被有机相覆盖在膜内，周围为有机聚合物，有机相为连续相，仔细观察颗粒直径为 30～100nm，分布比较均匀。

图 4-21 为 E3 薄膜 AFM 相图。由图 4-21 可以看出，Al_2O_3 无机相以球形颗粒

随机地分布在基体中，颗粒直径为 30nm 左右，但能看到纳米团簇，团簇的尺寸为 100nm 左右，分布比较均匀。这说明复合薄膜基体中加入的 Al_2O_3 比较容易团聚。

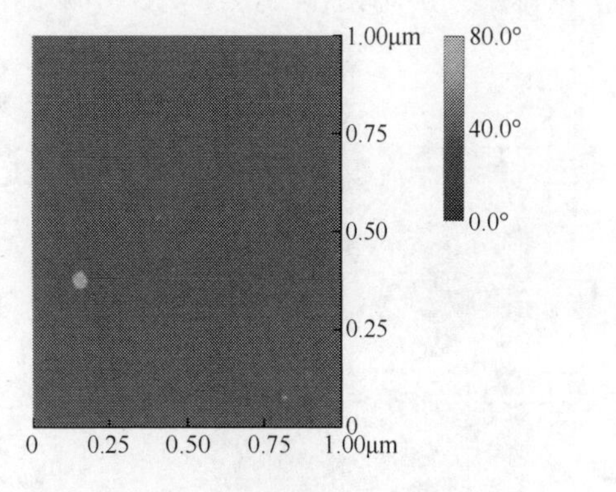

图 4-20　E2 薄膜 AFM 相图

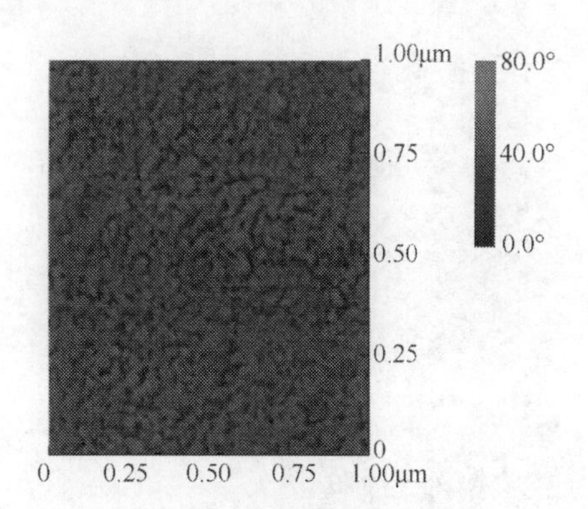

图 4-21　E3 薄膜 AFM 相图

2）不同溶胶加入方法复合薄膜的形态结构

图 4-22 是 E5 薄膜 AFM 相图。从图 4-22 可见，存在球形和短纤维两种形状的无机相，这可能是 SiO_2 网络和 Al_2O_3 网络相互作用产生新的 Si—O—Al 结构，这进一步验证了红外光谱的分析结果。图 4-23 是 F3 薄膜的 AFM 相图，与图 4-22 相比，其短纤维结构多，颗粒尺寸小，表明超声可以改变无机相的形态结构。从两个图中还可以看到，无机相和有机相界面模糊，说明两相相容性好。

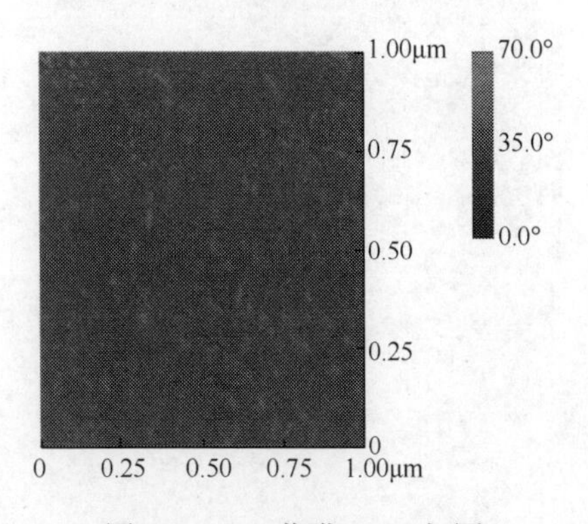

图 4-22　E5 薄膜 AFM 相图

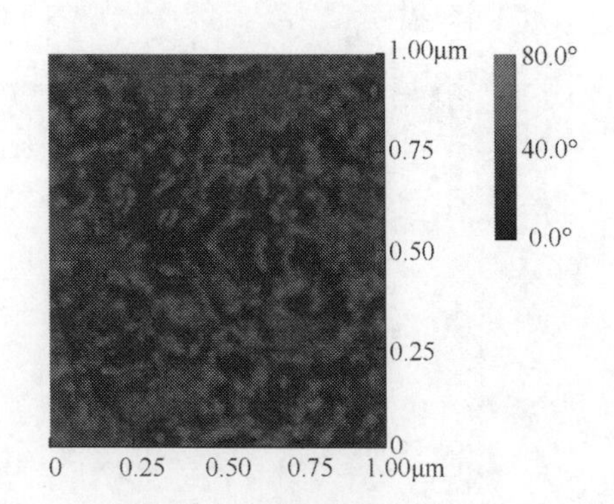

图 4-23　F3 薄膜 AFM 相图

3）不同固体加入量复合薄膜的形态结构

图 4-24 是 F5 薄膜 AFM 相图，与图 4-23 相比，可看到颗粒结构较多且团聚成较大的颗粒。图 4-25 是 F6 薄膜的 AFM 相图，与图 4-23 相比，可看到无

机相团聚形成较大的纳米团簇。F3、F5、F6 薄膜的无机组分质量比相同，但固体加入量分别为4%、6%、8%，说明改变固体加入量可以改变无机相的形态结构。

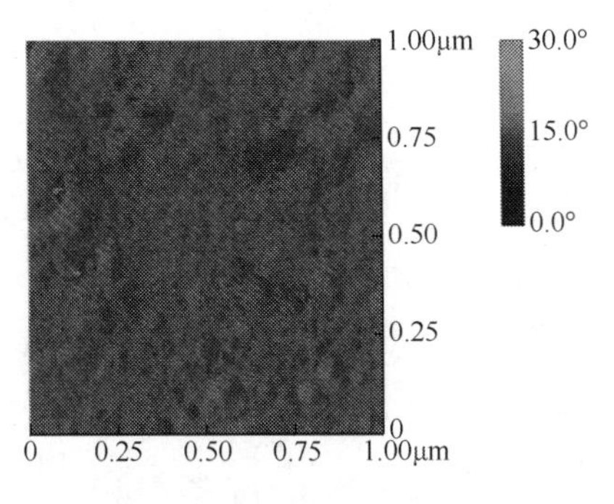

图4-24　F5薄膜AFM相图

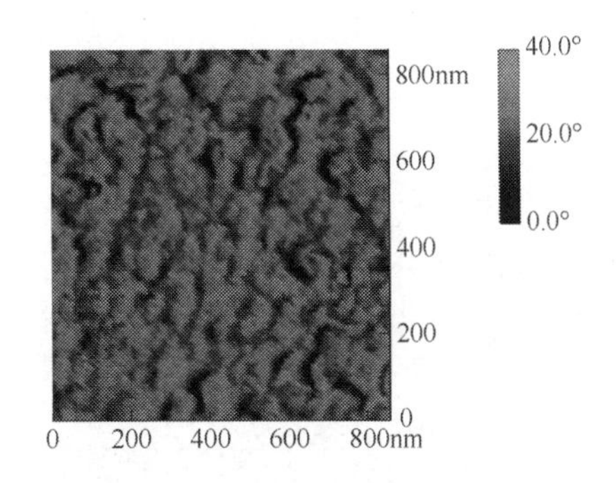

图4-25　F6薄膜AFM相图

4.4.2　扫描电子显微镜分析

1. SEM测试方法

SEM测试采用FEISirion型SEM观察薄膜的表面形貌和微观结构，能量色散X射线谱（X-ray energy dispersive spectrum，EDS）测试对薄膜进行点成分分析。薄膜喷金处理；采用 HITACHI S-4300型SEM观察薄膜的断面形貌和形态结构。将薄膜于−196℃下冷冻1h左右，然后淬断，将断裂后的薄膜断裂面向上用支架固定于SEM样品台上，放于C-iko IB3型喷金仪中，于67℃下（电压为200V，电流为0.5mA）喷金6次，每次15min，喷金厚度大约为10nm。扫描样品设定电压为15kV。

2. 薄膜表面形貌及颗粒点元素表征

图4-26～图4-28分别为D1、D2、D3薄膜表面SEM照片和D3薄膜EDS图。图4-26中白色球形颗粒是纳米SiO_2，在PI基体中分散均匀；图4-27中白色颗粒是纳米Al_2O_3，基本以球形颗粒存在，但个别颗粒较大并有团聚现象；图4-28为两种无机粒子共同掺杂体系，无机粒子在基体中以短纤维和球形颗粒两种形状存在，分散均匀。比较图4-26～图4-28可以看出，仅掺杂纳米SiO_2或纳米Al_2O_3的复合薄膜中无机粒子以不同程度的球形颗粒分散在PI基体中，而将两种无机粒子均掺入后，无机粒子以短纤维和球形颗粒两种形状存在，这是由于形成的Si—O—Al结构使得无机粒子在有机相中的存在形貌发生变化。纳米SiO_2、纳米

Al_2O_3 分别以 Si—OH、Al—OH 封端，Si—OH、Al—OH 本身具有较强的化学吸附性，能够与 PI 上面的 C ═ O 形成氢键，从而 PI 大分子链与纳米 SiO_2、纳米 Al_2O_3 形成大量的物理交联点，最终实现杂化。从颗粒点 EDS 图中可以看到，在该点 Si、Al 两种元素同时存在，说明薄膜中存在 Si—O—Al 结构，这与红外光谱分析结果一致。

图 4-26　D1 薄膜表面 SEM 照片

图 4-27　D2 薄膜表面 SEM 照片

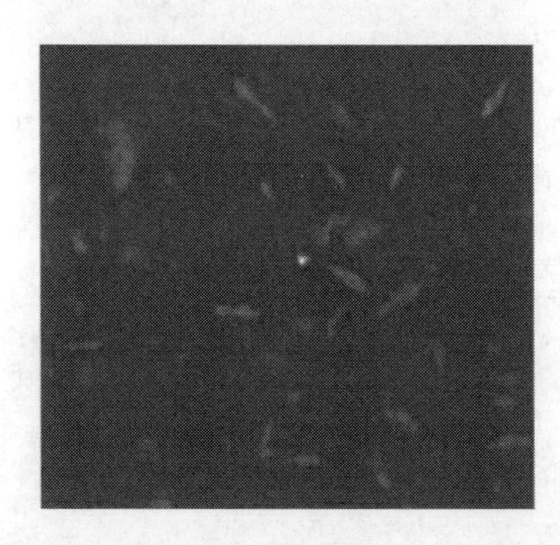

(a) 表面SEM照片

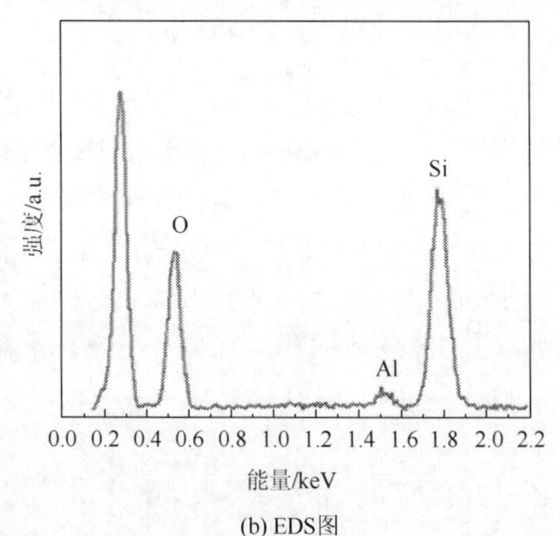

(b) EDS图

图 4-28　D3 薄膜表面 SEM 照片及 EDS 图

3. 薄膜断面形貌表征

1）不同无机组分复合薄膜的断面 SEM 分析

图 4-29 和图 4-30 是 E2 和 E3 薄膜断面 SEM 照片。从 E2 薄膜的照片可看出有大范围的直径为 30～40nm 的球形颗粒均一分布，并且有很多的鹅卵石结构出现，其直径从 200nm 到近微米级，有的地方有黑色阴影。这是由于 PI 膜在低温

断裂时鹅卵石结构附在另一个断裂表面上。黑色阴影表面光滑，并能看到鹅卵石与基体之间有间隙，说明粒子与基体结合不好。只掺硅溶胶形成的粒子粒径不均一，产生纳米级到近微米级的鹅卵石结构。断裂面比较平整。

从 E3 薄膜的照片可看到有大范围的直径为 30～40nm 的球形颗粒和少量的纳米团簇，分散不均，说明单掺铝溶胶形成球形颗粒，粒径均一，但易团聚，分散不均。断裂面比较粗糙，有微孔。

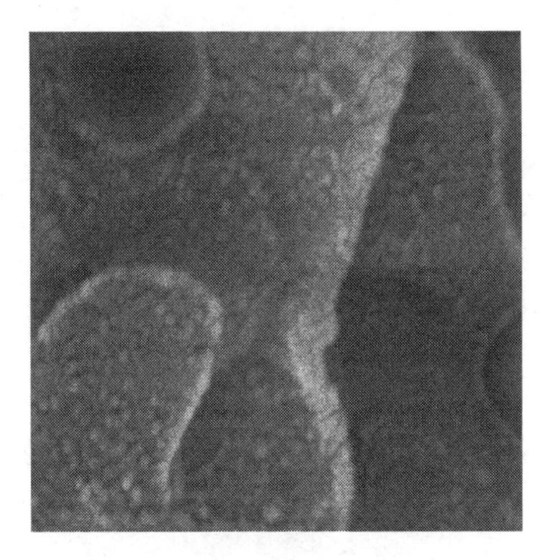

图 4-29　E2 薄膜断面 SEM 照片

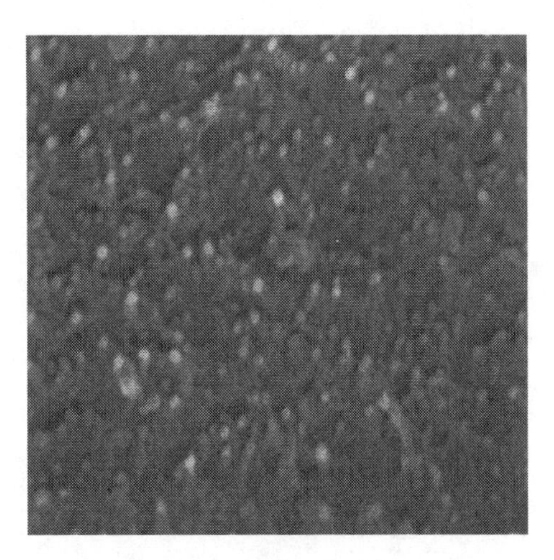

图 4-30　E3 薄膜断面 SEM 照片

2）不同无机组分质量比复合薄膜的断面 SEM 分析

图 4-31～图 4-34 分别是 F1、F2、F3、F4 薄膜断面 SEM 照片。从 F1 薄膜的照片可看到，电子扫描时漂移比较严重，拍下的图比较模糊，无机相为球形颗粒，直径为 200～300nm 的大颗粒比较多，小颗粒的直径也在 30～40nm，大颗粒与基体之间有间隙。

F2 薄膜的照片与单掺铝的样品基本一致，但颗粒分散均匀，仔细观察有少量的短纤维结构。

从 F3 薄膜的照片可看到短纤维结构和球形纳米颗粒结构，这两种结构分散在一起，颗粒的直径为 30～40nm，而短纤维的直径要比颗粒的直径小，大约为 20nm。从图上还可以看到大范围的由短纤维堆积成的孔洞，孔洞中有大量的纳米颗粒。断面表面粗糙，似韧性断裂。

从 F4 薄膜的照片可看到大范围的小颗粒的直径仍没变化，为 30～40nm，但是短纤维结构变得很少，相应的孔洞结构也变少。从图中还可以看到直径为 100～200nm 的纳米团簇镶嵌其中。

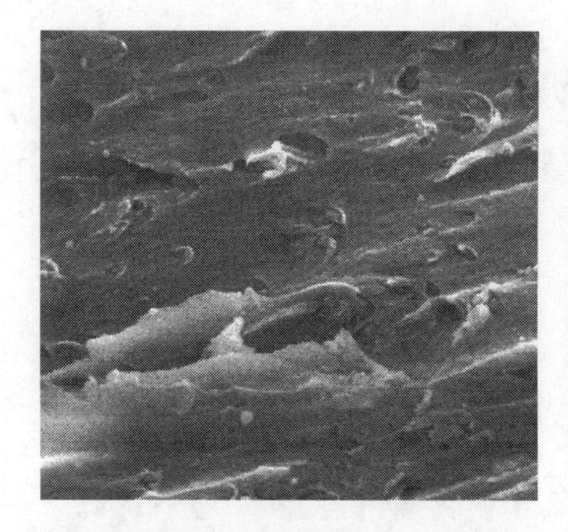

图 4-31 F1 薄膜断面 SEM 照片

图 4-32 F2 薄膜断面 SEM 照片

图 4-33 F3 薄膜断面 SEM 照片

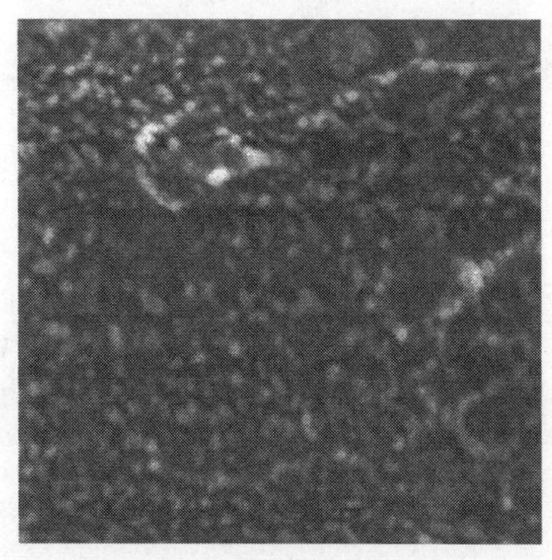

图 4-34 F4 薄膜断面 SEM 照片

比较 F1、F2、F3、F4 薄膜的图片，发现两种溶胶质量比不同时，无机相形态结构不同。这是由于两种无机溶胶相互反应形成了新的结构 Si—O—Al，溶胶中存在大量的 Al^{3+}，且 Al^{3+}有一定的夺氧能力，在溶胶聚合并逐渐形成三维网络时，部分 Al^{3+}进入 Si—O 网络中参与结构，形成复杂的 Si—O—Al 三维无规网络，粒子微相形貌为短纤维形。Al^{3+}加入量较大时趋向自身形成规则的三维网络，粒子微相形貌为球状颗粒；Al^{3+}加入量较小时 Si—O 网络趋向自身形成规则的三维网络，粒子微观形貌为球状颗粒；Al^{3+}加入量介于两者之间时，随 Al^{3+}加入量增加，进入Si—O网络中参与结构的Al^{3+}多，形成复杂的Si—O—Al三维无规网络结构多。这与红外光谱分析结果一致。

3）不同固体加入量复合薄膜的断面SEM分析

图4-35和图4-36分别是F5和F6薄膜断面SEM照片。F5薄膜与F3薄膜基本一致，且分布均一，但仔细观察，有较大的颗粒出现。F6薄膜与F3薄膜基本一致，但是仔细观察，有较大的纳米团簇出现。

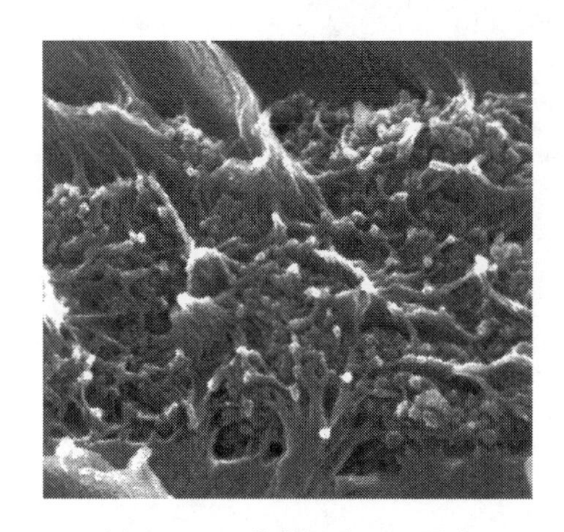

图4-35　F5薄膜断面SEM照片

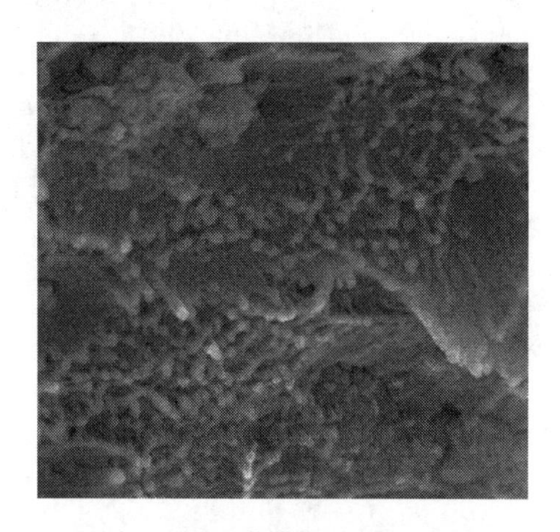

图4-36　F6薄膜断面SEM照片

比较F3、F5、F6薄膜的图片，发现两种溶胶质量比相同，随着固体加入量的增加，溶胶形成无机网络时容易团聚，形成较大的颗粒或纳米团簇。这是因为溶胶加入量增加，相互碰撞的概率增加。

4）含偶联剂复合薄膜的断面SEM分析

图4-37是F7薄膜断面SEM照片。从F7薄膜的照片可以看出，颗粒分布相当均一，颗粒直径为30～40nm。偶联剂DB-550的加入改变了薄膜的形态结构。

4.4.3　XRD分析

1. *无机凝胶相结构分析*

图4-38为硅溶胶和铝溶胶以及硅铝混合溶胶按亚胺化工艺处理后XRD图。从图中没有明显看到尖锐的峰，而是一种展宽峰，说明所制备的SiO_2和Al_2O_3是非晶相。混合凝胶的XRD图与硅凝胶相近，根据前面的分析结果，可能是混合溶胶在凝胶过程中Al^{3+}进入Si—O无机网络，形成Si—O—Al无规则的无机网络，无机网络以SiO_2为主。

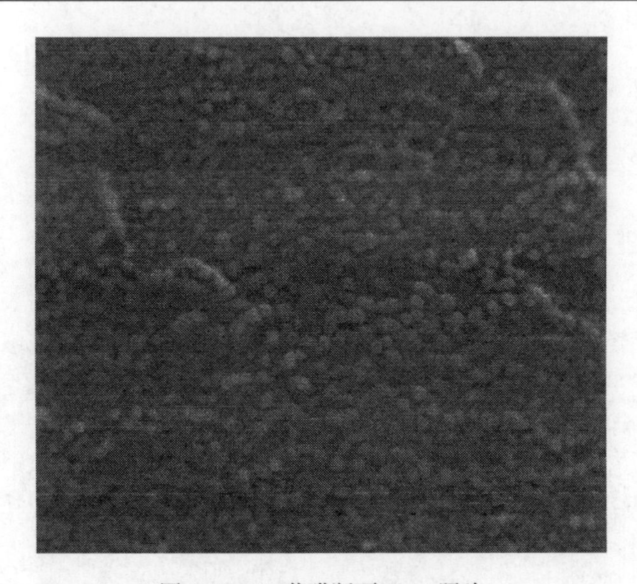

图 4-37　F7 薄膜断面 SEM 照片

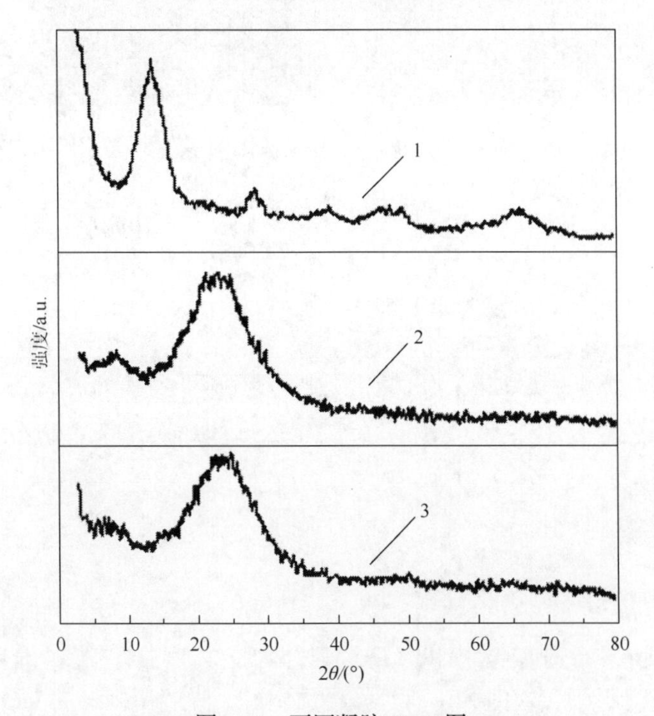

图 4-38　不同凝胶 XRD 图

1-铝凝胶；2-硅凝胶；3-硅铝混合凝胶（SiO_2：Al_2O_3 = 4：1 质量比）

2. 复合薄膜相结构分析

图 4-39 为 A1 薄膜 XRD 图，其在宽范围呈现展宽峰，但在 $2\theta = 14.06°$处出现了尖锐峰，说明本实验所制备的 PI 具有一定的有序结构。

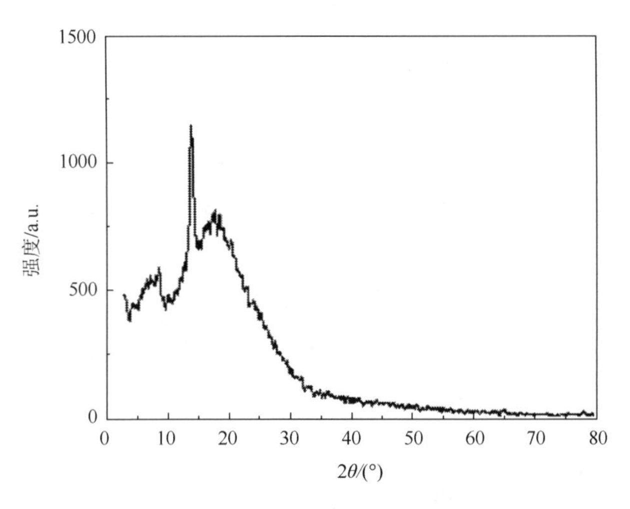

图 4-39　A1 薄膜 XRD 图

图 4-40 和图 4-41 分别是 E5 和 F3 薄膜 XRD 图。图 4-40 和图 4-41 中 $2\theta = 14.06°$处的 PI 尖锐峰消失，这是由于无机相和 PI 分子链之间相互作用，打乱了 PI 分子链的有序度。从图 4-40 和图 4-41 可见，F3 薄膜中 PI 分子链的有序度高于 E5 薄膜。

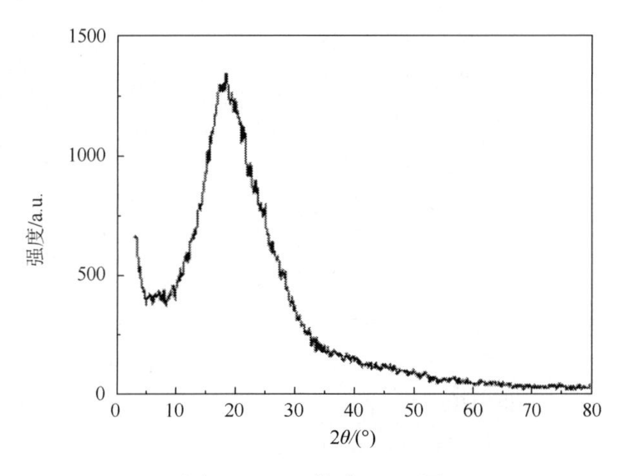

图 4-40　E5 薄膜 XRD 图

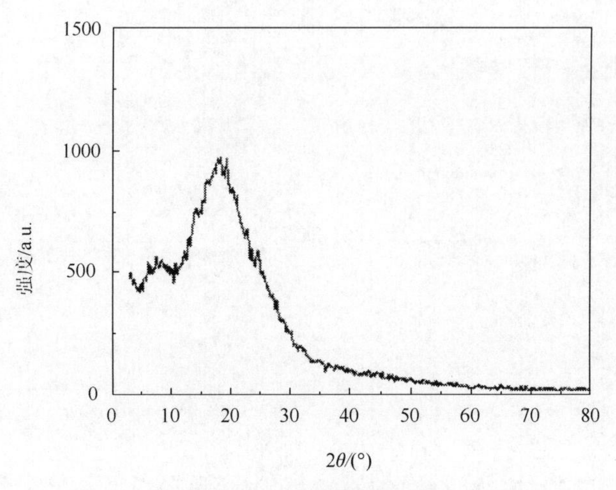

图 4-41　F3 薄膜 XRD 图

图 4-42 是 F7 薄膜 XRD 图，图 4-43 是 F10 薄膜 XRD 图。图 4-42 中出现 $2\theta = 14.12°$的尖锐峰，但峰高降低。

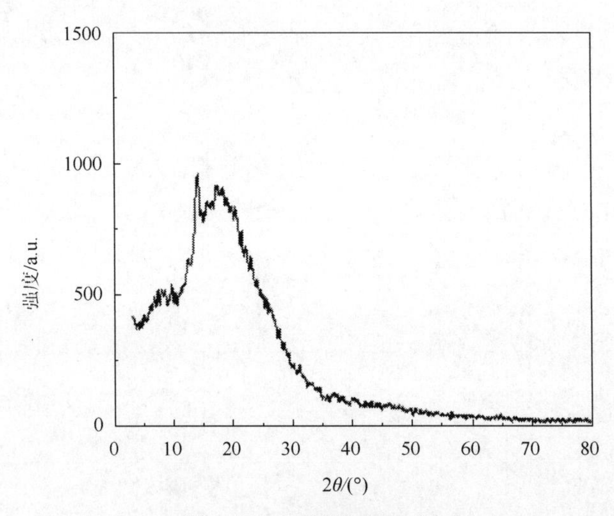

图 4-42　F7 薄膜 XRD 图

从图 4-43 可见采用了新的亚胺化工艺后，复合薄膜与纯 PI 薄膜的 XRD 图相似，说明无机相的加入没有影响 PI 分子链的有序排列，这是由于无机溶胶经低温处理一定时间后已形成无机网络结构，而 PAA 在此热处理条件下没有亚胺化或亚胺化程度很低，无机相的尺度在纳米范围，使得 PAA 分子链可以有序排列，亚胺化后形成有序的 PI 分子结构。所有复合薄膜的 XRD 图都没有出现无机组分的尖锐峰，说明无机组分在复合薄膜中是以非晶态分布的。

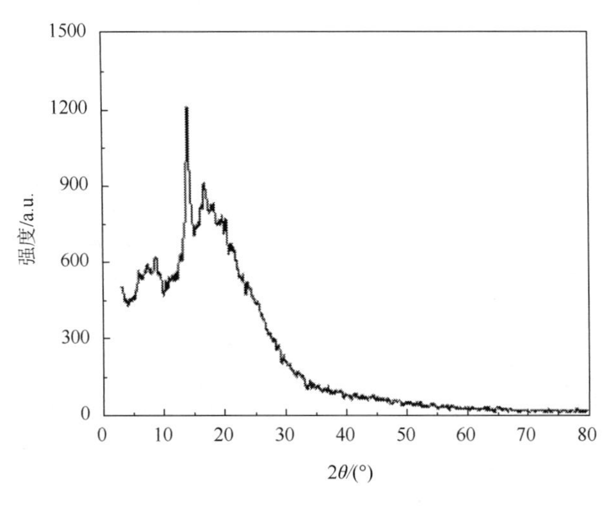

图4-43　F10薄膜XRD图

4.4.4　紫外-可见光光谱分析

1. 超声-机械共混法制备薄膜的光学行为分析

从图4-44可见，单掺入SiO_2粉体和单掺入Al_2O_3粉体的复合薄膜透过率相差不多，而两种粉体共掺杂的复合薄膜透过率较前两种有所增大，说明无机粉体共掺杂有利于纳米粉体的分散。

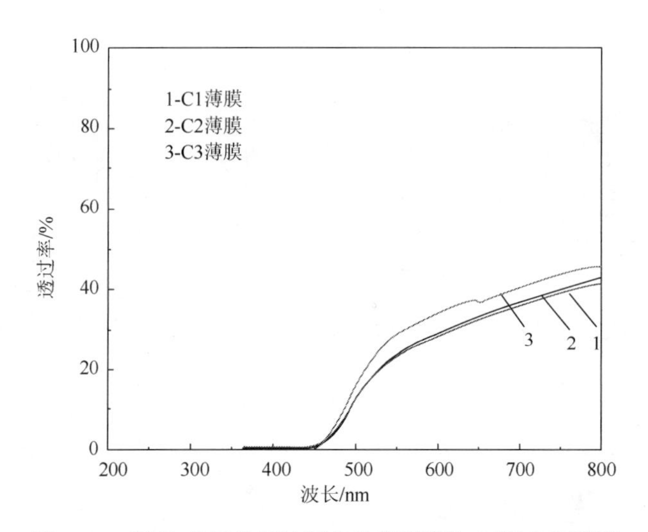

图4-44　超声-机械共混法制备的薄膜紫外-可见光光谱图

2. 溶胶-凝胶法制备薄膜的光学行为分析

1）不同无机组分的薄膜的光学行为分析

图 4-45 是 E2、E3 和 A1 薄膜紫外-可见光光谱。从图中可见掺入无机溶胶后复合薄膜的透过率都比纯 PI 薄膜的低且向长波方向移动，这是由于在亚胺化的同时形成了无机凝胶网络，降低了薄膜的透过率，掺入硅溶胶的复合薄膜的透过率降低得比较大，而掺入铝溶胶的复合薄膜的透过率降低得比较小。

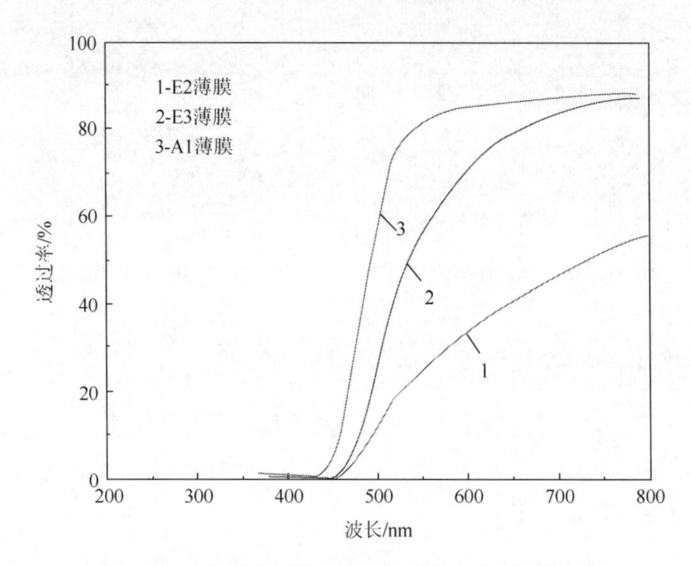

图 4-45　不同无机组分的薄膜紫外-可见光光谱图

2）不同溶胶加入方法的薄膜的光学行为分析

图 4-46 中 E5 薄膜的透过率比 F3 薄膜低得多，这是由于溶胶经过超声处理后，在 PI 基体中分散得更加均匀，团聚较少。

3）加偶联剂的薄膜的光学行为分析

从图 4-46 可看出，F3 和 F7 薄膜的透过率相差不大，根据前面断面 SEM 的分析，F3 和 F7 薄膜无机相的形貌和尺寸相近。

4）不同固体加入量的薄膜的光学行为分析

图 4-47 是无机组分质量比相同，固体加入量为 4%、6%、8%三种复合薄膜（F3、F5、F6 薄膜）紫外-可见光光谱图，F5 薄膜的透过率最低，F6 薄膜次之。根据前面 AFM 分析，这是因为 F6 薄膜形成了较大的纳米团簇，F5 薄膜形成了较大的颗粒，所以虽然 F6 薄膜固体加入量增加，但紫外-可见光光谱透过率增加。

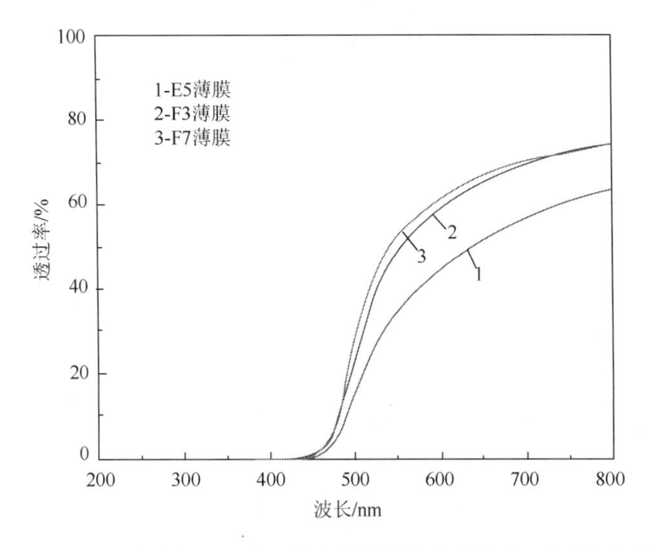

图 4-46　不同溶胶加入方法及掺杂偶联剂的薄膜紫外-可见光光谱图

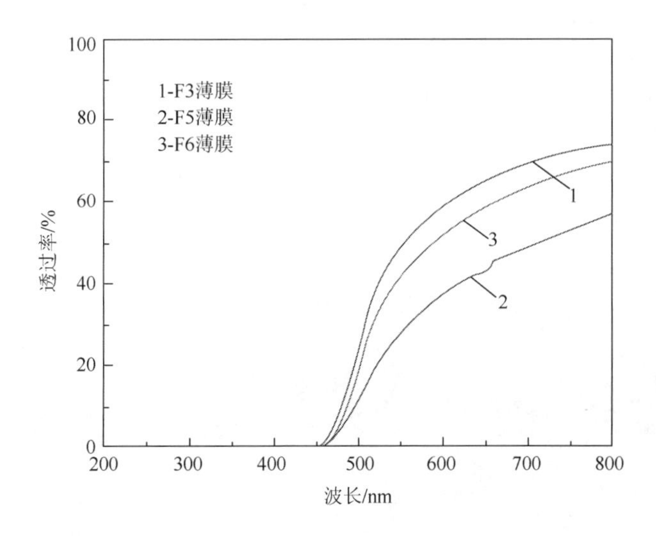

图 4-47　不同固体加入量的薄膜紫外-可见光光谱图

5）不同无机组分质量比的薄膜的光学行为分析

图 4-48 是 F1、F2、F3、F4 薄膜紫外-可见光光谱图。从图中可知 F4 薄膜的透过率最低，F1 薄膜次之，F2 和 F3 薄膜相近。这说明通过改变无机组分的质量比可以调整复合薄膜的紫外-可见光透过率。这与前面断面 SEM 分析中关于无机相形貌和尺寸的分析结果一致。

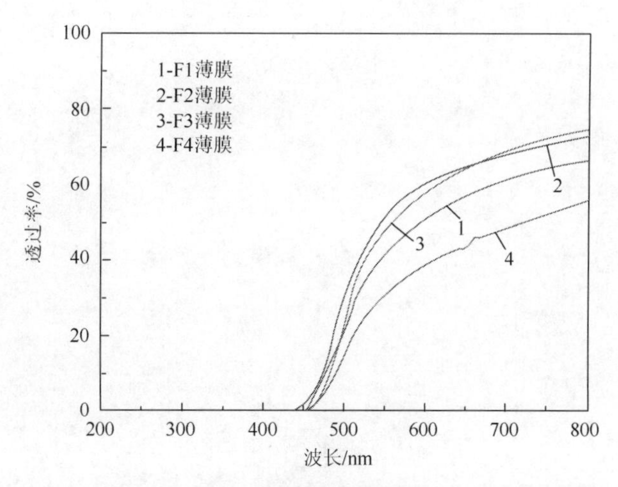

图 4-48 不同无机组分质量比的薄膜紫外-可见光光谱图

6）不同亚胺化工艺的薄膜的光学行为分析

图 4-49 是 F3 和 F10 薄膜紫外-可见光光谱图。由图可知，F10 薄膜的紫外-可见光透过率接近纯 PI 薄膜，比 F3 薄膜高。这一结果说明不仅无机相尺寸影响紫外-可见光透过率，当无机相尺寸小于紫外-可见光波长时，基体的有序度也影响紫外-可见光透过率。

依据电磁波（electromagnetic wave，EMW）散射理论，复合物的透光性取决于光波波长（λ）和复合物不均匀性或粒子尺寸（d），当 $\lambda \gg d$ 时，粒子不散射 EMW，其透光性好；反之，$\lambda \ll d$ 时，粒子散射 EMW，其透光性差。因此，PI/SiO_2、PI/SiO_2-Al_2O_3 复合材料的透光性主要取决于纳米粒子和团簇的尺寸及其分散不均匀性。

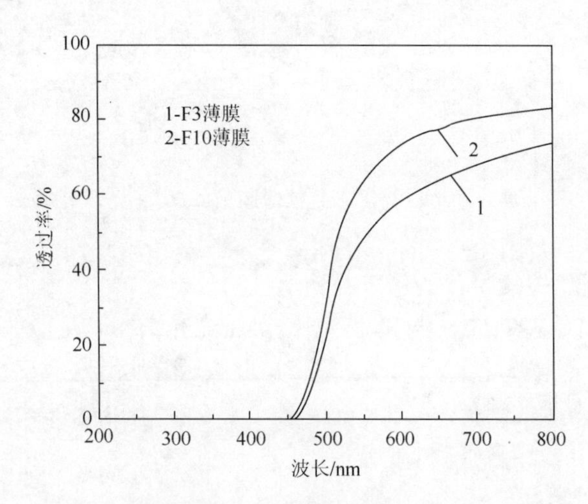

图 4-49 不同亚胺化工艺的薄膜紫外-可见光光谱图

4.5　纳米 SiO_2-Al_2O_3/PI 复合薄膜热稳定性研究

PI 主链结构含有芳环和杂环，这些都是耐热的组分。PI 是半梯形结构的聚合物，高温老化时环的一部分断裂后开环，而避免主链断裂，使主链断裂的概率减小。PI 的优点是比其他聚合物具有更高的热稳定性。

具有最大对称性结构的 PI 具有最好的热稳定性。这是因为对称性结构易于使分子敛集，紧密整齐地排列成有序结构，增强了分子间的范德瓦耳斯力、色散力、偶极矩力等，使分子链段难以运动，刚性增强。提高亚胺环化率，建立无缺陷、完整的环键大分子结构，对于芳杂环聚合物，甚至半梯形、梯形结构的聚合物的热稳定性均具有非常重要的意义。

PI 复合薄膜的热稳定性决定了其使用温度范围。无机材料比有机材料具有更高的热稳定性，但无机材料的引入不一定能提高有机材料的热稳定性。目前所研究的 PI 复合薄膜的热稳定性有的比纯 PI 薄膜高，有的比纯 PI 薄膜低。本书运用 Pyris6TGA 型热重分析仪测试所制备的 PI 复合薄膜的热稳定性，并从结构上进行分析探讨。

4.5.1　超声-机械共混法制备薄膜热稳定性

表 4-9 给出不同无机组分的薄膜的初始分解温度（T_d）、失重 10%的温度（$T_{10\%}$）以及失重 30%的温度（$T_{30\%}$），图 4-50 给出薄膜 TG 曲线。从表 4-9 和图 4-50 中可以看出，不同薄膜材料在 450℃之前有少量质量减少，这应归因于吸附水的失去，基本上没有质量和热效应的变化，说明材料具有较高的热稳定性和较高的热分解温度。同纯 PI 薄膜相比，复合薄膜的热分解温度稍有降低。这是由于无机粒子对复合薄膜热稳定性的影响是复杂的和多方面的，存在两种相反的作用。一方面，无机粒子和 PI 基体形成氢键或其他配位键，客观上限制了 PI 分子的热运动，要想使 PI 分子链断裂，必须克服这种相互作用，因此提高了 PI 分子在加热过程中断裂需要的能量，致使薄膜的热稳定性提高；另一方面，无机粒子的引入改变了原有的网络结构，改变了 PI 分子排列的有序度，减弱了 PI 分子之间的相互作用力，导致其热稳定性降低。从红外分析结果看，超声-机械共混法制备的复合薄膜中，无机粒子和 PI 之间相互作用比较弱，且存在未亚胺化的结构，后者占主导地位，因此复合薄膜的热稳定性稍有降低（王伟等，2005c）。

表 4-9　不同无机组分的薄膜热分解温度（一）　　　　（单位：℃）

薄膜	初始分解温度	失重 10%的温度	失重 30%的温度
A1	582.1	595.2	634.5
C1	580.6	596.1	653.6
C2	580.3	596.5	663.5
C3	581.4	600.7	682.9

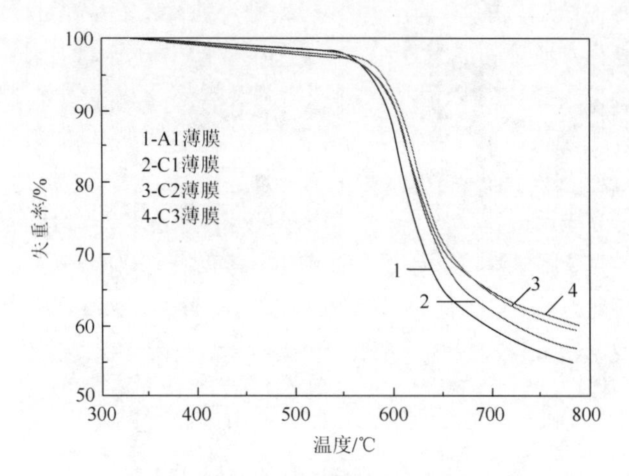

图 4-50　不同无机组分的薄膜 TG 曲线（一）

4.5.2　溶胶-凝胶法制备薄膜热稳定性

1. 无机组分对薄膜热稳定性的影响

表 4-10 给出了在制备 PAA 后加入溶胶所制备的不同无机组分的薄膜的初始分解温度（T_d）、失重 10%的温度（$T_{10\%}$）以及失重 30%的温度（$T_{30\%}$），图 4-51 给出薄膜 TG 曲线。由表 4-10 和图 4-51 可知，薄膜初始分解温度为 582～591℃，失重 10%与 30%的温度分别为 592～608℃和 633～657℃，其中 D3 薄膜的热稳定性最为优异，也就是说将两种无机粒子加入 PI 基体中材料的热稳定性优于仅掺杂一种无机粒子。这一方面是由于有机聚合物和无机粒子之间形成氢键或其他配位键，客观上限制 PI 的热振动，增加了 PI 分子链的断裂能，致使材料的热稳定性提高；另一方面是由于引入的无机粒子形成新型结构，可能有利于提高材料的热稳定性。此外，无机材料的热稳定性高于有机材料。从表 4-9 和表 4-10 中数据看出，溶胶-凝胶法制备的复合薄膜比超声-机械共混法制备的复合薄膜热稳定性好，这是因为溶胶-凝胶法制备的复合薄膜中无机相的尺寸小，表面效应更强，与 PI 分子之间的键合更强。

表 4-10　不同无机组分的薄膜热分解温度（二）　（单位：℃）

薄膜	初始分解温度	失重 10%的温度	失重 30%的温度
A1	582.1	594.0	633.6
D1	584.3	592.2	638.5
D2	588.5	601.1	652.4
D3	590.3	607.8	656.1

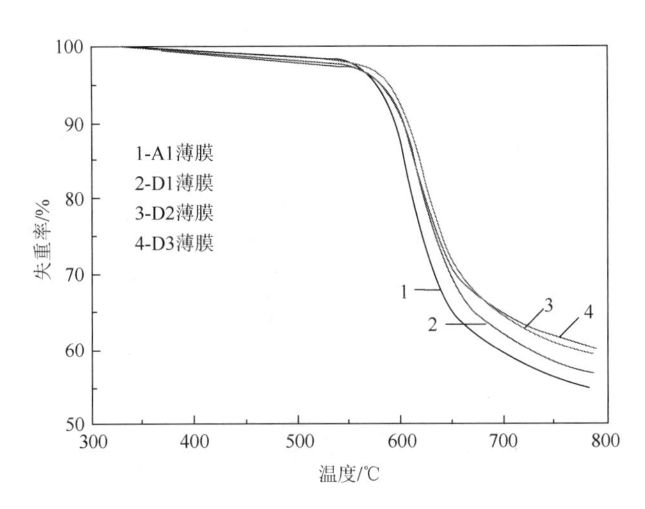

图 4-51　不同无机组分的薄膜 TG 曲线（二）

2. 溶胶加入方法对薄膜热稳定性的影响

表 4-11 给出了不同溶胶加入方法的薄膜的初始分解温度（T_d）、失重 10%的温度（$T_{10\%}$）以及失重 30%的温度（$T_{30\%}$），图 4-52 给出薄膜 TG 曲线。从表 4-11 和图 4-52 中可以看出，在反应过程中加入溶胶的薄膜比在制备 PAA 后加入溶胶的薄膜的热分解温度高，超声后再在反应过程中加入溶胶的薄膜热分解温度又进一步提高。这是因为中间加溶胶，溶胶分散更均匀，形成的无机相尺寸小、缺陷少，与基体之间相互作用力更强，溶胶经超声处理更有利于无机相的分散。

表 4-11　不同溶胶加入方法的薄膜热分解温度　（单位：℃）

薄膜	初始分解温度	失重 10%的温度	失重 30%的温度
D3	590.1	607.0	656.0
E4	594.0	607.0	657.2
F2	597.5	615.6	668.5

从图 4-39～图 4-43 和图 4-52 可看到，经超声后加入溶胶的薄膜在 $2\theta = 14.06°$ 左右 PI 尖锐峰消失，说明无机相和 PI 分子链之间相互作用，打乱了 PI 分子链的有序度，因此其热分解温度升高。

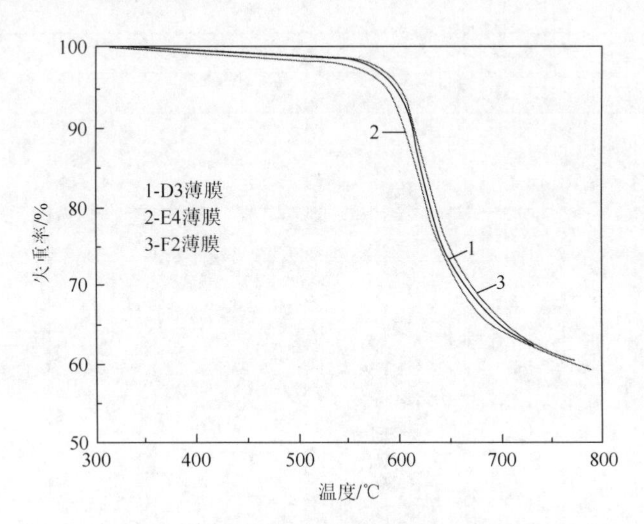

图 4-52　不同溶胶加入方法的薄膜 TG 曲线

3. 固体加入量对薄膜热稳定性的影响

表 4-12 给出了不同固体加入量的薄膜的初始分解温度（T_d）、失重 10%的温度（$T_{10\%}$）以及失重 30%的温度（$T_{30\%}$），图 4-53 为薄膜 TG 曲线。由表 4-12 及图 4-53 可知，F5 薄膜的初始分解温度最高，其热稳定性最优异，这说明当薄膜中的固体加入量达到一定时，有机聚合物和无机粒子之间形成的氢键及其他配位键能够有效地提高 PI 分子的断裂能，其对热稳定性的影响超过了其他因素，使其热分解温度达到最大值。而当固体加入量达到 8%时，无机组分使 PI 分子之间的作用力减弱，从前面 SEM 断面分析可知，该薄膜中存在较大的纳米团簇，即此时即使固体加入量增加也不一定使无机相和 PI 分子之间的相互作用增加。因此当固体加入量增加到一定数值后，再继续增加反而使热稳定性下降。

表 4-12　不同固体加入量的薄膜热分解温度　　（单位：℃）

薄膜	初始分解温度	失重 10%的温度	失重 30%的温度
F3	591.3	609.9	665.3
F5	608.1	627.2	668.1
F6	605.6	626.3	692.2

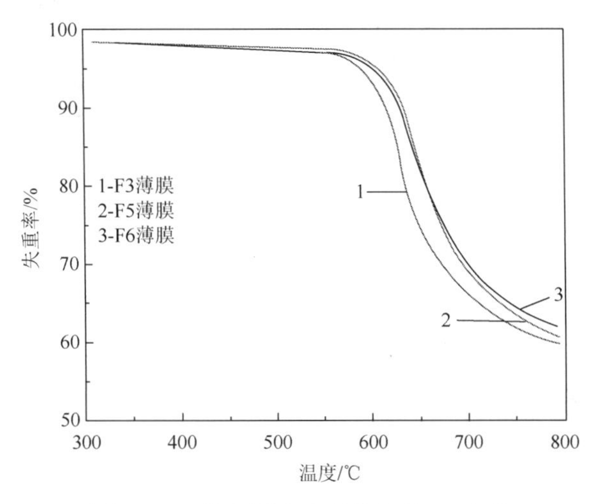

图 4-53　不同固体加入量的薄膜 TG 曲线

4. 无机组分质量比对薄膜热稳定性的影响

表 4-13 给出了不同无机组分质量比的薄膜的初始分解温度(T_d)、失重 10%的温度($T_{10\%}$)以及失重 30%的温度($T_{30\%}$)，图 4-54 为薄膜 TG 曲线。由表 4-13 及图 4-54 可知，复合薄膜中随着 SiO_2 加入量的增加，薄膜的热分解温度有所提高，但是当 SiO_2 与 Al_2O_3 质量比为 4∶1 时，其热分解温度最低。从前面的断面 SEM 照片看，F3 薄膜中存在的较多的气隙减弱了 PI 分子之间的作用力，又从前面 XRD 图可知该复合薄膜中 PI 基体为非晶态，这可能是其热稳定性下降的原因。这说明通过适当调整 SiO_2 与 Al_2O_3 的质量比，可以调整复合薄膜的热稳定性。

表 4-13　不同无机组分质量比的薄膜热分解温度　（单位：℃）

薄膜	初始分解温度	失重 10%的温度	失重 30%的温度
F1	594.5	613.9	668.4
F2	597.5	615.5	668.4
F3	591.2	609.9	665.2
F4	597.5	619.7	679.9

5. 偶联剂对薄膜热稳定性的影响

表 4-14 给出了不同偶联剂的薄膜的初始分解温度（T_d）、失重 10%的温度（$T_{10\%}$）以及失重 30%的温度（$T_{30\%}$），图 4-55 为薄膜 TG 曲线。由表 4-14 及图 4-55 可知，薄膜体系中加入偶联剂 DB-560、DB-580、DB-550 能够有效地提高薄膜的热稳定性。这是因为偶联剂既能增加无机相之间的键合，又能增加无机相和有机相之间的键合，改善两相相容性。其中加入 DB-550 后薄膜热稳定性提高最为显著。从

前面断面 SEM 照片可知，加入 DB-550 后薄膜中存在片状结构，又从 XRD 分析可知该薄膜中 PI 基体具有一定的结晶性。因此，加入 DB-550 后薄膜热稳定性提高最为显著。

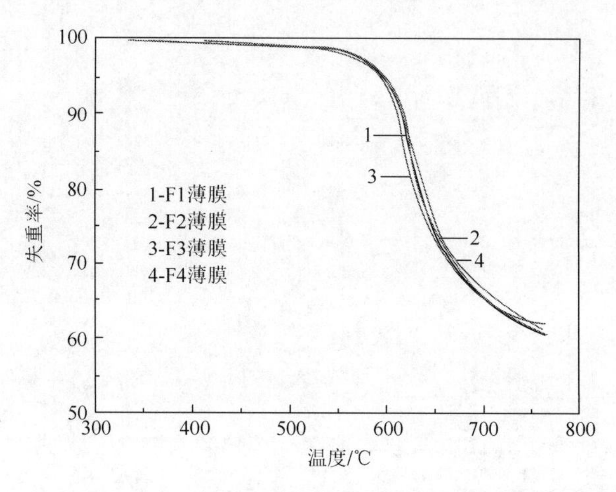

图 4-54　不同无机组分质量比的薄膜 TG 曲线

表 4-14　不同偶联剂的薄膜热分解温度　　（单位：℃）

薄膜	初始分解温度	失重 10%的温度	失重 30%的温度
F3	591.3	609.9	665.3
F7	600.2	613.7	668.7
F8	592.5	609.4	663.3
F9	597.8	615.8	679.8

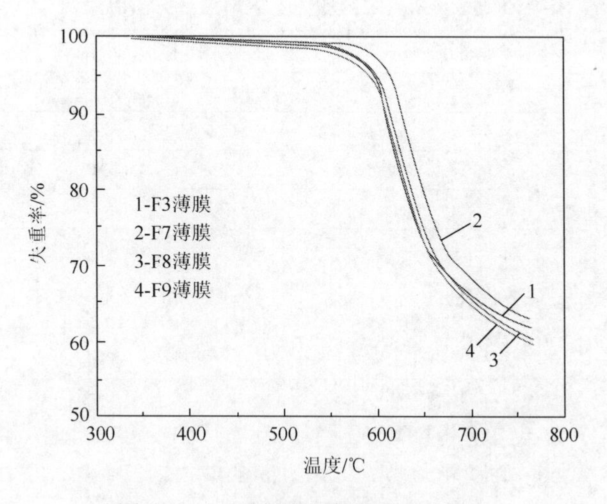

图 4-55　不同偶联剂的薄膜 TG 曲线

6. 亚胺化工艺对薄膜热稳定性的影响

表 4-15 给出了不同亚胺化工艺的薄膜的初始分解温度（T_d）、失重 10%的温度（$T_{10\%}$）以及失重 30%的温度（$T_{30\%}$），图 4-56 是薄膜 TG 曲线。其中，F3 和 F10 薄膜均是固体加入量为 4%、SiO_2 与 Al_2O_3 质量比为 4∶1 的复合薄膜；F10 薄膜是新亚胺化工艺制备的薄膜。由表 4-15 及图 4-56 可知，亚胺化工艺的调整对复合薄膜热分解温度的提高更显著。从前面 XRD 分析知，在复合薄膜中，F10 薄膜中 PI 基体的结晶度最大，因此其热分解温度最高。

表 4-15　不同亚胺化工艺的薄膜热分解温度　（单位：℃）

薄膜	初始分解温度	失重 10%的温度	失重 30%的温度
F3	591.3	609.9	665.3
F10	606.4	628.0	688.1

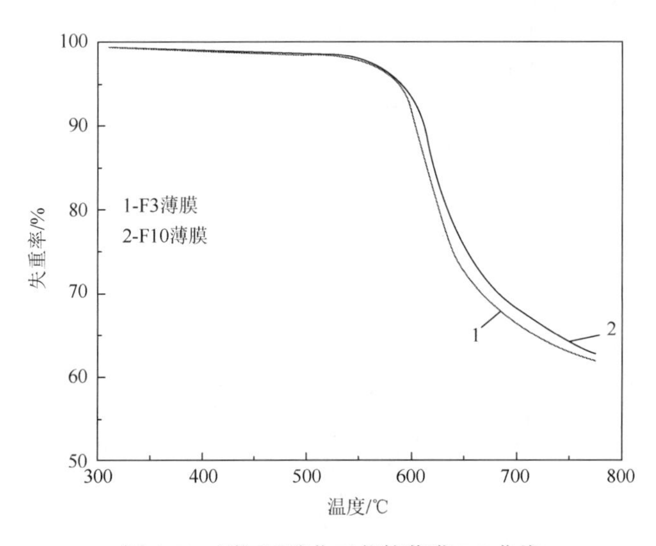

图 4-56　不同亚胺化工艺的薄膜 TG 曲线

参 考 文 献

梁冰，刘立柱，王伟，等. 2005. 溶胶-凝胶法制备无机纳米杂化 PI 薄膜[J]. 哈尔滨理工大学学报，10（2）：133-135.

刘立柱，梁冰，王伟，等. 2006. 杂化 PI 薄膜的无机相形貌及其介电性能研究[J]. 材料科学与工艺，14（3）：265-267，271.

王伟，刘立柱，杨阳. 2005c. PI/无机纳米杂化材料的研究[J]. 山东陶瓷，28（5）：16-18.

王伟，刘立柱，杨阳，等. 2005a. PI/氧化硅/氧化铝纳米复合薄膜的制备及结构与性能[J]. 绝缘材料，38（5）：11-14.

王伟，刘立柱，杨阳，等. 2005b. PI/ SiO_2-Al_2O_3 纳米复合薄膜的制备、形貌与性能[J]. 绝缘材料（5）：11-14.

王绪强. 1998. 联苯型 PI[J]. 绝缘材料通讯（5）：21-24.

徐庆玉，范和平，井强山. 2002. PI 无机纳米杂化材料的制备、结构和性能[J]. 功能高分子学报，15（2）：207-218.

Liu L Z，Wang W，Yang Y，et al. 2006. Effects of coupling agent on morphology and properties of polyimide/SiO_2-Al_2O_3 hybrid films[C]. Kota Denpasar：International Conference on Properties and Applications of Dielectric Materials：362-364.

Liu L Z，Zhang Y T，Wang K，et al. 2003. Preparation and characterization of PI/inorganic nanoparticles corona-resistance composite film[C]. Indianapolis：Electrical Insolation Conference and Electrical Manufacturing & Coil Winding Technology Conference：477-480.

第5章 SiO_2光纤涂层复合薄膜设计、制备、调控与热稳定性改性

SiO_2光纤通常由折射率较高的芯层和折射率较低的包层及光纤涂层组成。与传统金属材料不同，这是一种易碎脆性断裂物质。如果无涂层，光纤与大气接触，表面缺陷就会增大，形成局部应力聚集，导致衰减增加、力学性能变差，光纤很容易折断，影响通信质量。为保护光纤表面，提高光纤抗拉强度、抗弯强度，隔绝水分子、粉尘侵入和保护环境。同时，为满足使用要求，通常光纤表面都需涂覆涂层，且需要采用两次以上涂覆处理。

涂层作为光纤的基本结构之一，主要是一种保护光纤免受环境影响、增加力学性能、降低信号衰减的保护材料。光纤涂层通常分为两层，内层为预涂层，外层为缓冲层。内层物质折射率较高，外层材料弹性模量较高。光纤涂层内层直接保护裸光纤，它对裸光纤非常重要。光纤涂层材料在光纤拉丝工艺进行时同步涂覆到裸光纤表面。优质涂层涂料需要有优良的热稳定性，在一定温度范围内（−60～80℃）不产生形变且性能稳定，而且常温下具有良好的抗拉强度与抗弯强度，还应具有耐摩擦、阻水性好、抗氧化等特点。

传统光纤涂层用料为紫外固化丙烯酸酯或硅酮树脂等高分子材料，其与SiO_2光纤存在严重的热失配问题，当光纤所处环境温度发生变化，并长期处在这种环境中时，SiO_2光纤与紫外固化丙烯酸酯涂层两者的冷却收缩或热膨胀不同步（$a_{SiO_2}=5\times10^{-7}℃^{-1}$，$a_p=1\times10^{-4}℃^{-1}$），引起光纤微弯损耗增大和机械强度降低。因此，对光纤涂层材料热稳定性的研究具有重要意义，为解决其与SiO_2光纤间存在的严重热失配问题，本书通过三种改性技术对其热稳定性进行研究。

紫外（ultraviolet，UV）固化技术是指在高强度紫外光辐照下，聚合物系统中光敏成分发生化学反应生成活性基团，引发系统中树脂交联，进而把活性液态很快转化为固态的制备技术（王德海和江棂，2001）。紫外固化技术与其他方式相比较具有以下独特优势：固化迅速、成本低、不污染空气和降低危险性。紫外固化的实质是光引发的交联聚合反应，固化系统通常包含树脂、活性稀释剂、光引发剂。当前，研究的热点集中在从紫外固化涂料性能角度研究涂层的热稳定性，为使光纤可以在适配条件下工作，科研人员针对紫外固化光纤涂层热稳定性进行研究。

5.1　纳米 SiO_2/EA 复合薄膜设计、制备、调控与热稳定性改性

5.1.1　纳米 SiO_2/EA 复合薄膜实验调控方案与工艺设计

1. EA 制备工艺调控方案设计

环氧丙烯酸酯（epoxy acrylate，EA）是由丙烯酸酯类和甲基丙烯酸酯类及其他烯属单体共聚制成的树脂。通过选用不同树脂结构、配方、生产工艺及溶剂组成，可制备不同类型、性能和应用场合的丙烯酸树脂。

1）EA 制备机理

EA 通过环氧树脂和丙烯酸反应而制备，是由环氧树脂开环，与丙烯酸等不饱和一元酸进行酯化反应所得的产物。EA 将环氧树脂突出的化学物理性能与不饱和聚酯优异的成型操作性能有机地结合在一起。一方面，它可以采用与不饱和聚酯相同的引发体系进行聚合固化，通过游离基反应，形成一个三维网状结构不溶不熔聚合物，固化时间可调，可常温作业，可和多种烯类或丙烯酸酯单体共聚，同时通过加入烯类或丙烯酸酯单体调节体系黏度；另一方面，它固化后性能可达到甚至超过环氧树脂性能。环氧树脂由于分子结构中含有环氧基、羟基、醚键等活性基团和极性基团而具有优良的黏结性能、力学性能和耐化学腐蚀性等。但单纯的环氧树脂固化后质地硬脆、抗冲击性能差；而丙烯酸树脂具有色浅、透明度高、光亮丰满、涂膜坚韧、附着力强等特点。EA 是在环氧树脂分子链的两端引入丙烯酸不饱和双键，然后与其他单体共聚而制得的一种改性树脂，改性后的树脂兼具环氧树脂和丙烯酸树脂的优点，性能优于单一的树脂。EA 制备的主要反应原理如图 5-1 所示。

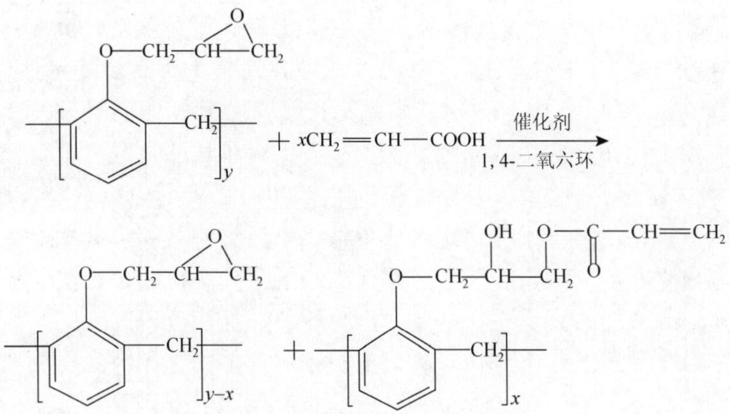

$$+\ x\mathrm{CH_2{=}CH{-}COOH} \xrightarrow[\text{1, 4-二氧六环}]{\text{催化剂}}$$

图 5-1　EA 制备反应原理图

2）EA 制备调控方案

根据实验室多年制备 EA 的经验，设计两组 EA 制备调控方案，以环氧树脂分别与丙烯酸丁酯、丙烯酸反应制备 EA，调控方案如表 5-1 所示。

表 5-1　EA 制备调控方案

实验编号	环氧树脂质量/g	丙烯酸丁酯质量/g	丙烯酸质量/g	正丙醇质量/g	苯乙烯质量/g	过氧化苯甲酰质量/g	1,4-二氧六环质量/g	三乙胺质量/g	对苯二酚质量/g	反应温度/℃	反应时间/h
1	48.5	25.0	—	48	25	1.5	—	—	—	97	6
2	25	—	5	—	—	—	15	0.5	0.06	95	6

3）EA 制备工艺设计

以第 2 组方案为例说明：以环氧树脂 E-51、丙烯酸作为原料，1,4-二氧六环作为溶剂，三乙胺作为催化剂，对苯二酚作为阻聚剂，首先将已溶解适当比例的环氧树脂和丙烯酸一同加入三口瓶中，再加入催化剂三乙胺和用 1,4-二氧六环溶解的对苯二酚，放入水浴恒温箱上，使用磁力搅拌器不停搅拌，温度升至 95℃，在该温度下搅拌反应 6h，制备工艺流程如图 5-2 所示。

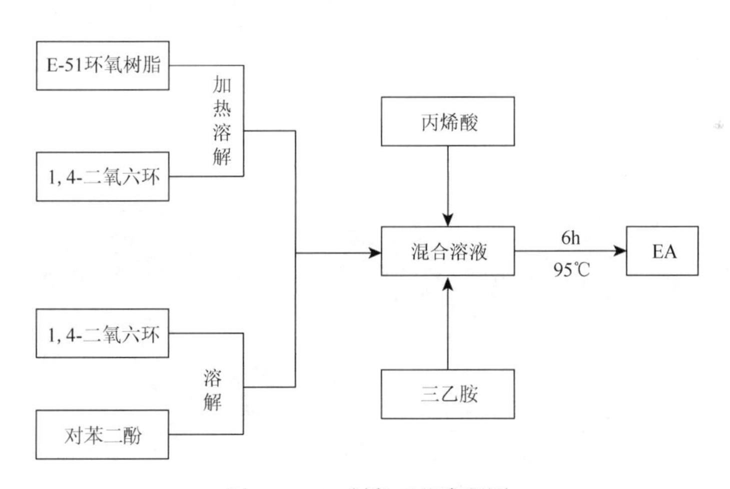

图 5-2　EA 制备工艺流程图

2. 纳米 SiO_2 表面改性工艺调控方案设计

1）纳米 SiO_2 改性机理

硅烷偶联剂是最具代表性的偶联剂，它对表面具有羟基的无机粒子最有效，非常适合纳米 SiO_2 表面改性。硅烷偶联剂是在分子中同时具有两种反应性基团的有机硅化合物，可以形成无机相-硅烷偶联剂-有机相结合层，从而使聚合物与无机材料界面获得较好的黏结强度。纳米 SiO_2 因具有较大比表面积和存在表面羟基而具有高反应活性，在橡胶、塑料、黏结剂、涂料等领域得到广泛应用（王云芳等，2007）。但纳米 SiO_2 强亲水性导致其难以在有机相中润湿和分散，限制纳米效应的充分发挥，因此必须对其进行表面改性，改变纳米 SiO_2 表面物化性质，提高其与有机分子的相容性和结合力，改善加工工艺。

硅烷偶联剂改性纳米 SiO_2 的研究很多，大部分研究采用偶联剂自身先水解再与纳米 SiO_2 作用的方法。对纳米 SiO_2 进行表面偶联改性时，主要有两个过程：首先是硅烷偶联剂水解形成硅醇基，其次是水解形成的硅醇基与纳米 SiO_2 表面 Si—OH 基团发生反应，形成氢键并进行化学缩合。同时，硅烷各分子硅醇基又可以互相缩合成网状结构，包覆在纳米 SiO_2 表面，从而在纳米 SiO_2 表面接枝上有机基团，使原来亲水性纳米 SiO_2 具有亲油特性，使其在有机相中具有良好的分散性与稳定性。

本实验所用偶联剂为 KH-560（γ-(2,3-环氧丙氧)丙基三甲氧基硅烷），硅烷偶联剂改性纳米 SiO_2 的主要反应包括硅烷偶联剂水解反应和硅烷偶联剂缩合反应，其原理分别如图 5-3 和图 5-4 所示。

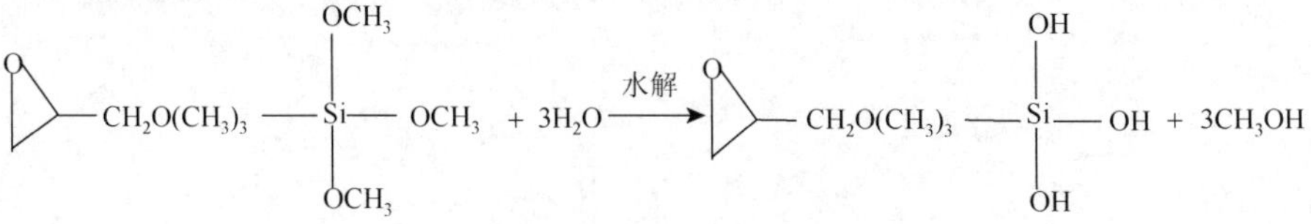

$$\text{(环氧基)}-CH_2O(CH_3)_3-Si(OCH_3)_3 + 3H_2O \xrightarrow{\text{水解}} \text{(环氧基)}-CH_2O(CH_3)_3-Si(OH)_3 + 3CH_3OH$$

图 5-3　硅烷偶联剂水解反应原理图

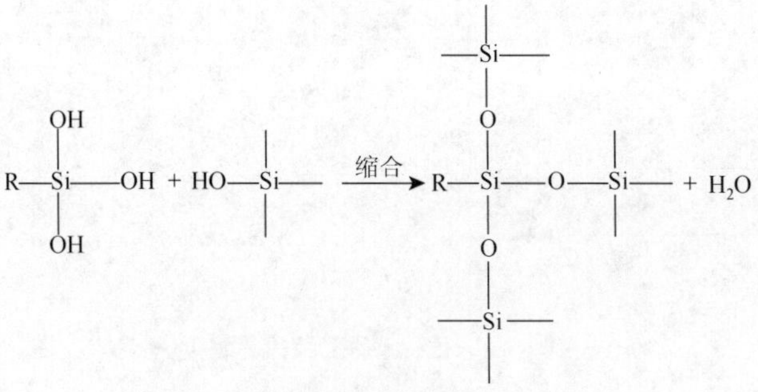

$$R-Si(OH)_2-OH + HO-Si\equiv \xrightarrow{\text{缩合}} R-Si(-O-Si\equiv)_2-O-Si\equiv + H_2O$$

图 5-4　硅烷偶联剂缩合反应原理图

2）纳米 SiO_2 改性调控方案

按照纳米 SiO_2：硅烷偶联剂：无水乙醇为 2：1：8.5（质量比）的条件，以时间为变量进行多组实验，调控方案如表 5-2 所示。

表 5-2　纳米 SiO_2 改性调控方案

样品编号	纳米 SiO_2 质量/g	硅烷偶联剂质量/g	无水乙醇质量/g	反应温度/℃	反应时间/h
1	4.0	2.0	17.0	95	2.0
2	4.0	2.0	17.0	95	2.5
3	4.0	2.0	17.0	95	3.0
4	4.0	2.0	17.0	95	3.5
5	4.0	2.0	17.0	95	4.0

3）纳米 SiO_2 改性工艺设计

采用硅烷偶联剂 KH-560 对纳米 SiO_2 表面进行改性。首先取一定量纳米 SiO_2 放入三口瓶中搅拌，然后量取与纳米 SiO_2 成一定比例的硅烷偶联剂，再量取适量的无水乙醇，将硅烷偶联剂和无水乙醇混合，超声搅拌 30min 后，加入三口瓶中，升温至 95℃，在此温度下反应特定时间，将改性后纳米 SiO_2 放入干燥箱中干燥若干时间，取出并研磨成粉体。工艺流程如图 5-5 所示。

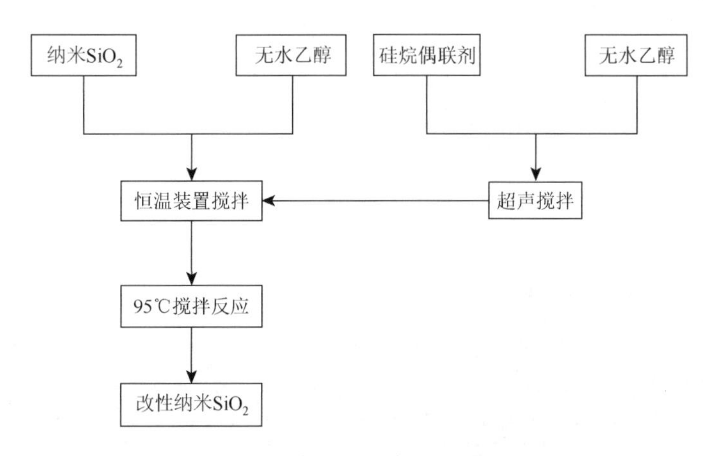

图 5-5　纳米 SiO_2 改性工艺流程图

3. 紫外固化纳米 SiO_2/EA 复合薄膜制备工艺调控方案设计

1）紫外固化 EA 机理

紫外固化主要通过紫外光激发光引发剂引起基体树脂聚合从而达到固化目的。紫外固化涂料大多采用自由基聚合和阳离子聚合这两种固化机理，EA 通过自由基聚合进行固化。紫外固化涂料经紫外光照射后，首先光引发剂吸收紫外光辐射能量而被激活，分子外层电子跃迁，在极短时间内生成活性中心，活性中心与树脂中不饱和基团作用，引发光固化树脂中双键断开，发生连续聚合反应，从而相互交联成膜。化学动力学研究表明，紫外光促使紫外固化涂料的固化机理属于自由基连锁聚合（冯汉文，2013）。首先是链引发阶段；其次是链增长阶段，这一阶段随着链增长进行，体系会出现交联，固化成膜；最后是链终止阶段，链自由基会经过耦合或歧化而完成链终止。聚合反应历程可分为链引发、链增长、链终止三个主要阶段。反应过程如下。

链引发：

$$PI + h\gamma \longrightarrow R^{\cdot} \tag{5-1}$$

$$R^{\cdot} + CH_2 = CHR \longrightarrow RCH_2C^{\cdot}HR \tag{5-2}$$

链增长：

$$RCH_2C^{\cdot}HR + nCH_2 = CHR \longrightarrow R(CH_2CHR)_n\text{-}CH_2\text{-}C^{\cdot}HR(P^{\cdot}) \tag{5-3}$$

链终止：

$$R^{\cdot} + R^{\cdot} \longrightarrow R\text{-}R \tag{5-4}$$

$$P^{\cdot} + P^{\cdot} \longrightarrow P\text{-}P \tag{5-5}$$

$$P^{\cdot} + R^{\cdot}H \longrightarrow P\text{-}H + R^{\cdot}(\text{吸氢，链转移}) \tag{5-6}$$

$$P^{\cdot} + O_2 \longrightarrow P\text{-}OO^{\cdot}(\text{氧清除和阻聚}) \tag{5-7}$$

$$P\text{-}OO^{\cdot} + R^{\cdot}H \longrightarrow P\text{-}OO\text{-}H + R^{\cdot} \tag{5-8}$$

除正反应外，自由基碰撞，由激发态恢复到基态，反应最终结果即固化成膜。

2）纳米 SiO_2/EA 复合薄膜制备调控方案

以最佳条件下制备的 EA 为基础树脂［以环氧树脂：丙烯酸：1, 4-二氧六环：对苯二酚/1, 4-二氧六环：三乙胺为 5：2：1：0.6：0.1（质量比）制备 EA］建立六水平、三因素实验方案，如表 5-3 所示。

表 5-3 制备纳米 SiO_2/EA 复合薄膜六水平、三因素实验方案

样品编号	EA 质量/g	纳米 SiO_2 质量分数/%	光引发剂质量分数/%	固化时间/s
1	5.0	0	0	10
2	5.0	0	1	10
3	5.0	0	3	10
4	5.0	0	5	10
5	5.0	0	7	10
6	5.0	0	9	10
7	5.0	0	A	10
8	5.0	3	A	10
9	5.0	5	A	10

续表

样品编号	EA 质量/g	纳米 SiO_2 质量分数/%	光引发剂质量分数/%	固化时间/s
10	5.0	10	A	10
11	5.0	15	A	10
12	5.0	20	A	10
13	5.0	B	A	5
14	5.0	B	A	7
15	5.0	B	A	9
16	5.0	B	A	11
17	5.0	B	A	13
18	5.0	B	A	15
19	5.0	B	A	C

注：A 为最佳用量

3）纳米 SiO_2/EA 复合薄膜制备工艺设计

称量一定量的 EA 和不同量的改性纳米 SiO_2，根据纳米 SiO_2 量的不同从低到高分组，每组加入特定量的光引发剂，经超声搅拌后放在 1000W 紫外灯下固化成膜。制备工艺流程如图 5-6 所示。

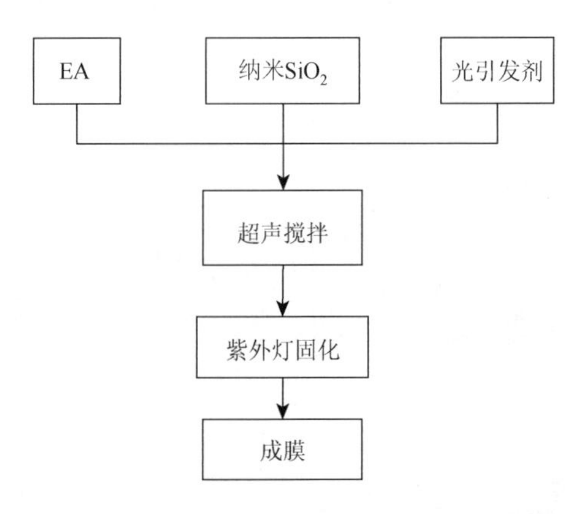

图 5-6　纳米 SiO_2/EA 复合薄膜制备工艺流程图

4）影响紫外固化因素分析

影响紫外固化的因素主要有固化速度、涂层厚度、紫外光能量、工作环境、紫外灯位置。紫外固化涂层厚度、涂料、色相、温度、固化速度、基体表面等不同条件下需适当进行调配。

在固化过程中，应该根据基体、涂料、固化距离等，适当调整设备的固化速度。固化速度过快，基体表面紫外固化涂料发黏或表面干而内部未干；而固化速度慢，基体表面会老化。

紫外涂层厚度对紫外固化效果起着关键作用。如果涂层过厚，在同样功率的光源照射下所需固化时间会相应延长，一方面影响涂层干燥度，另一方面会使基体表面温度过高，导致产品表面光泽度差。

在固化过程中，光引发剂的紫外光能量过量或不足都将影响固化效果。供给的能量大于其所需的能量，就会造成过量固化的负效应，如爆聚、反固化反应等；供给的能量小于其所需的能量，将造成固化不足、涂层软黏等现象。因此，紫外光的能量一定要适中，既不能过量也不能不足，以免无法完全固化。

紫外固化涂料的黏度受温度影响很大，所以应调整室温，一般 15～25℃较合适，并且注意涂覆时不能直接受到阳光照射。

紫外灯和反光罩与被辐照光纤表面距离为 7～8cm 为最佳固化距离，此时，紫外灯能量最强，但根据紫外固化涂层材料成分有微小差异，通常距离可在 10～15cm 范围调节。固化距离过短，紫外灯表面温度很高，光纤遇热变形；固化距离过长，紫外光能量小，涂层材料不干发黏。固化距离一定要根据光纤、涂料、紫外灯功率等因素适当调整。

5.1.2　纳米 SiO_2/EA 复合薄膜红外光谱分析

1. 制备 EA 红外光谱分析

图 5-7 是 EA 和环氧树脂红外光谱图，表 5-4 为 EA 红外光谱峰归属（冼秀月，2014）。

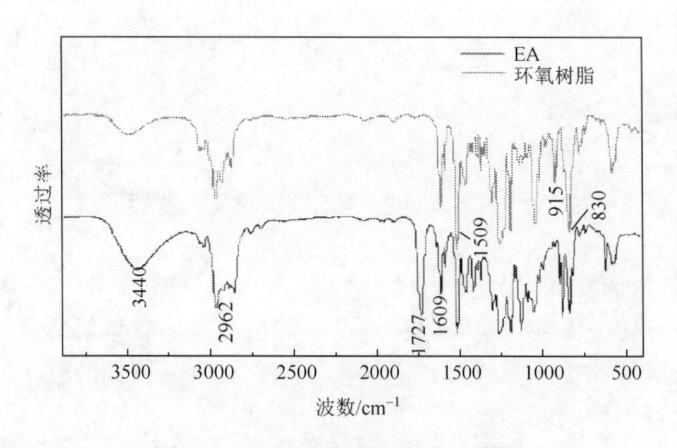

图 5-7　EA 和环氧树脂红外光谱图

表 5-4　EA 红外光谱峰归属

波数/cm^{-1}	谱峰归属
830，1509	双酚 A 骨架伸缩振动峰
915	环氧基 C—O 伸缩振动峰
1727	酯羰基 C═O 伸缩振动峰
3440	羟基反对称伸缩振动峰

由图 5-7 和表 5-4 可以看出，在环氧树脂红外光谱中，波数为 915cm^{-1} 处是环氧基 C—O 伸缩振动峰；波数为 830cm^{-1}、1509cm^{-1} 处是双酚 A 骨架伸缩振动峰。与环氧树脂相比，EA 红外光谱中波数为 3440cm^{-1} 处羟基反对称伸缩振动峰明显加强，原因是环氧基开环酯化反应后生成羟基。这种侧链羟基既能够形成氢键又能够同涂料中其他基团相互作用，从而有利于涂料附着。同时，EA 红外光谱中波数为 1727cm^{-1} 处出现酯羰基 C ═ O 伸缩振动峰。由于开环酯化反应后丙烯酸中碳碳双键 C ═ C 被接入环氧树脂骨架中，故波数为 1609cm^{-1} 处出现碳碳双键 C ═ C 伸缩振动峰，并且环氧树脂红外光谱中波数为 915cm^{-1} 处环氧基 C—O 伸缩振动峰消失。综上可以确定，环氧基与丙烯酸酯化反应进行得比较完全，光敏性碳碳双键 C ═ C 被引入树脂结构中。

2. 光引发剂对 EA 固化速度影响

经过各组实验，发现光引发剂用量（质量分数）是影响 EA 固化速度的一个主要因素。由图 5-8（固化时间与光引发剂用量关系图）和表 5-5（光引发剂用

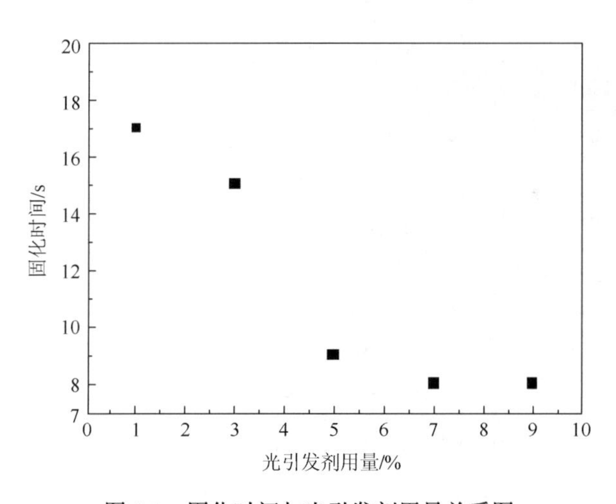

图 5-8　固化时间与光引发剂用量关系图

量对 EA 固化时间影响分析表）可以看出，不加入光引发剂的 EA 是无法固化的，说明光引发剂是 EA 紫外固化不可或缺的组分。同时也能看出 EA 固化时间随着光引发剂用量的增加而缩短，但是当光引发剂用量在 7%以后，固化时间并不再随着光引发剂用量的增加而缩短。因此，综合考虑各因素，选择光引发剂用量为 5%时，固化时间为 9s 合适。

表 5-5　光引发剂用量对 EA 固化时间影响分析

光引发剂用量/%	固化时间/s
0	不固化
1	17
3	15
5	9
7	8
9	8

3. 改性时间对纳米 SiO_2 改性效果影响

用硅烷偶联剂 KH-560 对纳米 SiO_2 进行改性处理，以改性时间为变量对纳米 SiO_2 改性效果进行研究，改性时间分别为 2h、2.5h、3h、3.5h、4h。采用红外光谱法对改性前后纳米 SiO_2 进行研究，结果表明在该时间范围内改性时间越久，改性效果越好。

图 5-9 为改性前纳米 SiO_2 和改性时间为 4h 改性后纳米 SiO_2 的红外光谱图。表 5-6 为改性纳米 SiO_2 红外光谱峰归属。由图 5-9 和表 5-6 可知，改性前后纳米 SiO_2 都在 $1100cm^{-1}$ 附近有一个最大吸收峰，为 Si—O—Si 反对称伸缩振动峰。改性前纳米 SiO_2 在 $807cm^{-1}$ 附近存在 Si—O—Si 对称伸缩振动峰；在 $473cm^{-1}$ 附近对应于 Si—O—Si 弯曲振动峰；$3440cm^{-1}$ 附近有结构水特征峰，对应于—OH 反对称伸缩振动峰。改性后纳米 SiO_2 红外光谱峰形发生显著改变。$3440cm^{-1}$ 处—OH 的反对称伸缩振动峰减弱，说明改性后纳米 SiO_2 表面亲水性减弱。纳米 SiO_2 经硅烷偶联剂 KH-560 改性后，在 $2930cm^{-1}$ 附近出现新峰，这是偶联剂带入甲基和亚甲基反对称伸缩振动峰相互重叠的结果，$1380cm^{-1}$ 附近峰为甲基反对称弯曲振动峰和亚甲基对称弯曲振动峰，$1279cm^{-1}$ 附近出现的新峰为偶联剂带入的烷基伸缩振动峰，$1100cm^{-1}$ 处的 Si—O—Si 的反对称伸缩振动峰变宽变弱以及 $807cm^{-1}$ 附近 Si—O—Si 的对称伸缩振动峰和 $473cm^{-1}$ 附近 Si—O—Si 的弯曲振动

峰的消失，说明改性样品表面接枝有聚合物，使其中纳米 SiO$_2$ 相对减少，由此证明 SiO$_2$ 表面已接枝硅烷偶联剂。

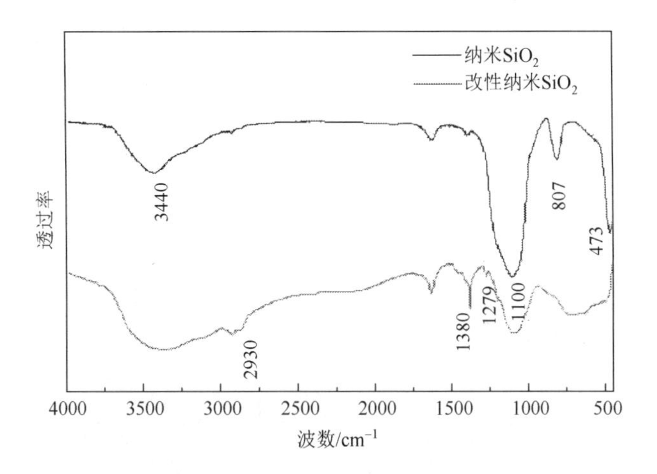

图 5-9　纳米 SiO$_2$ 和改性纳米 SiO$_2$ 红外光谱图

表 5-6　改性纳米 SiO$_2$ 红外光谱峰归属

波数/cm^{-1}	谱峰归属
473	Si—O—Si 的弯曲振动峰
807	Si—O—Si 的对称伸缩振动峰
1100	Si—O—Si 的反对称伸缩振动峰
1279	烷基伸缩振动峰
1380	甲基反对称弯曲振动峰和亚甲基对称弯曲振动峰
2930	甲基和亚甲基反对称伸缩振动峰
3440	—OH 的反对称伸缩振动峰

4. 改性纳米 SiO$_2$/EA 复合薄膜红外光谱分析

由图 5-10（EA 和纳米 SiO$_2$/EA 复合薄膜红外光谱图）可知，EA 体系中，在 1509cm^{-1} 处出现双酚 A 骨架伸缩振动峰，1727cm^{-1} 和 1609cm^{-1} 处出现酯羰基 C═O 及碳碳双键 C═C 伸缩振动峰。与 EA 相比，纳米 SiO$_2$/EA 复合薄膜在 1119cm^{-1} 和 1039cm^{-1} 两处出现 Si—O—Si 伸缩振动峰，说明 EA 中已引入改性纳米 SiO$_2$。表 5-7 为纳米 SiO$_2$/EA 复合薄膜红外光谱峰归属。

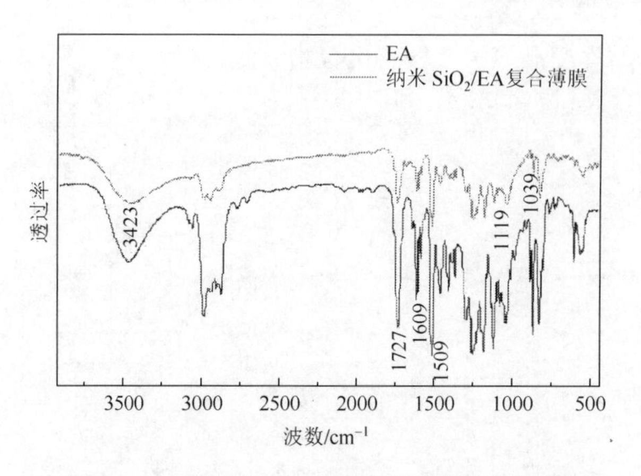

图 5-10　EA 和纳米 SiO_2/EA 复合薄膜红外光谱图

表 5-7　纳米 SiO_2/EA 复合薄膜红外光谱峰归属

波数/cm^{-1}	谱峰归属
1509	双酚 A 骨架伸缩振动峰
1119，1039	Si—O—Si 伸缩振动峰
1609	碳碳双键 C ═ C 伸缩振动峰
1727	酯羰基 C ═ O 伸缩振动峰

5.1.3　纳米 SiO_2/EA 复合薄膜晶型分析

图 5-11 为 EA、不同纳米 SiO_2 加入量（3%、5%、10%、15%、20%，质量分数）掺杂纳米 SiO_2/EA 复合薄膜 XRD 图。由图 5-11 可知，在 $2\theta = 15° \sim 30°$内 EA、纳米 SiO_2/EA 复合薄膜均出现明显馒头状重叠衍射峰，说明 EA、纳米 SiO_2/EA 复合薄膜均呈非晶态结构。纳米 SiO_2 不存在结晶峰的原因是表面经过偶联剂有机化处理，呈无定形分布，EA 以无定形峰为主，纳米 SiO_2/EA 复合薄膜亦表现为无定形结构，表明纳米 SiO_2 呈无定形分布在 EA 基体中。当纳米 SiO_2 加入量接近 20%时，纳米 SiO_2/EA 复合薄膜衍射峰趋于尖锐，体系趋于结晶态。为保持体系非晶态结构良好，选取纳米 SiO_2 加入量为 10%合适。

5.1.4　纳米 SiO_2/EA 复合薄膜断口形貌

图 5-12 为不同纳米 SiO_2 加入量的纳米 SiO_2/EA 复合薄膜断口 SEM 图。在 EA 分子结构中含有刚性苯环，树脂成膜后脆性较大。由图 5-12 可知，纳米 SiO_2 分散于 EA 中，随纳米 SiO_2 加入量增加，白色颗粒分布变得密集。当纳米 SiO_2 加入量为 3%时，

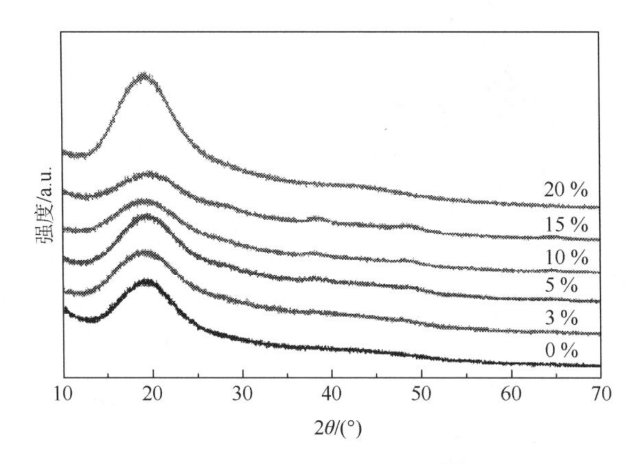

图 5-11　EA 和纳米 SiO_2/EA 复合薄膜 XRD 图

纳米 SiO_2 零散分布于 EA 基体中；当纳米 SiO_2 加入量为 5%时，粒子分布趋于致密；当纳米 SiO_2 加入量为 10%时，粒子分布均匀；当纳米 SiO_2 加入量达到 15%时，纳米 SiO_2 在 EA 基体中出现团聚堆积；当纳米 SiO_2 加入量为 20%时，纳米 SiO_2 团聚堆积严重。原因是纳米 SiO_2 比表面积大，当加入量较大时，树脂黏度增大，阻碍纳米 SiO_2 分散，结合 XRD 分析结果，纳米 SiO_2 加入量为 10%合适。同时，由图 5-12 可知，纳米 SiO_2/EA 复合薄膜断裂面呈层状或鳞片状，表面粗糙，属柔韧性树脂重要断面形貌特征，纳米 SiO_2 可以显著改善薄膜韧性。由图 5-12（a）～（c）可知，在纳米 SiO_2 加入量为 3%时，薄膜断裂截面凹凸不平，出现韧性断裂特征；当纳米 SiO_2 加入量增加时，韧性断裂特征更明显。原因是当材料受到冲击时，EA 基体中纳米 SiO_2 与聚合物基体之间产生微裂纹，同时两两纳米 SiO_2 间的基体产生屈服和塑性变形，吸收冲击能，可达到增韧目的（李文军等，2010）。但是当 SiO_2 加入量增加到 15%以上时，韧性断裂特征消失，甚至出现断层现象。原因是纳米 SiO_2 加入量增加使其在聚合物基体中发生团聚，导致相容性差，当材料受到冲击时，纳米粒子起到应力集中点作用，使微裂纹发展为宏观开裂，导致材料韧性和强度降低。

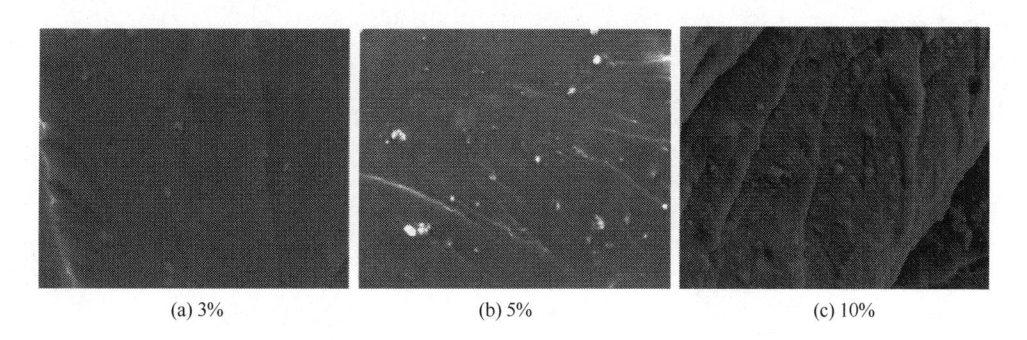

(a) 3%　　(b) 5%　　(c) 10%

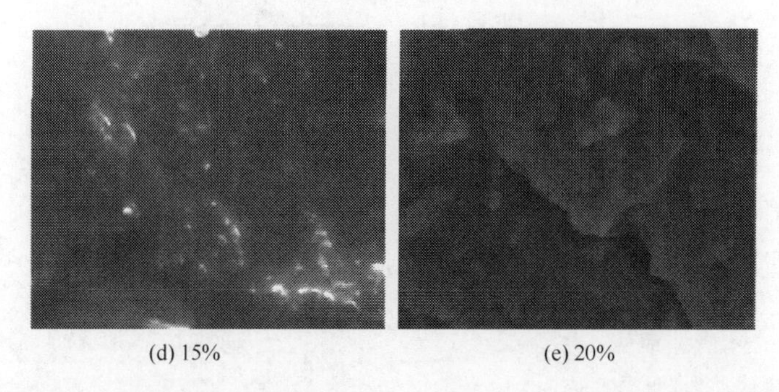

(d) 15%　　(e) 20%

图 5-12　不同纳米 SiO_2 加入量的纳米 SiO_2/EA 复合薄膜断口 SEM 图

5.1.5　纳米 SiO_2/EA 复合薄膜热稳定性分析

1. 纳米 SiO_2/EA 复合薄膜热稳定性分析

聚合物在加热过程中会发生热分解，质量往往会随着温度升高而变化，因此用 TG 曲线来评价聚合物热稳定性是合适的。图 5-13 为不同纳米 SiO_2 加入量的纳米 SiO_2/EA 复合薄膜的 TG 曲线图，表 5-8 为不同纳米 SiO_2 加入量的纳米 SiO_2/EA 复合薄膜的热分解温度。从纳米 SiO_2 加入量为 0%的 TG 曲线可以看出，在 300℃前有一段较小的失重，这主要是由 EA 中存在的溶剂挥发或者未反应的单体造成的；当温度升高到 380℃左右时，突然迅速失重，这是由 EA 的主链断裂造成的。EA 热分解温度约为 380℃。从纳米 SiO_2 加入量分别为 3%、5%、10%、15%、20%的 TG 曲线可以看出，在 300℃前每条曲线都有一段微小失重，并且失重随纳米

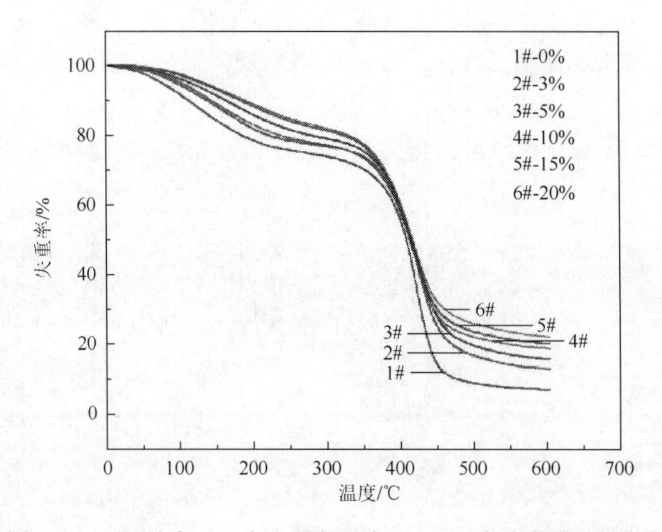

图 5-13　不同纳米 SiO_2 加入量的纳米 SiO_2/EA 复合薄膜 TG 曲线

SiO_2 加入量增大而减小，这主要是由有机硅改性 EA 中存在溶剂挥发或者未反应单体造成的；当温度升高到 390℃左右时，突然迅速失重，这是由纳米 SiO_2/EA 复合薄膜主链断裂造成的，纳米 SiO_2/EA 复合薄膜热分解温度约为 390℃。与改性前比较，热分解温度提高 10℃。虽然没有明显提高，但还是可以说明纳米 SiO_2 的加入对提高 EA 热稳定性是有帮助的（冼秀月，2014）。

表 5-8　不同纳米 SiO_2 加入量的纳米 SiO_2/EA 复合薄膜的热分解温度（单位：℃）

配方	初始分解温度	失重 50%的温度
EA + 0%SiO_2	379.1	410.5
EA + 3%SiO_2	390.9	421.5
EA + 5%SiO_2	393.7	422.2
EA + 10%SiO_2	388.4	420.1
EA + 15%SiO_2	386.8	422.3
EA + 20%SiO_2	385.9	424.2

从图 5-13 和表 5-8 还可以看出，在余重为 50%的条件下，加入纳米 SiO_2 的 EA 所对应温度都比纯 EA 高，这也说明纳米 SiO_2 的加入可以提高 EA 的热稳定性。分析原因是纳米 SiO_2 加入后生成 Si—O 键，Si—O 键强度很高，聚合物在高温长时间加热时，Si—O 键没有被破坏，使体系热稳定性提高。同时，从表 5-8 还可以看出，纳米 SiO_2 加入量为 0%～5%时，EA 热分解温度随加入量增加而升高；在纳米 SiO_2 加入量为 5%后再继续增加，EA 热分解温度反而降低。纳米 SiO_2 加入量为 5%时，掺杂后 EA 热分解温度最高。

2. 纳米 SiO_2/EA 复合薄膜线膨胀系数分析

材料膨胀主要是指基体树脂膨胀、填料膨胀、填料与基体树脂形成界面膨胀。因为无机材料线膨胀系数很低，所以降低光纤涂层线膨胀系数有利于高温下光纤涂层与 SiO_2 光纤包层界面结合。图 5-14 和表 5-9 显示出随着纳米 SiO_2 加入量增加，体系线膨胀系数明显降低，纳米 SiO_2 线膨胀系数比有机物 EA 线膨胀系数要低得多，大约为 0.5×10^{-6}℃$^{-1}$。加入纳米 SiO_2 之后，纳米 SiO_2/EA 复合薄膜与纯 EA 相比线膨胀系数从 1.5×10^{-4}℃$^{-1}$ 最大可降低 1 个数量级。原因是高温下，EA 呈高弹态，分子链段可以自由运动，线膨胀系数会增大，加入纳米粒子之后，纳米 SiO_2 与树脂交联在一起，纳米粒子线膨胀系数小，在受热膨胀时，纳米粒子会对树脂膨胀产生束缚，且纳米粒子与树脂间界面对树脂基体膨胀产生束缚，所以加入纳米粒子导致 EA 线膨胀系数降低。

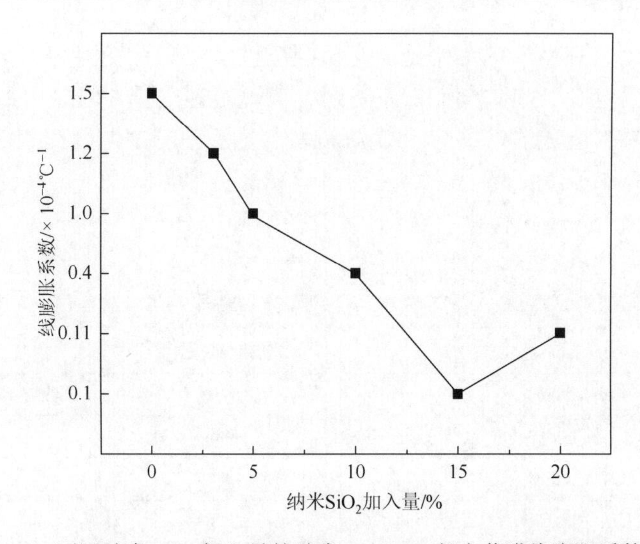

图 5-14　不同纳米 SiO_2 加入量的纳米 SiO_2/EA 复合薄膜线膨胀系数曲线

表 5-9　不同纳米 SiO_2 加入量的纳米 SiO_2/EA 复合薄膜线膨胀系数

配方	温度/℃	线膨胀系数/×10^{-4}℃$^{-1}$
EA + 0%SiO_2	200	1.5
EA + 3%SiO_2	200	1.2
EA + 5%SiO_2	200	1.0
EA + 10%SiO_2	200	0.4
EA + 15%SiO_2	200	0.1
EA + 20%SiO_2	200	0.11

通过上述对制备 EA、改性纳米 SiO_2、光引发剂用量、不同纳米 SiO_2 加入量及固化时间对 EA 热稳定性影响分析，归纳可知：EA 较丙烯酸酯增加碳碳双键 C ═ C 伸缩振动峰和酯羰基 C ═ O 伸缩振动峰，由此可知制备产物为 EA；纳米 SiO_2/EA 复合薄膜中增加 Si—O—Si 伸缩振动峰，表明纳米 SiO_2 已进入 EA 中；纳米 SiO_2/EA 复合薄膜为非晶态结构，结合 SEM 图情况，纳米 SiO_2 加入量为 10%时，纳米 SiO_2 均匀分散在 EA 中，纳米 SiO_2 加入量为 10%合适，纳米 SiO_2 改性用偶联剂为硅烷偶联剂 KH-560，改性时间为 4h 合适；光引发剂用量为 5%时，固化时间为 9s 合适；掺入纳米 SiO_2 能够有效提高 EA 热稳定性，纳米 SiO_2 加入量为 0%～5%时，EA 热分解温度随加入量增加而升高，纳米 SiO_2 加入量大于 5%时，EA 热分解温度反而降低。纳米 SiO_2 加入量为 5%时，EA 热分解温度最高；EA 线膨胀系数在纳米 SiO_2 加入量为 15%时达到最低值，为 1×10^{-5}℃$^{-1}$，较纯 EA 降低 1 个数量级，在一定程度上改善了涂层与裸光纤间热失配问题。

5.2　云母粉/EA 复合涂层设计、制备、调控与热稳定性改性

5.2.1　云母粉/EA 复合涂层实验调控方案与工艺设计

EA 是 SiO_2 光纤涂层广泛使用的材料，云母粉作为无机填料具有高热稳定性和低的线膨胀系数。本书以实验室自制 EA 为基体材料、以云母粉作为改性 EA 无机填料，研究掺杂不同云母粉加入量［0%、2%、5%、10%、20%、30%（质量分数）］、光引发剂用量和种类、固化时间等因素对云母粉/EA 复合涂层热稳定性的影响（冯权，2014）。

1. EA 制备

采用与 5.1 节相同的方法制备实验用 EA。按原料环氧树脂：丙烯酸：1, 4-二氧六环：对苯二酚/1, 4-二氧六环：三乙胺为 5：2：1：0. 6：0.1（质量比）制备 EA，为橘黄色黏稠液体。

2. 云母粉表面处理

在制备云母粉/EA 复合涂层之前需要对云母粉进行表面处理（邵亚薇等，2007），采用 5%的稀盐酸煮沸 0.5h，洗涤、抽滤，再将滤饼用蒸馏水、乙醇洗涤至呈中性，烘干待用。云母微晶上沾有大量杂质，采用盐酸洗涤，可消除云母表面有机物、黏土胶粒等杂质，并浸出部分重金属离子，从而活化表面，更有利于云母粉与 EA 官能团结合。工艺流程如图 5-15 所示。

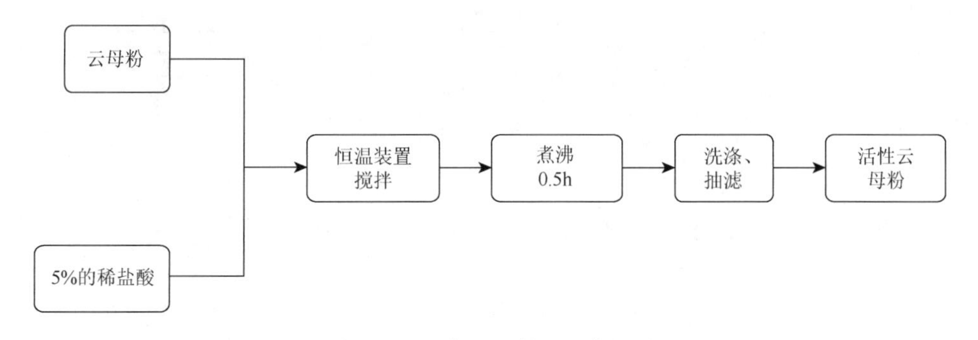

图 5-15　活化云母粉工艺流程图

3. 云母粉/EA 复合涂层实验调控方案

以最佳条件下制备 EA 为基础树脂，建立五水平、四因素实验调控方案，

如表 5-10 所示。为探究光引发剂影响，选择两种光引发剂：二苯甲酮和 2-羟基-2,2-甲基-1-苯基丙酮（UV1173）。

表 5-10 云母粉/EA 复合涂层五水平、四因素实验调控方案

样品编号	EA 质量/g	云母粉加入量/%	光引发剂加入量/%		固化时间/s
			二苯甲酮	UV1173	
1	5.0	0	0	1	10
2	5.0	0	0	3	10
3	5.0	0	0	5	10
4	5.0	0	0	7	10
5	5.0	0	0	9	10
6	5.0	0	1	0	10
7	5.0	0	3	0	10
8	5.0	0	5	0	10
9	5.0	0	7	0	10
10	5.0	0	9	0	10
11	5.0	10	A_1	A_2	7
12	5.0	10	A_1	A_2	9
13	5.0	10	A_1	A_2	11
14	5.0	10	A_1	A_2	13
15	5.0	10	A_1	A_2	15
16	5.0	2	A_1	A_2	B
17	5.0	5	A_1	A_2	B
18	5.0	10	A_1	A_2	B
19	5.0	20	A_1	A_2	B
20	5.0	30	A_1	A_2	B
21	5.0	C	A_x	A_x	B

注：A_1、A_2、A_x、B、C 为最佳用量

4. 云母粉/EA 复合涂层制备工艺设计

量取一定量的 EA 和不同量的活性云母粉（分别称取 2%、5%、10%、20%、30%的云母粉）并分成五组，每组加入 5%的光引发剂，经超声搅拌 20min 后放在 1000W 紫外灯下固化成膜。工艺流程如图 5-16 所示。

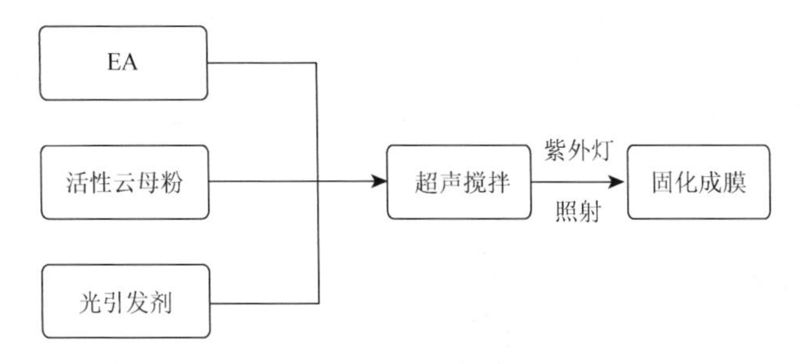

图 5-16　云母粉/EA 复合涂层工艺流程图

5.2.2　云母粉/EA 复合涂层本征性能分析

1. 制备 EA 红外光谱分析

将制备 EA 涂层样品液均匀地涂在 KRS25 盐片上，按规定时间辐照，用红外光谱仪测定辐照前后碳碳双键在 $1634cm^{-1}$ 处透过率变化。以 2800～$2900cm^{-1}$ 附近碳氢键伸缩振动峰作内标，计算光固化过程中双键转化率。图 5-17 为环氧树脂 E-51 红外光谱，图 5-18 为制备 EA 红外光谱（冯权，2014）。

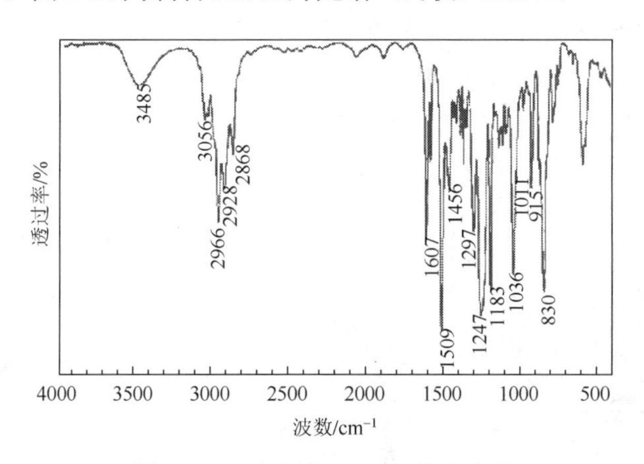

图 5-17　环氧树脂 E-51 红外光谱图

由图 5-17 可知，波数为 $915cm^{-1}$ 处存在环氧基 C—O 伸缩振动峰；波数为 $830cm^{-1}$、$1509cm^{-1}$ 处有双酚 A 骨架伸缩振动峰。与图 5-17 相比，图 5-18 中波数为 $3440cm^{-1}$ 处羟基反对称伸缩振动峰明显加强，是由于环氧基开环酯化反应后生成羟基。这种侧链羟基既能够在界面形成氢键又能够同涂层中其他基团相互作用，从而有利于涂层对光纤包层附着。同时，图 5-18 中波数为 $1727cm^{-1}$ 处出现酯羰基 C＝O 伸缩振动峰。开环酯化反应后丙烯酸中碳碳双键 C＝C 被接入环氧树脂骨架中，故波数为 $1609cm^{-1}$ 处出现碳碳双键 C＝C 伸缩振动峰，且图 5-17 中波数为 915cm^{-1} 处环氧基 C—O 伸缩振动峰消失。综上可以确定，环氧基与丙烯酸酯化反应进行得比较完全，光敏性碳碳双键 C ═ C 被引入树脂结构中。由此可知，制备的 EA 确为实验所需 EA。

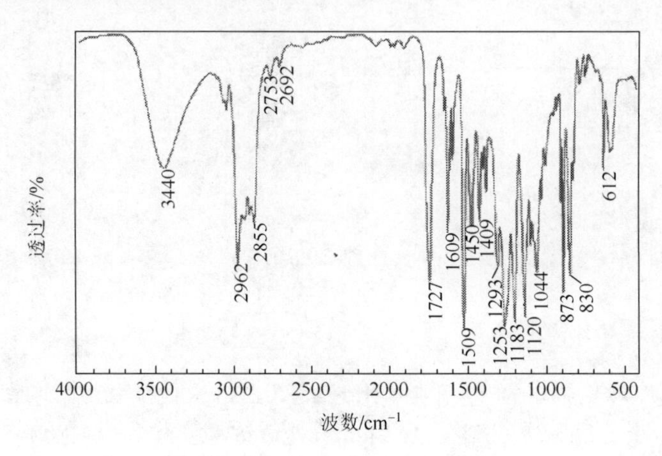

图 5-18 制备 EA 红外光谱图

2. 云母粉/EA 复合涂层断口形貌分析

图 5-19 是不同云母粉加入量时云母粉/EA 复合涂层断口形貌。由图 5-19 可见，加入量为 2%时，涂层表面只有少量小尺寸云母粒子，加入量较少时涂层黏度较低，大尺寸云母粒子更易被包裹在涂层内部；加入量为 10%时，云母粒子分散较均匀并且粒子片层基本平行于涂层表面，此时云母能够发挥对涂层的补强作用；加入量为 30%时，虽然云母粒子分散均匀性尚可，但一些云母粒子垂直镶嵌在薄膜中，大量无规则交错分布的云母粒子使薄膜表面变得粗糙、内部缺陷增多，故云母粉加入量不宜大于 30%。

对于液态紫外固化体系，涂层以极快速度固化成膜，会产生较大体积收缩，使涂层内部产生一定内应力，这也是紫外固化涂层应用于光纤时不易获得良好附着力的原因之一（任长富，2010）。当云母粒子均匀分散于薄膜中且呈规律排列时，能够在一定程度上限制涂层固化时的体积收缩、分散涂层内部应力，从而提高涂层与基体间附着力。另外，EA 分子中含有芳环等刚性结构，使得 EA 固化体系存在较大脆性，这对涂层获得高附着力是不利的。云母粒子本身有着较好的弹性，并且受外力作用时在片层之间会产生滑移，添加适量云母粉能够提高涂层的柔韧性及附着力。当云母粉加入量增大到一定程度时，粒子间重叠、团聚现象严重，云母粒子在有机相中相对均匀有序的分布状态被破坏，导致涂层自身强度及附着力下降，故加入量为 10%～20%合适。

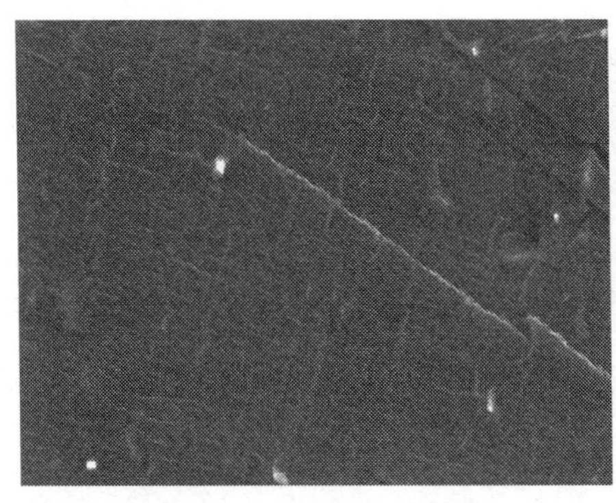

(a) 加入量为2%的云母粉

(b) 加入量为5%的云母粉

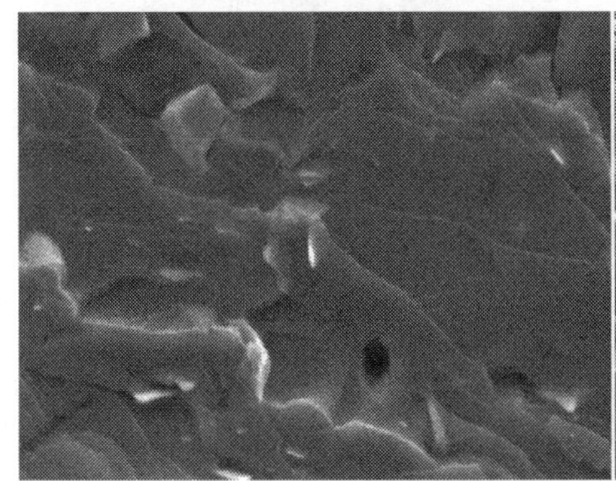

(c) 加入量为10%的云母粉

(d) 加入量为20%的云母粉

(e) 加入量为30%的云母粉

图 5-19　不同云母粉加入量的云母粉/EA 复合涂层断口 SEM 图

3. 云母粉加入量对云母粉/EA 复合涂层晶型影响

对不同云母粉加入量的云母粉/EA 复合涂层进行 XRD 测试，如图 5-20 所示。由图 5-20 可知，未添加云母粉时，仅在 $2\theta = 18°$ 有一个馒头状重叠宽衍射峰，说明制备 EA 为非晶态结构。添加云母粉后，XRD 图中出现尖锐衍射峰，并且随着云母粉加入量增加，衍射峰逐渐增多、强度增大。云母粉的成分主要为 SiO_2 和 Al_2O_3，均为晶体结构。因此，由 XRD 图可以看出，云母粉已成功添加到 EA 中；加入量为 10%～20%时，云母粉/EA 复合涂层的主要结构仍为非晶结构，满足实验要求；结合 SEM 分析，云母粉加入量为 10%～20%合适。

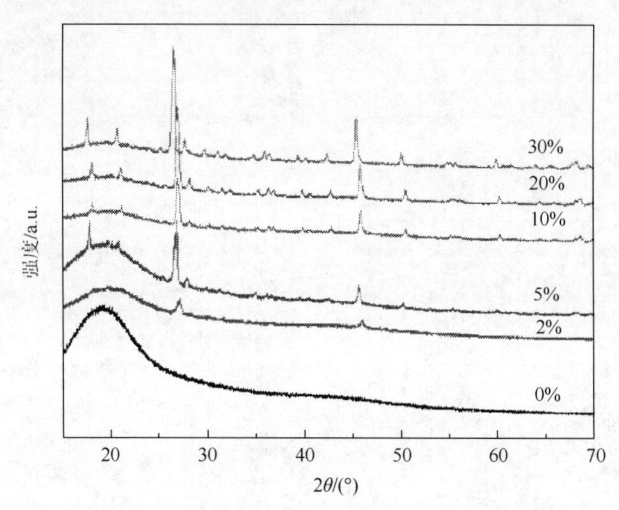

图 5-20 不同云母粉加入量的云母粉/EA 复合涂层 XRD 图

5.2.3 云母粉/EA 复合涂层热稳定性分析

1. 光引发剂种类与用量对云母粉/EA 复合涂层固化效果影响

本次实验选择两种光引发剂：二苯甲酮和 UV1173。为探究两种光引发剂对实验结果的影响，设置对照实验，同时探究适合光引发剂用量，实验结果如表 5-11 所示。

表 5-11 两种光引发剂样品用量与固化效果

光引发剂种类	用量				
	1%	3%	5%	7%	9%
UV1173	未固化	固化	固化	固化	固化
二苯甲酮	未固化	未固化	未固化	未固化	固化

本次实验的固化时间均为 10s。从表 5-11 中可以看出，光引发剂 UV1173 的固化效果比二苯甲酮的固化效果好得多，且 UV1173 只需要 5%左右就可以完全固化 EA，所以选择使用的光引发剂为 UV1173，用量为 5%合适。

2. 固化时间对云母粉/EA 复合涂层固化效果影响

在确定光引发剂及最适合用量后，探究固化时间对紫外固化云母粉/EA 复合涂层的影响，实验结果如表 5-12 所示。

表 5-12　固化时间对云母粉/EA 复合涂层固化效果影响

固化时间/s	固化状态
7	未固化
9	固化
11	固化
13	固化
15	固化

由表 5-12 可知，光引发剂 UV1173 的固化时间≥9s 可以使 EA 固化，固化样品表面光滑，EA 黏稠液体变成固体。为保证固化效果优良、固化完全，选择固化时间 11s 合适。

3. 云母粉加入量对云母粉/EA 复合涂层热稳定性影响

对不同云母粉加入量的云母粉/EA 复合涂层进行 TG 测试，TG 曲线如图 5-21 所示，热分解温度数据如表 5-13 所示。从图 5-21 中可以看出，整个加热过程，复合涂层有两次失重。

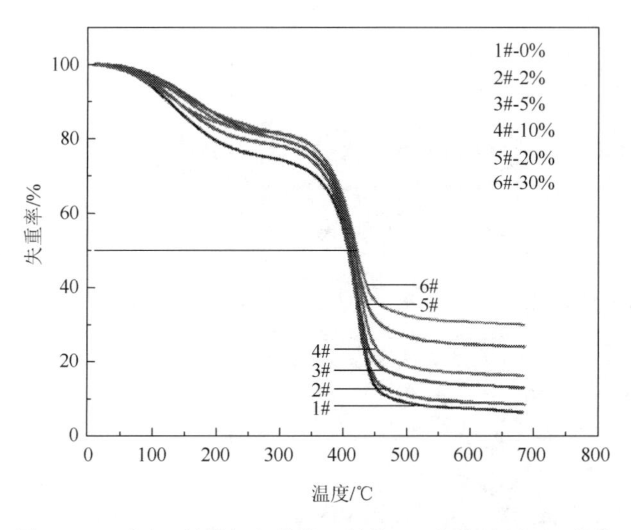

图 5-21　不同云母粉加入量的云母粉/EA 复合涂层 TG 曲线

表 5-13　不同云母粉加入量的云母粉/EA 复合涂层热分解温度（单位：℃）

样品编号	组分	T_d	T_d^5	T_d^{10}	T_d^{50}
0	+EA 0%云母粉	107.06	127.59	161.30	434.34
16	+EA 2%云母粉	112.20	136.61	174.03	435.58
17	+EA 5%云母粉	117.33	157.91	202.57	437.50
18	+EA 10%云母粉	121.87	168.13	219.96	441.67
19	+EA 20%云母粉	134.25	174.00	226.25	443.65
20	+EA 30%云母粉	124.12	170.11	222.95	437.71

注：T_d代表热分解温度，T_d^5、T_d^{10}、T_d^{50}分别表示涂层失重率为 5%、10%、50%所对应的温度

从图 5-21 和表 5-13 中可知，在 40～200℃内，10%和 30%云母粉加入量样品的失重率高于 2%云母粉加入量样品及未加入云母粉样品。原因是云母粉加入量较高导致涂料光固化过程双键转化率降低，未交联组分挥发或分解造成失重率高。未加入云母粉样品的失重率为 5%、10%、50%时对应样品热分解温度分别为 127.59℃、161.30℃、434.34℃；2%云母粉加入量样品则分别为 136.61℃、174.03℃、435.58℃；10%云母粉加入量样品分别为 168.13℃、219.96℃、441.67℃； 30%云母粉加入量样品分别为 170.11℃、222.95℃、437.71℃。结果表明，涂层热稳定性随云母粉加入量增加而提高，但 30%云母粉加入量样品的热稳定性没有 20%云母粉加入量样品高。结合 XRD 和 SEM 分析，并综合考虑各因素，云母粉加入量为 20%合适。

云母具有优良的热稳定性。这是云母粉/EA 复合涂层热稳定性提高的原因之一。云母粒子加入有机相基体中，一方面对有机链段产生空间位阻，另一方面与有机链段之间产生一定相互作用，这些都限制材料受热时有机链段运动，从而提高云母粉/EA 复合涂层的热稳定性。聚合物体系中无机粒子能够对热传导起到阻滞作用并对热分解产物向外扩散起到较大的吸附和阻碍作用，使涂层热稳定性提高，但云母粉加入量较大时热稳定性会略有下降。

4. 云母粉加入量对云母粉/EA 复合涂层线膨胀系数影响

图 5-22 和表 5-14 为不同云母粉加入量的云母粉/EA 复合涂层线膨胀系数曲线与数据。由图 5-22 可知，随着云母粉加入量增加，云母粉/EA 复合涂层线膨胀系数明显降低。云母粉线膨胀系数较有机物 EA 线膨胀系数低得多，约为 $0.5\times10^{-6}℃^{-1}$。加入云母粉之后，云母粉/EA 复合涂层与 EA 相比线膨胀系数从 $1.5\times10^{-4}℃^{-1}$ 最大可降低一半左右，云母粉加入量为 20%时，线膨胀系数降至 $0.06\times10^{-4}℃^{-1}$。原因是在高温下树脂呈高弹态，分子链段可以自由运动，所以线膨胀系数大，加入云母粉后，云母粒子与树脂交联在一起，云母粒子线膨胀系数小，在受热膨胀时，

粒子会对树脂膨胀产生束缚，而且粒子与树脂界面的形成对树脂膨胀产生束缚。因此加入云母粒子可有效降低 EA 线膨胀系数、减小光纤与涂层间的热失配，从而降低光纤微弯衰减、提高光纤通信质量。

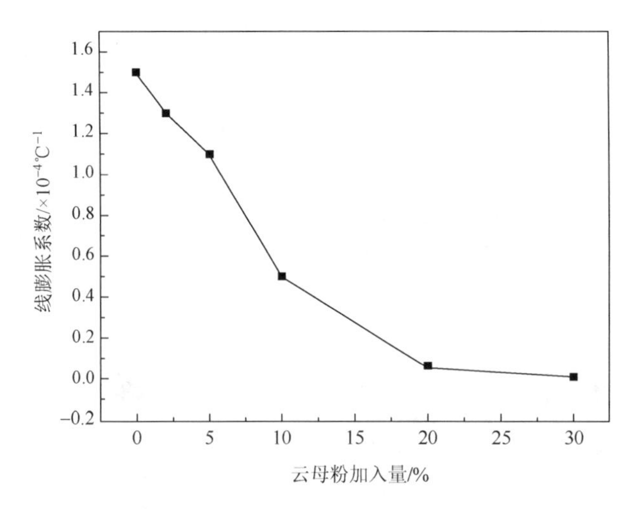

图 5-22　不同云母粉加入量的云母粉/EA 复合涂层线膨胀系数曲线

表 5-14　不同云母粉加入量的云母粉/EA 复合涂层线膨胀系数

配方	温度/℃	线膨胀系数/$\times10^{-4}$℃$^{-1}$
EA + 0%云母粉	200	1.5
EA + 2%云母粉	200	1.3
EA + 5%云母粉	200	1.1
EA + 10%云母粉	200	0.5
EA + 20%云母粉	200	0.06
EA + 30%云母粉	200	0.01

经上述研究归纳总结，可知添加云母粉可有效提高 EA 热稳定性，云母粉加入量为 20%的云母粉/EA 复合涂层的综合性能较好。XRD 分析表明，制备 EA 为非晶态，添加云母粉后，XRD 图中出现尖锐衍射峰，并且随着云母粉加入量增加，衍射峰逐渐增多、强度增大。SEM 分析表明，云母粉加入量达到 30%时，一些云母粒子垂直镶嵌在涂层中。大量无规则交错分布的云母粒子使薄膜表面变得粗糙、内部缺陷增多，故云母粉加入量不宜大于 30%。通过 TG 分析和线膨胀系数测试可知，云母粉加入量为 20%的云母粉/EA 复合涂层的热分解温度最高。随着云母粉加入量增加，EA 线膨胀系数减少到 6×10^{-6}℃$^{-1}$，接近 SiO_2 光纤线膨胀系数（5×10^{-7}℃$^{-1}$），将 EA 线膨胀系数（1.5×10^{-4}℃$^{-1}$）降低

2 个数量级，很好地改善了光纤与涂层间的热失配问题。与纳米 SiO_2 改性 EA 的线膨胀系数相比，云母粉改性效果更佳。

5.3　纳米 SiO_2/PI 复合涂层设计、制备、调控与热稳定性改性

PI 有着优异的耐高温、耐腐蚀、耐磨、耐辐射、耐氧化稳定性，以及低吸湿率等特点。同时，PI 具有电子极化和结晶性，PI 分子链容易密堆积，其线膨胀系数为 10^{-7}～10^{-6}℃$^{-1}$ 数量级，与 SiO_2 光纤的线膨胀系数相近。如果采用无机填料对 PI 进行热性能改性，可以得到与 SiO_2 光纤匹配的线膨胀系数，满足 SiO_2 光纤涂层要求。本实验致力于研究纳米 SiO_2 改性 PI，以期获得热稳定性优异的纳米 SiO_2/PI 复合涂层。

5.3.1　纳米 SiO_2/PI 复合涂层实验调控方案与工艺设计

1. PI 制备工艺设计

以均苯四甲酸二酐和二氨基二苯醚为反应物，DMAc 作为反应溶剂，利用两步法反应生成预聚体 PAA，通过一定温度梯度烧结并获得亚胺化 PI，制备工艺如图 5-23 所示，参阅第 4 章相关内容。

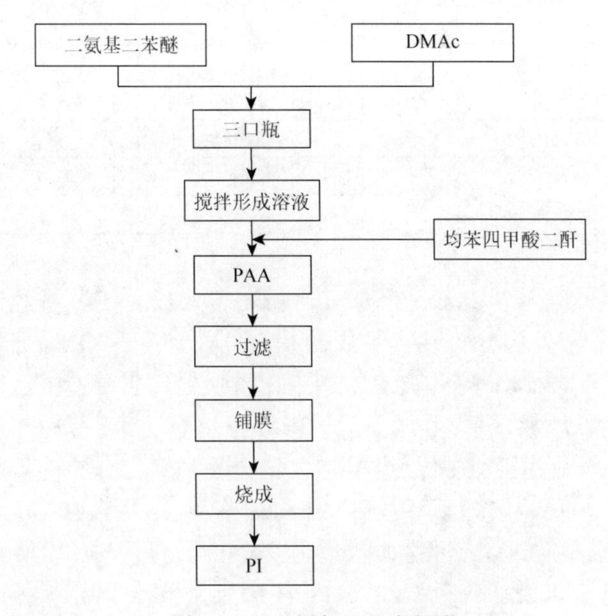

图 5-23　PI 制备工艺流程图

2. 纳米 SiO_2 改性实验调控方案

选择粒径为 15nm 的纳米 SiO_2，采用铝酸酯偶联剂进行改性处理，溶剂为无水乙醇，通过控制变量法控制偶联剂加入量，对纳米 SiO_2 进行改性，反应条件为恒温水浴，最后经过醇洗、干燥得到改性纳米 SiO_2。利用傅里叶变换红外光谱仪表征纳米 SiO_2 改性效果，通过判别改性后纳米 SiO_2 样品中红外吸收峰所含官能团，确定纳米 SiO_2 改性用铝酸酯偶联剂最好的添加方案，如表 5-15 所示，工艺流程如图 5-24 所示（张雨，2016）。

表 5-15 纳米 SiO_2 改性五水平、一因素实验调控方案

实验编号	纳米 SiO_2 质量/g	偶联剂质量/g	无水乙醇质量/g	反应温度/℃	反应时间/min
1	2.0	0.04	10.0	80	60
2	2.0	0.08	10.0	80	60
3	2.0	0.10	10.0	80	60
4	2.0	0.20	10.0	80	60
5	2.0	0.24	10.0	80	60

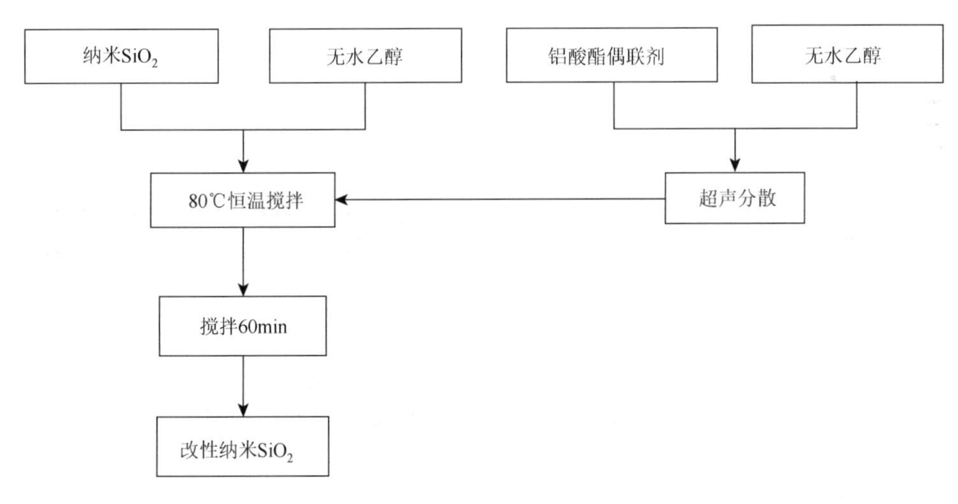

图 5-24 铝酸酯偶联剂改性纳米 SiO_2 工艺流程图

3. 纳米 SiO_2/PI 复合涂层实验调控方案

以最佳条件下制备 PI 为基础树脂，纳米 SiO_2 作为改性剂，建立五水平、三

因素实验调控方案，如表 5-16 所示。

表 5-16　纳米 SiO_2/PI 复合涂层五水平、三因素实验调控方案

样品编号	PI 质量/g	纳米 SiO_2 加入量（质量分数）/%	DMAc/mL	反应温度/℃	成膜用时/s
1	3.14	2	20	20	C_1
2	3.14	5	20	20	C_1
3	3.14	10	20	20	C_1
4	3.14	15	20	20	C_1
5	3.14	20	20	20	C_1
6	3.14	A	2	20	C_1
7	3.14	A	5	20	C_1
8	3.14	A	8	20	C_1
9	3.14	A	11	20	C_1
10	3.14	A	14	20	C_1
11	3.14	A	B	20	a
12	3.14	A	B	20	b
13	3.14	A	B	20	c
14	3.14	A	B	20	d
15	3.14	A	B	20	e
16	3.14	A	B	20	C

注：A、B、C_1、C、a、b、c、d、e 为最佳加入量或最佳时间

4. 纳米 SiO_2/PI 复合涂层制备工艺设计

纳米 SiO_2/PI 复合涂层制备工艺如图 5-25 所示。取一定量 DMAc、改性纳米 SiO_2 加入三口瓶，超声分散 30min，然后称取适量二氨基二苯醚加入三口瓶，搅拌形成溶液，称取适量均苯四甲酸二酐，每间隔 5～10min 加入剩余均苯四甲酸二酐一半，加入 4～5 次后待反应物黏度适宜结束反应，经过 800 目滤布过滤得到预聚体，然后均匀涂覆在载玻片上，最后将涂覆有纳米 SiO_2/PI 的载玻片放在紫外灯下（1000W）以特定温度梯度进行固化，得到纳米 SiO_2/PI 复合涂层。其制备工艺流程如图 5-25 所示。

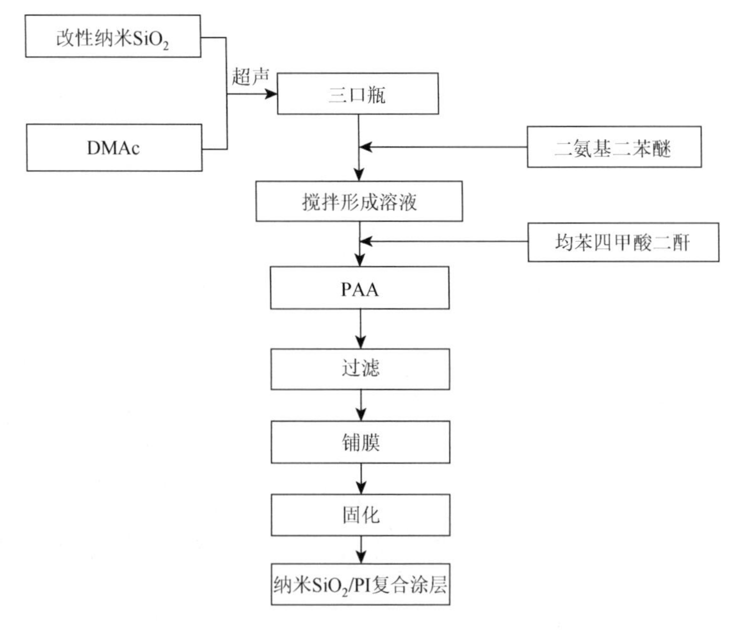

图 5-25　纳米 SiO_2/PI 复合涂层工艺流程图

5.3.2　纳米 SiO_2/PI 复合涂层本征性能分析

1. 铝酸酯偶联剂用量对纳米 SiO_2 改性效果分析

图 5-26 为不同铝酸酯偶联剂加入量（0%、2%、5%、10%）时改性纳米 SiO_2 红外光谱图，表 5-17 为红外光谱峰归属（张雨，2016）。

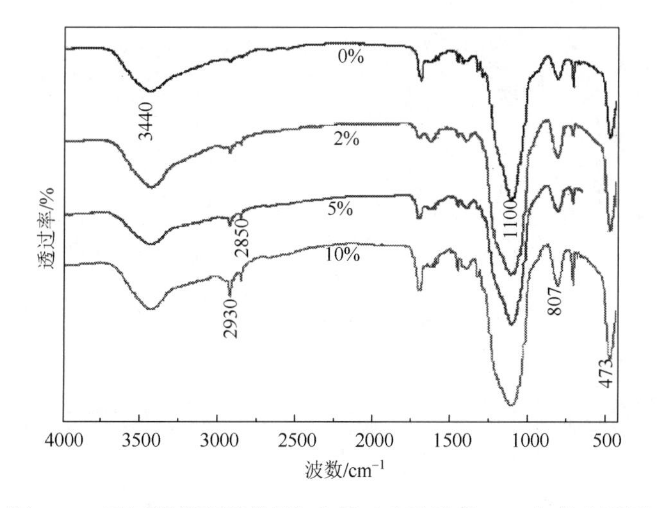

图 5-26　不同铝酸酯偶联剂加入量时改性纳米 SiO_2 红外光谱图

表 5-17　不同铝酸酯偶联剂加入量时改性纳米 SiO_2 红外光谱峰归属

波数/cm^{-1}	谱峰归属
473	Si—O—Si 弯曲振动峰
807	Si—O—Si 对称伸缩振动峰
1100	Si—O—Si 反对称伸缩振动峰
2850	—CH_3 对称伸缩振动峰
2930	—CH_3 反对称伸缩振动峰
3440	—OH 反对称伸缩振动峰

通过图 5-26 和表 5-17 可发现，波数 473cm^{-1} 处为 Si—O—Si 弯曲振动峰；波数 807cm^{-1} 处则为 Si—O—Si 对称伸缩振动峰；波数 1100cm^{-1} 处为 Si—O—Si 反对称伸缩振动峰；波数 3440cm^{-1} 附近为—OH 反对称伸缩振动峰。

通过铝酸酯偶联剂改性纳米 SiO_2 后得到红外光谱发现，铝酸酯偶联剂改性纳米 SiO_2 后，在波数 2930cm^{-1} 区域呈现全新特征峰，相互叠加—CH_3 和—CH_2 反对称伸缩振动峰，产生的原因是铝酸酯偶联剂自身携带—CH_3 和—CH_2，在波数 1380cm^{-1} 附近出现—CH_3 反对称弯曲振动峰和—CH_2 对称弯曲振动峰，在 2850cm^{-1} 处出现—CH_3 对称伸缩振动峰，表明改性后纳米 SiO_2 表面存在一层有机分子层，纳米 SiO_2 与铝酸酯偶联剂结合界面具有较强的亲和力。

2. 纳米 SiO_2/PI 复合涂层红外光谱分析

图 5-27 为不同纳米 SiO_2 加入量时改性纳米 SiO_2/PI 复合涂层红外光谱，表 5-18 为红外谱峰归属。

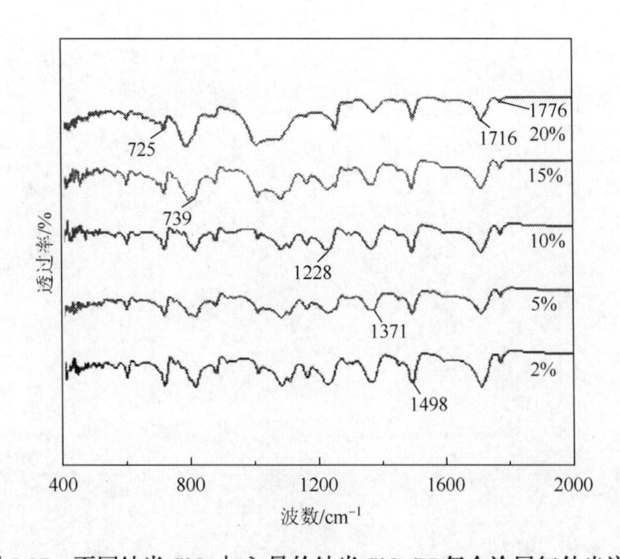

图 5-27　不同纳米 SiO_2 加入量的纳米 SiO_2/PI 复合涂层红外光谱图

由图 5-27 和表 5-18 可知，波数 1776cm^{-1} 处为 PI 中五元亚胺环上 2 个 C═O 对称伸缩振动峰，又称 PI Ⅰ 带；波数 1716cm^{-1} 处为 PI 对应 C═O 不对称伸缩振动峰，又称酰亚胺Ⅱ带；波数 1371cm^{-1} 处为 PI 中 C—N 伸缩振动峰，又称酰亚胺Ⅲ带；波数 725cm^{-1} 处为亚胺环 C═O 变形振动峰，又称酰亚胺Ⅳ带；波数 1498cm^{-1} 处为最强吸收峰，是芳醚中苯环伸缩振动峰；波数 1228cm^{-1} 处为中强吸收峰，为芳醚中 ═C—O—C═ 伸缩振动峰。

表 5-18　纳米 SiO_2/PI 复合涂层红外光谱峰归属

波数/cm^{-1}	谱峰归属
1776	C═O 对称伸缩振动峰
1716	C═O 不对称伸缩振动峰
1371	C—N 伸缩振动峰
725	C═O 变形振动峰
1498	苯环伸缩振动峰
1228	═C—O—C═ 伸缩振动峰

3. 纳米 SiO_2/PI 复合涂层断口形貌分析

图 5-28 分别为不同纳米 SiO_2 加入量（2%、5%、10%、15%、20%）的纳米 SiO_2/PI 复合涂层 SEM 图。由图 5-28（a）可见，PI 表面比较平整，纳米 SiO_2 加入量比较少，能够比较均匀地分散到 PI 基体中，表面无孔洞，纳米 SiO_2 分散在 PI 基体，纳米 SiO_2 与 PI 基体的断口为层状，表明此方法制备纳米 SiO_2/PI 复合涂层有着较均匀的分散性。改性纳米 SiO_2 表面能够接枝聚合物，与 PI 基体表面有较强的界面效应。从图 5-28（b）可看出，PI 分布仍然较为均匀，在 PI 基体上可以清晰发现纳米 SiO_2 分散在 PI 基体中，PI 基体上没有孔洞。通过图 5-28（c）可以发现，

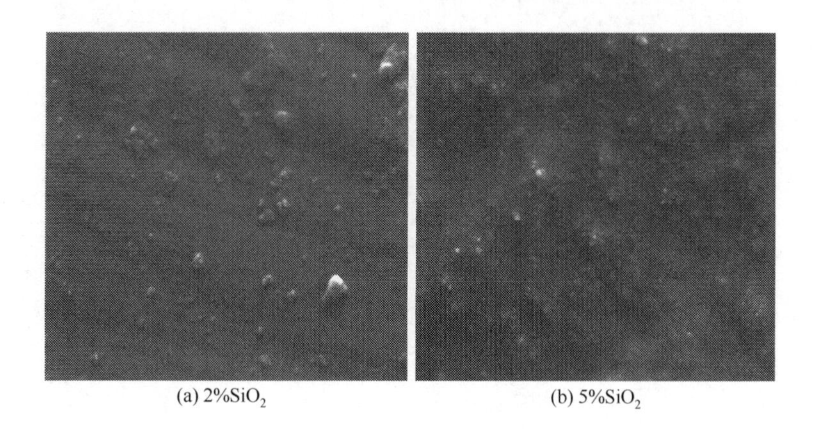

(a) 2%SiO_2　　(b) 5%SiO_2

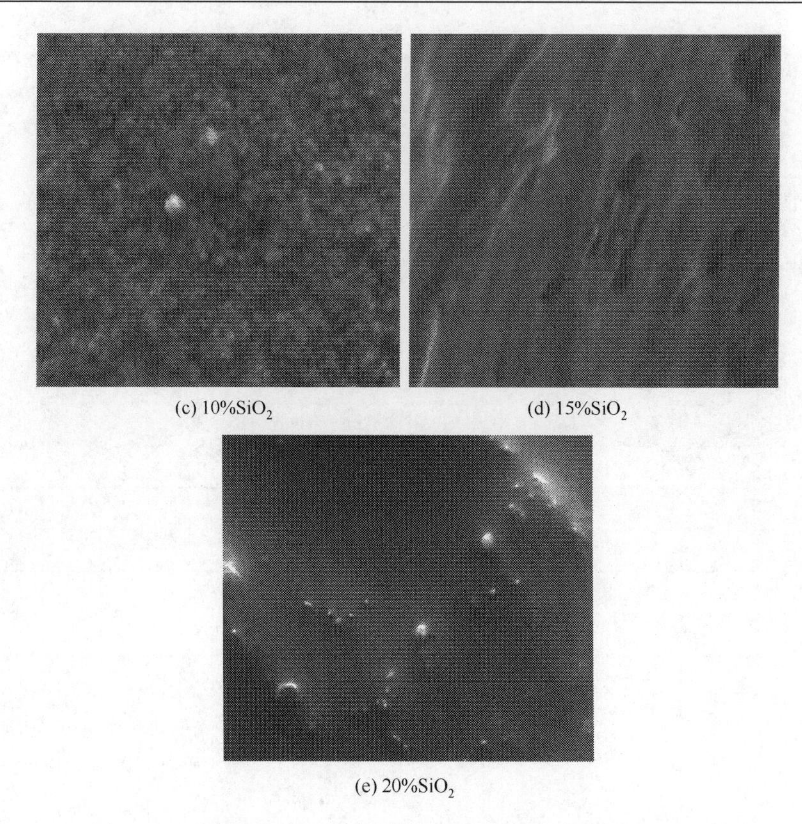

(c) 10%SiO_2　　(d) 15%SiO_2

(e) 20%SiO_2

图 5-28　不同 SiO_2 加入量的纳米 SiO_2/PI 复合涂层断口 SEM 图

随着纳米 SiO_2 加入量增加，PI 基体上开始出现孔洞。图 5-28（d）中，纳米 SiO_2 开始分散不均匀，出现团聚。图 5-28（e）中可以观察到，纳米 SiO_2 出现严重团聚、分散不均匀、结块，PI 基体表面出现凹陷处。

4. 纳米 SiO_2/PI 复合涂层成分分析

图 5-29 为不同纳米 SiO_2 加入量（2%、10%、20%）的纳米 SiO_2/PI 复合涂层 EDS 图。

图 5-29（a）为纳米 SiO_2 加入量 2%的纳米 SiO_2/PI 复合涂层成分分析图。由图 5-29（a）可知，PI 基体上分散着很多白色颗粒物质，经 EDS 图可以发现产物主要由 C、N、O、Si 元素组成，其中 C 元素质量分数为 61.78%，N 元素质量分数为 13.77%，O 元素质量分数为 22.48%，Si 元素质量分数为 1.97%，说明 PI 基体上白色颗粒物质为纳米 SiO_2。本实验所用原料包括纳米 SiO_2、二氨基二苯醚（$C_{12}H_{12}N_2O$）、均苯四甲酸二酐（$C_{10}H_2O_6$）、DMAc（C_4H_9NO），EDS 测试所得各物质质量分数与实验设计方案及各物质分子式相符。

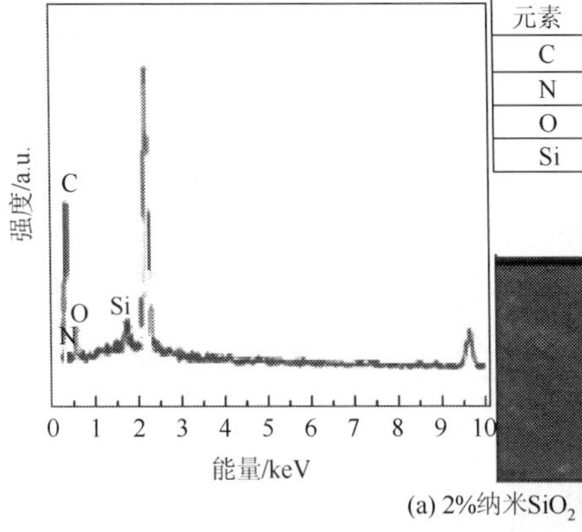

元素	质量分数/%	原子分数/%
C	61.78	67.66
N	13.77	12.93
O	22.48	18.48
Si	1.97	0.93

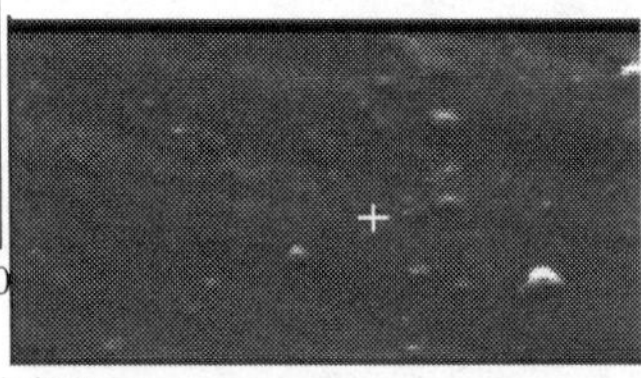

(a) 2%纳米SiO_2

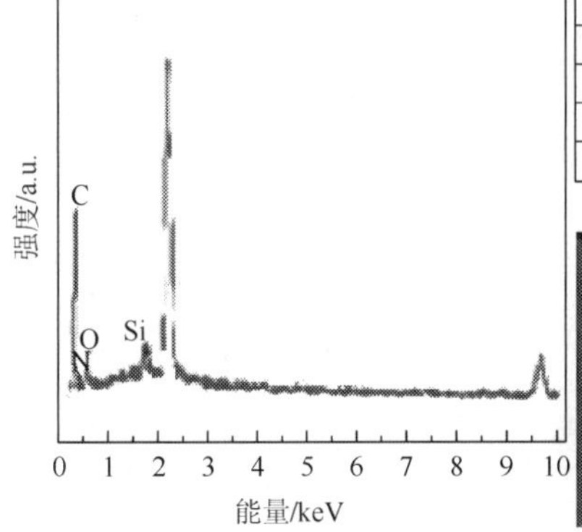

元素	质量分数/%	原子分数/%
C	63.09	69.15
N	10.29	09.67
O	24.57	20.22
Si	2.05	0.96

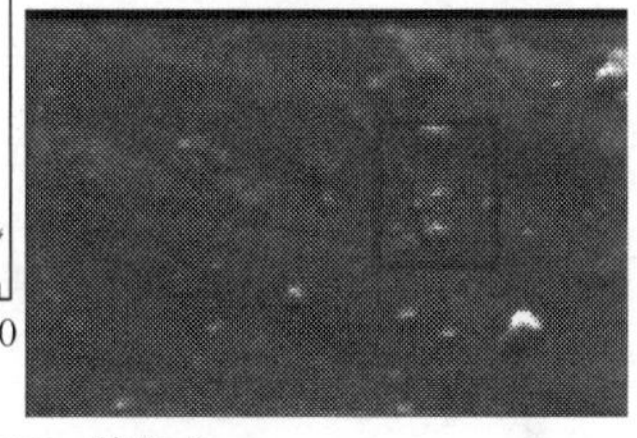

(b) 2%纳米SiO_2 (特定点)

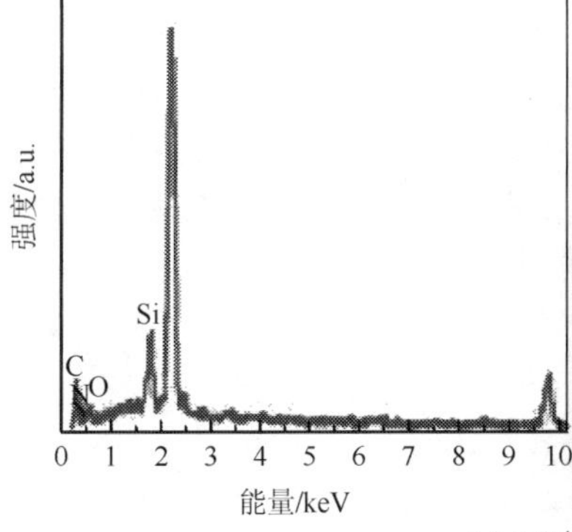

元素	质量分数/%	原子分数/%
C	54.18	62.59
N	19.16	18.98
O	14.08	12.21
Si	12.58	6.22

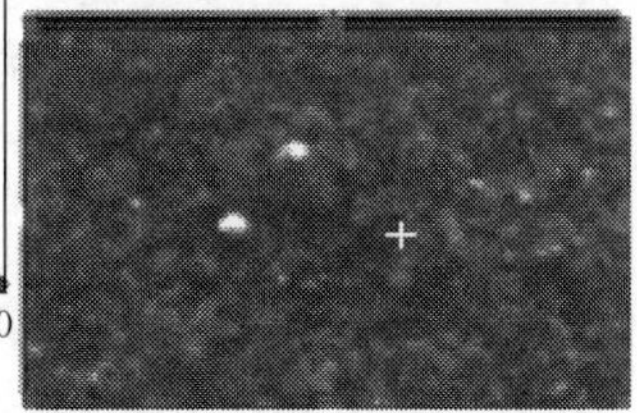

(c) 10%纳米SiO_2

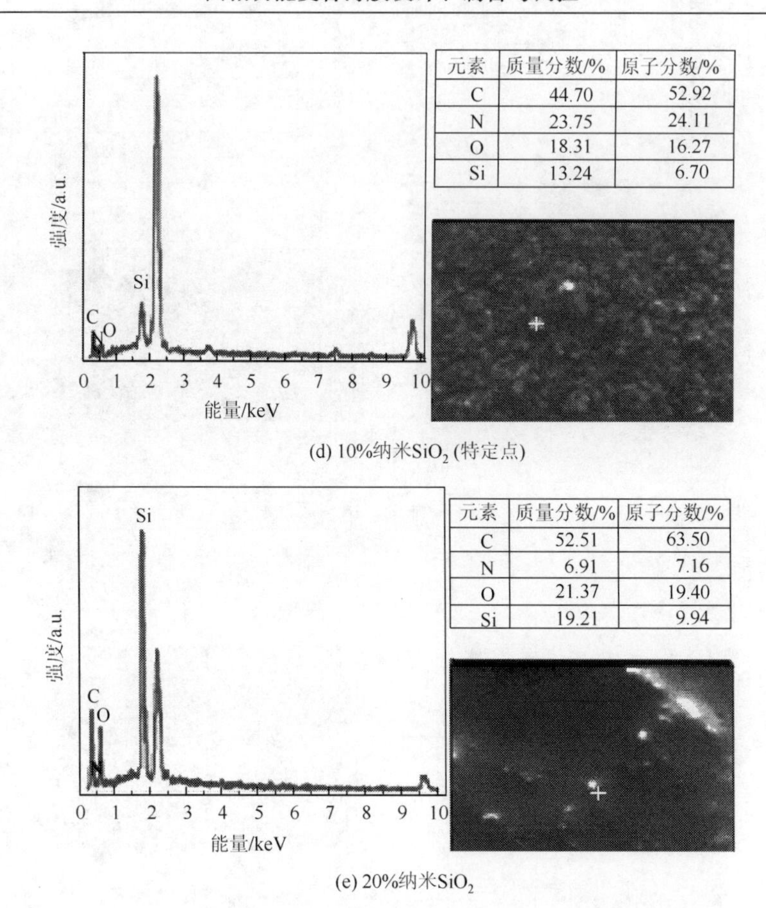

元素	质量分数/%	原子分数/%
C	44.70	52.92
N	23.75	24.11
O	18.31	16.27
Si	13.24	6.70

(d) 10%纳米SiO_2 (特定点)

元素	质量分数/%	原子分数/%
C	52.51	63.50
N	6.91	7.16
O	21.37	19.40
Si	19.21	9.94

(e) 20%纳米SiO_2

图 5-29　不同纳米 SiO_2 加入量的纳米 SiO_2/PI 复合涂层 EDS 图

图 5-29（b）为纳米 SiO_2 加入量 2%的纳米 SiO_2/PI 复合涂层特定点局部成分。由图 5-29（b）可知，Si 元素质量分数由原来 1.97%提高到 2.05%，O 元素质量分数由原来 22.48%提高到 24.57%，C 元素质量分数由原来 61.78%提高到 63.09%，N 元素质量分数则相应降低，通过两幅 EDS 图比较可以说明 PI 基体上白色颗粒物质为纳米 SiO_2，且纳米 SiO_2 分布比较均匀，纳米 SiO_2/PI 复合涂层表面没有孔洞出现。

图 5-29（c）为纳米 SiO_2 加入量 10%的纳米 SiO_2/PI 复合涂层 EDS 图。由图 5-29（c）可知，PI 基体上分散着白色颗粒物质，通过 EDS 图可以发现 C 元素质量分数为 54.18%，N 元素质量分数为 19.16%，O 元素质量分数为 14.08%，Si 元素质量分数为 12.58%。由此，可以判定 PI 基体上白色颗粒物质为纳米 SiO_2。本实验设计方案纳米 SiO_2 加入量为 10%，根据 EDS 图可以发现纳米 SiO_2 加入量较预计实验高出 2.58 个百分点。原因是纳米 SiO_2 在 PI 基体中分散时产生团聚导致局部纳米 SiO_2 质量增加。

图 5-29（d）为纳米 SiO_2加入量 10%的纳米 SiO_2/PI 复合涂层特定点局部成分。由图 5-29（d）可知，PI 基体上分散着白色颗粒物质，Si 元素质量分数由原来 12.58%提高到 13.24%，O 元素质量分数由原来 14.08%提高到 18.31%，N 元素质量分数由原来 19.16%提高到 23.75%，C 元素质量分数则相应降低，通过两幅 EDS 图可以证明 SEM 图中的 PI 基体上白色颗粒物质为纳米 SiO_2。

图 5-29（e）为纳米 SiO_2加入量 20%的纳米 SiO_2/PI 复合涂层 EDS 图。由图 5-29（e）可知，PI 基体上分散着白色颗粒物质，通过 EDS 图发现 C 元素质量分数为 52.51%，N 元素质量分数为 6.91%，O 元素质量分数为 21.37%，Si 元素质量分数为 19.21%。由此，可以判定 PI 基体上白色颗粒物质为纳米 SiO_2。本实验设计方案纳米 SiO_2加入量为 20%，根据 EDS 图发现纳米 SiO_2加入量较预计实验降低 0.79 个百分点。原因是纳米 SiO_2在 PI 基体中分散不均匀。

5.3.3　纳米 SiO_2/PI 复合涂层热稳定性分析

1. 光引发剂用量和纳米 SiO_2/PI 复合涂层固化速率关系

表 5-19 为光引发剂用量和纳米 SiO_2/PI 复合涂层固化时间的关系表，图 5-30 为固化时间与光引发剂用量关系图。本实验采用控制变量法，控制其他条件不变，只改变光引发剂用量（0%、2%、5%、8%、11%、14%），进行多组实验，探究两者之间的关系，通过实验结果可以看出光引发剂用量是纳米 SiO_2/PI 复合涂层固化成膜的重要因素之一。根据图 5-30 可知，如果没有加入光引发剂，那么纳米 SiO_2/PI 复合涂层不能固化成膜，表明光引发剂是纳米 SiO_2/PI 复合涂层固化成膜无法或缺的一部分。光引发剂用量增加，纳米 SiO_2/PI 复合涂层固化时间随之缩短；当光引发剂用量增加到 11%时，如再增加，则固化时间不再缩短，纳米 SiO_2/PI 复合涂层固化时间趋于稳定。由此可以看出，光引发剂引发紫外固化纳米 SiO_2/PI 复合涂层最佳用量为 11%（张雨，2016）。

表 5-19　光引发剂用量和纳米 SiO_2/PI 复合涂层固化时间关系

光引发剂用量/%	固化时间/s
0	无法成膜
2	120
5	110
8	100
11	80
14	80

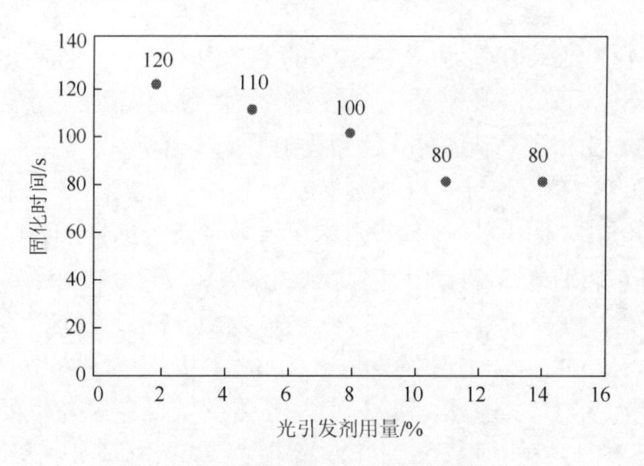

图 5-30　固化时间与光引发剂用量关系

2. 复合涂层热稳定性分析

图 5-31 为纳米 SiO_2 加入量分别为 0%、2%、5%、10%、20%的纳米 SiO_2/PI 复合涂层的 TG 曲线。由图 5-31 发现，纳米 SiO_2/PI 复合涂层在 400℃前热失重和质量变化很小，表明纳米 SiO_2/PI 复合涂层制备和热亚胺化反应过程比较完整。铝酸酯偶联剂具有良好的界面相容性，纳米 SiO_2 表面羟基与 PI 主链羧基和氨基有很强的氢键作用，氢键可以增加 PI 分子链在键断裂过程需要的热能，纳米 SiO_2 硅氧键（Si—O—Si）键能极高，硅氧键（Si—O—Si）断裂需要能量较多，必须升温到键断裂为止。因此纳米 SiO_2/PI 复合涂层具有良好的热稳定性。

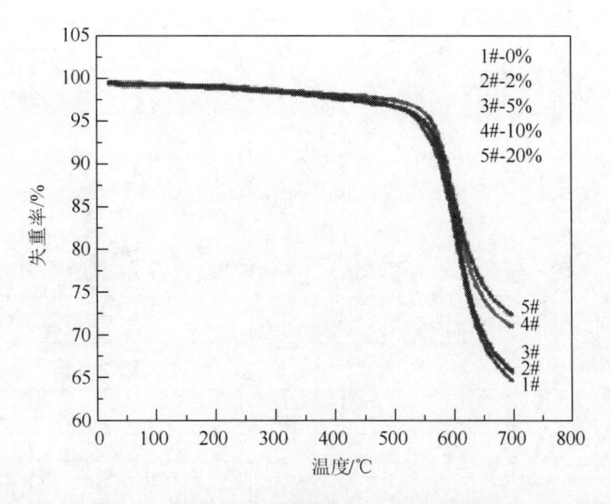

图 5-31　不同纳米 SiO_2 加入量的纳米 SiO_2/PI 复合涂层 TG 曲线

注：2#与 3#线条距离较近，本图暂无法清晰展示

表 5-20 为不同纳米 SiO_2 加入量的纳米 SiO_2/PI 复合涂层初始分解温度。从表 5-20 中可以看出，不同纳米 SiO_2 加入量对纳米 SiO_2/PI 复合涂层的热稳定性影响不大，说明纳米 SiO_2 引入没有明显影响 PI 的耐热等级。

表 5-20　不同纳米 SiO_2 加入量的纳米 SiO_2/PI 复合涂层初始分解温度

纳米 SiO_2 加入量/%	初始分解温度/℃
0	601.52
2	605.91
5	602.22
10	605.09
20	602.88

利用铝酸酯偶联剂改性纳米 SiO_2 粉体表面活性，将改性后的 SiO_2 粉体掺杂到 PI 基体中，可制备得到纳米 SiO_2/PI 复合涂层。通过测试纳米 SiO_2/PI 复合涂层各项性能，对红外光谱分析可知，出现有 PI 五元亚胺环上 2 个对称 C ═ O 伸缩振动峰、C ═ O 不对称伸缩振动峰、C—N 伸缩振动峰、C ═ O 变形振动峰等 PI 特征峰，由此可以判定本实验制备高分子物质为 PI。通过 SEM、EDS 表征分析可以发现，当纳米 SiO_2 加入量不超过 10%时，纳米 SiO_2/PI 复合涂层分散较均匀，随着纳米 SiO_2 加入量增加，纳米 SiO_2/PI 复合涂层中纳米 SiO_2 团聚现象更加明显，甚至出现孔洞。TG 分析结果表明，纳米 SiO_2/PI 复合涂层的初始分解温度为 600℃左右，纳米 SiO_2/PI 复合涂层具有较高的热稳定性。

参 考 文 献

冯汉文. 2013. 紫外光—湿气双重固化硅氧烷改性 EA 的合成及其填充体系的研究[D]. 广州: 华南理工大学.
冯权. 2014. 光纤涂层用云母粉/UVEA 热稳定性改性研究[D]. 哈尔滨: 哈尔滨理工大学.
李文军, 陈范才, 陈良木. 2010. 光固化纳米二氧化硅/EA 杂化涂料的制备与表征[J]. 电镀与涂饰, 29（7）: 55-56.
任长富. 2010. 紫外光固化系统对光纤光缆涂层固化效果的影响[J]. 山西化工（2）: 50-52.
邵亚薇, 顾胜飞, 张涛, 等. 2007. 云母填料尺寸效应对水在环氧涂层中扩散行为的影响[J]. 涂料工业, 37（10）: 11-14.
孙曼灵. 2002. 环氧树脂应用原理与技术[M]. 北京: 机械工业出版社.
王德海, 江棂. 2001. 紫外光固化材料理论与应用[M]. 北京: 科学出版社.
王云芳, 郭增昌, 王汝敏. 2007. 纳米 SiO_2 的表面改性研究[J]. 化学研究与应用, 19（4）: 382-385.
冼秀月. 2014. 光纤涂层 SiO_2/UVEA 热性能研究[D]. 哈尔滨: 哈尔滨理工大学.
张雨. 2016. 纳米 SiO_2 改性 PI 热性能研究[D]. 哈尔滨: 哈尔滨理工大学.

第 6 章　$Ti/LiNbO_3$ 波导型光耦合片设计、制备、调控与光学性能优化

光耦合器是光纤通信中重要的光无源器件之一。随着光耦合器需求量大幅增加和光纤通信发展中集成化趋势越来越明显，集成化、低损耗、易接入、能实现多路和小型化波导型光耦合器成为人们研究的主要方向。钛/铌酸锂（$Ti/LiNbO_3$）光波导是其中的研究热点。本章以单晶铌酸锂（$LiNbO_3$）和金属钛为原料，利用真空蒸镀法和金属内扩散技术制备 $Ti/LiNbO_3$ 波导型光耦合片，通过研究蒸镀电流、基体温度和蒸镀时间等工艺参数对 $Ti/LiNbO_3$ 复合薄膜微观结构的影响确定最佳真空蒸镀工艺参数。在此最佳工艺参数的基础上，利用金属内扩散法制备 $Ti/LiNbO_3$ 波导型光耦合片，研究扩散温度、扩散时间和初始钛膜厚度对 $Ti/LiNbO_3$ 波导型光耦合片微观结构和宏观光学性能的影响，得到 $Ti/LiNbO_3$ 波导型光耦合片最佳扩散工艺参数。

6.1　$Ti/LiNbO_3$ 波导型光耦合器基本结构与制备工艺

6.1.1　$Ti/LiNbO_3$ 波导型光耦合器基本结构

光耦合器是一种用于传输和分配光信号的光无源器件，图 6-1 为其结构示意图，简单描述了光耦合器的基本功能：一个或多个光信号进入光耦合器，经过光耦合区后重新分配后，输出一个或多个光信号。

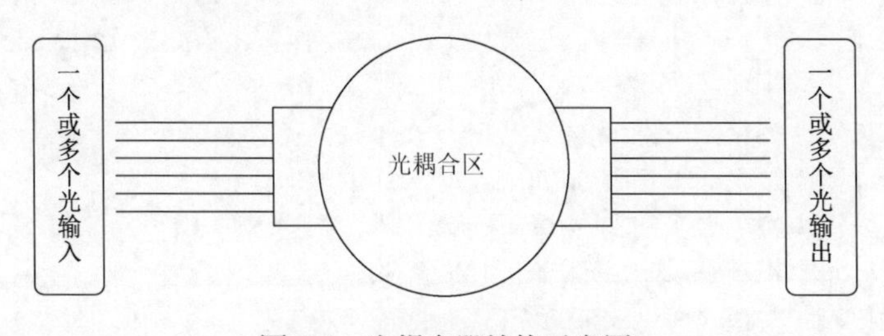

图 6-1　光耦合器结构示意图

$Ti/LiNbO_3$ 光波导结构材料的组成之一 $LiNbO_3$ 属于晶体材料，其化学性能稳

定，晶体生长成本低且已生成较大单晶，具有优异的声光和电光特性，线性光学系数较大，特别适合用来制作各种具有调制、耦合和传输功能的元器件。LiNbO$_3$是集成光学常用的晶体材料。

6.1.2　Ti/LiNbO$_3$光波导制备工艺

Ti/LiNbO$_3$光波导制备工艺主要分为薄膜制备和波导制备。首先利用真空蒸镀法或磁控溅射法在 LiNbO$_3$基体上镀钛膜，然后通过扩散技术形成波导层，制成平面光波导。用 Ti 扩散 LiNbO$_3$制备出的光波导可以很好地对光进行限制，相当大程度地增大初始折射率 n_o和有效折射率 n_e，并且支持横电波（transverse electric，TE）和横磁波（transverse magnetic，TM）两种模式的传输。本书以 Ti/LiNbO$_3$光波导为基础制备 Ti/LiNbO$_3$波导型光耦合片。

1. Ti/LiNbO$_3$波导型薄膜制备

1）真空蒸镀法

真空蒸镀法（陈光华和邓金祥，2004）是制备薄膜的常用方法。主要技术是把放有基体材料的真空室抽成真空状态，使内部真空度达到 10^{-2}Pa 以下，然后对蒸发料进行加热，当加热到一定温度时，蒸发料表面便气化出大量原子或分子，这些原子或分子形成蒸气流，入射到达基体材料表面后便发生凝结并最终形成固态薄膜。本实验采用真空蒸镀法制备 Ti/LiNbO$_3$复合薄膜，通过 Ti 内扩散工艺得到 Ti/LiNbO$_3$波导型光耦合片。

2）磁控溅射法

磁控溅射法（余凤斌等，2008）镀膜是指在真空环境下，利用 Ar 等离子体中荷能离子 Ar^+轰击靶表面，使靶上原子或离子被轰击出来，然后在电场力和磁力的共同作用下，靶上被轰击出来的原子或离子在基体材料表面沉积、生长并最终成膜。

2. Ti/LiNbO$_3$波导型光耦合片制备

1）表面外扩散

LiNbO$_3$ 光波导结构可以通过 Li_2O 从表面向外扩散得到实现。这种方法由 Holman 等（1978）提出，具体操作是：将 LiNbO$_3$晶体放入一个由 Li_2O 或者锂原子不足化合物组成的坩埚中，由于在坩埚内发生反应，可以人为地把锂原子引入或者引出晶体，从而实现内扩散或外扩散过程，进而完成光波导结构制备。该方式能够很好地减小 LiNbO$_3$晶体的光学损伤，并可以根据需求来制备 LiNbO$_3$光波导。但是使用该方式无法制备出理想的低损耗 LiNbO$_3$光波导。

2）金属内扩散

金属内扩散是通过金属扩散进入晶体内部而改变其折射率的过程，主要工艺是通过真空蒸镀或磁控溅射法在 $LiNbO_3$ 晶体表面沉积金属薄膜，然后在高温气体环境中进行扩散。研究发现，钛扩散进入 $LiNbO_3$ 晶体中时晶体双折射率会增大，一般是在充满氩气、氮气、氧气或空气的高温环境中形成 Ti/$LiNbO_3$ 光波导层，扩散时间为 0.5～30h。根据 Sugii 等（1978）的研究，$LiNbO_3$ 晶体折射率增大是由偏振度增大和 Ti、Nb 离子体积不同所造成的。Criffiths 等（1984）通过两种工艺比较得出下列推断：在 *Y* 切 $LiNbO_3$ 中，晶体扩散区域表面折射率改变的原因与 Ti 和 Nb 比率有关，并且与晶体氧化密切相关。

3）离子交换

离子交换所用基体材料主要是玻璃。Shah（1975）首次以 $LiNbO_3$ 晶体为基体材料并使用离子交换法制备 $LiNbO_3$ 光波导结构。具体过程是：把 *X* 切 $LiNbO_3$ 晶体浸入 360℃硝酸银中，数小时（＞3h）后，Ag^+ 与 Li^+ 产生交换现象，这使得 $LiNbO_3$ 折射率增大，最大值约为 0.12，并呈现阶跃分布。通过这种方式制作的光波导质量较差。

4）质子交换

利用 H-Li 质子交换来制作 $LiNbO_3$ 光波导结构的构想率先由 Jackel 和 Rice 提出，但首个相对完备方案则由 Nutt 实现。当 $LiNbO_3$ 被放入质子源（如酸或氢熔融物）后不久，便会发生交换现象。质子源酸度会影响质子交换程度，通过大量实验对比，常用质子源是 120～250℃的苯甲酸。质子交换使得晶格结构变化和基体上出现裂痕，因此质子交换不能完全发生，只是进行一小部分。

6.2　$LiNbO_3$ 中钛扩散机理

6.2.1　固体中物质扩散理论——菲克定律

简单来说，物质扩散是指随机分子运动使得物质从系统一部分到达另一部分的过程，它和热传导类似，菲克首先发现两者之间的相似关系，并利用傅里叶关于热传导的方程对扩散进行定量表示。在各向同性介质中，假设传输速率和物质浓度成正比，得到扩散数学表达式（6-1），称为菲克第一定律；对于各向异性介质，扩散性质则由所研究扩散方向决定，得到扩散微分方程式（6-2），称为菲克第二定律。

$$F = -D\frac{\partial C}{\partial x} \tag{6-1}$$

$$\frac{\partial C}{\partial t} = D\frac{\partial^2 C}{\partial x^2} \tag{6-2}$$

式中，F 为单位面积中扩散通量；C 为扩散物质浓度；x 为扩散方向上某个位置；D 为物质的扩散系数；t 为扩散时间。

一般情形，扩散速度受到浓度影响，扩散系数不是恒定的，而且扩散驱动力不单单是浓度梯度，还有化学势梯度，因此扩散系数受其他因素（如温度）影响，李金洋等（2013）指出，扩散系数随温度变化情况可表示为

$$D = D_0 \exp\left(-\frac{E}{kT}\right) \tag{6-3}$$

式中，D_0 为扩散常数；E 为扩散过程激活能；T 为扩散过程温度，单位为 K；k 为玻尔兹曼常数（1.38×10^{-23}J/K）。在钛扩散工艺中，扩散温度将直接影响钛扩散系数 D。表 6-1 为 Z 切 $LiNbO_3$ 晶体中钛扩散参数（Fouchet and Carenco，1987；Bauman et al.，1997）。

表 6-1　钛在 Z 切 $LiNbO_3$ 晶体中扩散常数和激活能

扩散方向	扩散常数 $D_{Ti,0}/(\times10^9\mu m^2/h)$	激活能 $E/\times10^{-19}$J
沿 Y 轴	0.135	3.552
沿 Z 轴	5.0	4.016

6.2.2　钛离子在 $LiNbO_3$ 中扩散机制

$LiNbO_3$ 是一种非化学计量比晶体，一般采用提拉法制备，结构上处于缺锂状态。为保持电中性，缺锂 $LiNbO_3$ 中必然存在一些缺陷，缺陷结构对于向 $LiNbO_3$ 晶体中进行元素掺杂至关重要。关于 $LiNbO_3$ 缺陷模型，目前存在多种观点，较早的观点是：非近化学计量比 $LiNbO_3$ 中电荷补偿由氧空位和锂空位实现，Lerner 等（1968）提出离子替代模型，即 Nb^{5+} 占据 Li 位，分子式可写为［$Li_{1-5x}Nb_x\square_{4x}$］$NbO_3$，其中□代表 Li 空位，它可以很好地解释缺锂组分晶体密度上升的现象。不久，Peterson 和 Carmevale（1972）提出另一种正离子替代模型［$Li_{1-5x}Nb_{5x}$］［$Nb_{1-4x}\square_{4x}$］O_3，其中□代表 Nb 空位。由此产生 Li 空位和 Nb 空位两种模型。此后，Iyi 等（1992）以 X 射线单晶衍射等方法研究 $LiNbO_3$ 引起非化学计量比主要缺陷的机理，研究发现 Nb 空位数量与组分无关，而且 Nb^{5+}移动使 Li^+移位，产生 Li 空位。中子衍射数据结果与 X 射线单晶衍射结果一致，支持 Li 空位模型，而且 Donnerberg 等（1989）从能量角度指出 Li 空位模型比 Nb 空位模型更符合实际，因此 Li 空位模型占据主导地位。

$LiNbO_3$晶体由于存在缺陷而能够容纳大部分金属离子，如Ti^{4+}、Er^{3+}、Mg^{2+}等。Ti 扩散进入$LiNbO_3$晶体，可以看作$LiNbO_3$晶体掺杂钛元素。反应初始阶段，钛氧化成氧化物，大部分是TiO_2，然后TiO_2和$LiNbO_3$晶体中元素在晶体表面形成化合物。Rice 和 Holmes（1986）又提出这种化合物形式为$(TiO_2)_x(Li_{0.25}Nb_{0.75}O_2)_{1-x}$，$x$ 与温度和切向有关。在这种化合物中，因为钛扩散系数很高，在晶体表面层中浓度很快能变得均匀，并可视为连续的钛扩散源。在高温条件下，当Ti^{4+}扩散进入$LiNbO_3$晶体时，扩散区域表面会呈现浅黄色或蓝灰色，而且在表面有明显凸起，凸起厚度达到初始钛膜厚度的 1.5～2 倍。通过显微镜观察可以发现，扩散区域表面粗糙，残留未反应氧化物颗粒。Armenise 等（1983）通过衍射等手段研究确定其是 Nb-Ti-O 化合物，其中 Nb 为 + 4 价。Holman 等（1978）研究表明扩散过程中产生 Nb-Ti-O 化合物，其中 Nb 为 + 5 价，理由之一是Nb_2O_5非常稳定。

6.3 $Ti/LiNbO_3$波导型光耦合器实验调控方案与工艺设计

6.3.1 $Ti/LiNbO_3$复合薄膜真空蒸镀实验调控方案与工艺设计

1. 真空蒸镀实验调控方案

真空蒸镀实验以$LiNbO_3$单晶为基体材料，钛颗粒为金属蒸发源，钨舟作为金属蒸发源载具。通过查阅资料发现，不管采用 Y 切$LiNbO_3$晶体还是 Z 切$LiNbO_3$晶体都可以构成波导型器件。在波导制作中，Ti 会沿着厚度方向和宽度方向同时扩散，其中沿着宽度方向的扩散称为横向扩散。当 Ti 膜厚度和扩散条件保持恒定时，由于横向扩散，光波导折射率随着 Ti 膜宽度减少而减小。此外，$LiNbO_3$晶体沿 Z 轴 Ti 扩散系数比 Y 轴大，从抑制 Ti 横向扩散这一点上来看，Z 切晶体比 Y 切晶体更为有利。因此真空蒸镀实验使用 Z 切$LiNbO_3$晶体（董鹏展，2018）。

真空蒸镀实验一般可控制因素有蒸镀电流、真空度、基体温度、源基距、蒸镀时间，其中，真空度、源基距对镀膜质量的影响如下。

在平衡状态下，若物质分子蒸发热 ΔH 与温度无关，则饱和蒸气压 P_s 和热力学温度 T 关系如下：

$$P_s = K \cdot e^{-\frac{\Delta H}{RT}} \tag{6-4}$$

式中，R 为普适气体常数；K 为积分常数。

在真空环境下，若物质表面静压强为 P，则单位时间内从单位凝聚相表面蒸发出的质量即蒸发率 Γ 为

$$\Gamma = 5.833\times10^{-2} A_e\sqrt{\frac{M}{T}}\left(P_s - P\right) \tag{6-5}$$

式中，A_e为蒸发系数；M为摩尔质量；T为凝聚相物质的温度。

结合式（6-4）和式（6-5），在理想状态下：$P\approx0$，蒸发分子全部凝结而不返回蒸发源，蒸发率主要与温度有关。

在室温（$T=298$K），气体分子直径$\sigma=3.5\times10^{-8}$cm时，由气体分子动力学，气体分子平均自由程$\overline{\lambda}$可表示为

$$\overline{\lambda}=\frac{1}{\sqrt{2}\pi\sigma^2 n}=\frac{kT}{\sqrt{2}\pi\sigma^2 P}\approx\frac{6.52\times10^{-1}}{P} \tag{6-6}$$

式中，k为玻尔兹曼常数；n为气体分子密度，气体压强P的单位为Pa时，$\overline{\lambda}$的单位为cm。当$P=1.3\times10^{-1}$Pa时，$\overline{\lambda}=5$cm；当$P=1.3\times10^{-2}$Pa时，$\overline{\lambda}=50$cm；当$P=1.3\times10^{-3}$Pa时，$\overline{\lambda}=500$cm。

若蒸发分子数为z_0，在迁移过程中发生碰撞分子数为z_1，则碰撞率即发生碰撞分子占总蒸发分子的比例为

$$\frac{z_1}{z_0}=1-\exp\left(-\frac{d}{\overline{\lambda}}\right) \tag{6-7}$$

式中，d为源基距。由式（6-7）可计算出，当$\overline{\lambda}=d$时，碰撞率为63%；当$\overline{\lambda}=10d$时，碰撞率为9%。因此，要想减少甚至避免气体分子迁移过程中发生碰撞，必须使平均自由程较源基距大得多。

本次实验所用真空镀膜机装置源基距$d=28$cm。一般要求$\overline{\lambda}$远大于(2～3)d，如果选取$\overline{\lambda}$远大于50cm，通过式（6-6）可计算出此时P高于1.3×10^{-2}Pa。因此P保持在1.3×10^{-2}Pa以上，理论上可得到牢固纯净的Ti/LiNbO$_3$复合薄膜。

从探索实验发现，所使用真空镀膜机存在一个本底真空度最高值8.4×10^{-4}Pa（工作压强为1.3×10^{-3}Pa），其真空度P高于1.3×10^{-2}Pa。确定如下实验调控方案。

蒸镀电流分别为125A、130A、135A、140A、145A，基体温度为20℃，蒸镀时间为20min。

基体温度分别为20℃、100℃、180℃、260℃、340℃，蒸镀电流为140A，蒸镀时间为20min。

蒸镀时间分别为10min、20min、30min、40min、50min，蒸镀电流为140A，基体温度为180℃。

通过测试，并结合理论分析，优选最佳蒸镀电流、最佳基体温度和最佳蒸镀时间。

2. 真空蒸镀工艺设计

（1）预处理工艺：为了清除基体和钛颗粒表面可能存在的油污、杂质等，首先用甲醇溶液超声清洗 15min，然后用去离子水超声清洗 10min，最后擦干。

（2）真空蒸镀工艺：首先，打开真空室，放入 $LiNbO_3$ 基体和装有钛粉的钼舟，关闭真空室；然后，接通冷却水、接通电源；接着抽真空，当达到一定真空度时，进行基体加热，去除因清洗而残留在真空室内的甲醇等清洗液和气体分子或水分子。当基体温度达到所需值时，真空度达到最高值，此时打开金属蒸镀电源，通过电流调节旋钮来调节蒸镀电流，可顺时针缓慢旋转旋钮使电流至预定值。随着电流增大，电压逐步增加，温度相应提高，待蒸发材料表面出现软化。待预熔一段时间后，移开蒸发挡板开始蒸发，达到要求蒸镀时间后迅速降低电流到 0，此时电流调节旋钮旋至最小，切断金属蒸镀电源，同时关闭基体加热开关，蒸镀钛膜完毕。

（3）后处理工艺：取出样品后，用软布轻拭薄膜表面，将表面可能存在的小颗粒去掉。

6.3.2 钛扩散实验调控方案与工艺设计

1. 钛扩散实验调控方案

本实验是在 $Ti/LiNbO_3$ 复合薄膜制备最佳工艺参数的前提下，利用真空蒸镀法制备 $Ti/LiNbO_3$ 复合薄膜样品，通过金属内扩散法形成 $Ti/LiNbO_3$ 波导型光耦合片。金属内扩散通常在高温扩散炉中进行，通过研究扩散温度、扩散时间和初始钛膜厚度对 $Ti/LiNbO_3$ 波导型光耦合片的微结构与性能的影响，优化调控 $Ti/LiNbO_3$ 波导型光耦合片制备工艺，得到所需最佳工艺参数。经多次实验调控后，确定如下实验调控方案。

扩散温度分别为 850℃、900℃、950℃、1000℃、1050℃、1150℃，扩散时间为 1h，初始钛膜厚度为 88nm。

扩散时间分别为 1h、2h、4h、7h、11h，扩散温度为 1000℃，初始钛膜厚度为 88nm。

初始钛膜厚度为 35nm、50nm、88nm、105nm、133nm，扩散温度为 1000℃，扩散时间为 7h。其中，由于实际蒸镀偏差再加上测量误差，实际要求初始钛膜厚度允许相差±3nm 以内。

2. 钛扩散工艺设计

钛扩散在 GXL-16-25 型高温扩散炉中进行。首先，设置温度及升温时间，把 Ti/LiNbO$_3$ 复合薄膜样品放入陶瓷坩埚中，陶瓷属于耐火材料，可以避免样品直接接触高温或受热不均而出现开裂问题；然后，将陶瓷坩埚放入高温扩散炉中，进行扩散。

钛扩散是制备 Ti/LiNbO$_3$ 波导型光耦合片流程的关键一步，其成功与否直接关系到波导性能的优劣，因此每一个环节都要注意。首先，一定要保持扩散环境清洁，包括基体、陶瓷坩埚、高温扩散炉等要保持干净。因为基体洁净度直接影响到最后模式耦合效果。扩散温度为 800～1150℃，扩散时间为 0.5～12h，升温速率为 0.5～20℃/min，降温速率则一般控制在 0.5～40℃/min。升温速率过快可导致 LiNbO$_3$ 基体应力释放不完全而开裂，尤其在测试折射率时，因需要施加压力而更易开裂。若升温速率太慢，则在 700℃即进行钛扩散，有很长一段时间钛扩散在变化温度中进行，这与之前设置的温度和时间有偏差，影响实验结果。

以扩散温度为 1000℃、扩散时间为 7h 为例，具体实验温度-时间设置如图 6-2 所示。

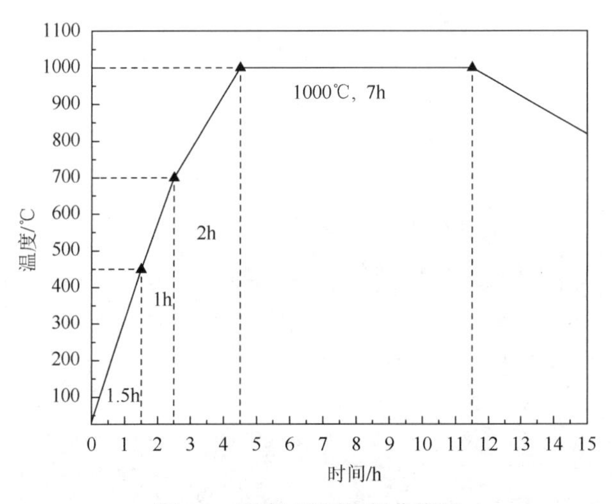

图 6-2　温度-时间控制曲线图

扩散过程中，温度控制非常重要。前期温度上升不宜过快，否则 LiNbO$_3$ 晶片容易开裂。温度从室温（23℃）上升到 450℃，时间设置为 1.5h，升温速率为 4.7℃/min。温度从 450℃到 700℃，钛开始氧化，时间设置为 1h，升温速率为 4.2℃/min。温度从 700℃到 1000℃，时间设置为 2h，升温速率为 2.5℃/min，此阶段，钛进一步氧化完全，进入扩散状态。在目标温度（1000℃）下，保持预定时间 7h，使钛扩散过程充分进行。扩散完毕后，自然降至室温并取出样品，进行相关检测。Ti/$LiNbO_3$ 波导型光耦合片的工艺流程如图 6-3 所示。

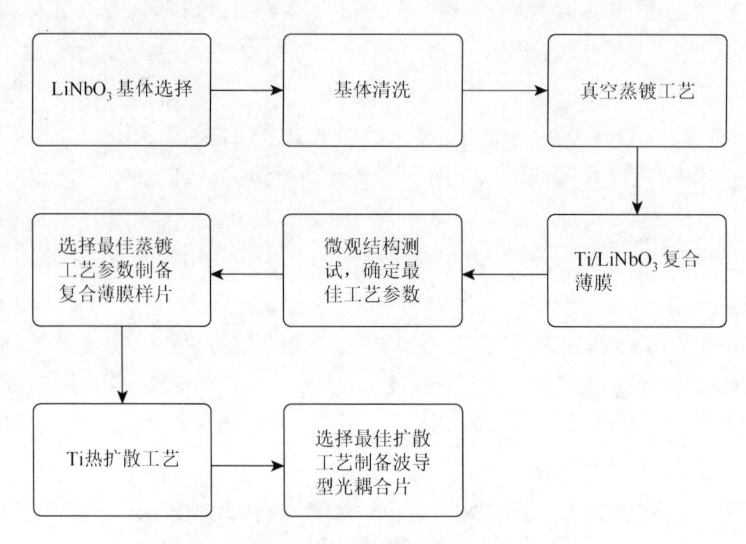

图 6-3　Ti/$LiNbO_3$ 波导型光耦合片工艺流程

6.4　真空蒸镀工艺对 Ti/$LiNbO_3$ 复合薄膜影响

6.4.1　蒸镀电流对 Ti/$LiNbO_3$ 复合薄膜影响

1. 蒸镀电流对复合薄膜表面形貌影响

图 6-4 是不同蒸镀电流下复合薄膜 SEM 图，图 6-4（a）～（e）分别代表在 125A、130A、135A、140A 和 145A 下，基体温度保持 20℃，蒸镀 20min 得到的复合薄膜表面形貌（董鹏展，2018）。

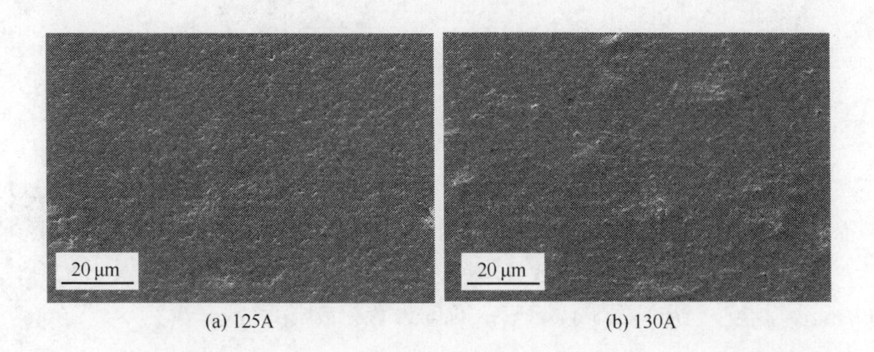

(a) 125A　(b) 130A

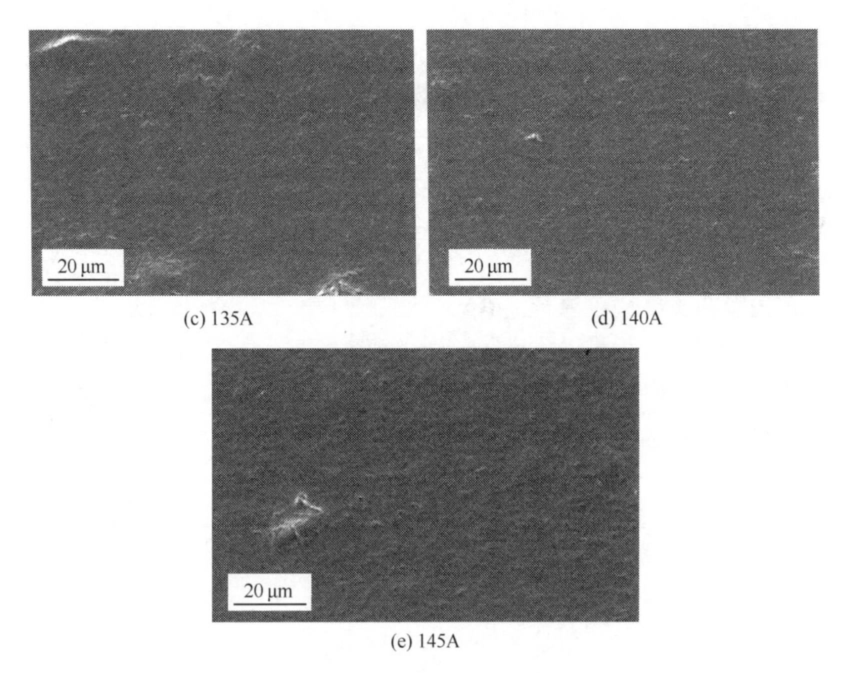

(c) 135A　　(d) 140A

(e) 145A

图 6-4　不同蒸镀电流下复合薄膜 SEM 图

图 6-4（a）中薄膜存在大量细小孔洞，表面崎岖，覆盖不完全。图 6-4（b）和（c）中薄膜沉积不均匀，表面形成沟壑，出现大凸起，部分表面没有沉积薄膜，有孔洞出现。图 6-4（e）中薄膜局部开裂，孔洞多。图 6-4（d）中薄膜存在孔洞，但没有大缺陷产生，整体看薄膜沉积较为完整。通过以上分析确定 140A 是最佳蒸镀电流。

为确定最佳蒸镀电流下制备 Ti/LiNbO$_3$ 复合薄膜表面元素种类，对其进行 EDS 分析。图 6-5 为在蒸镀电流为 140A 下制备 Ti/LiNbO$_3$ 复合薄膜表面 EDS 图。

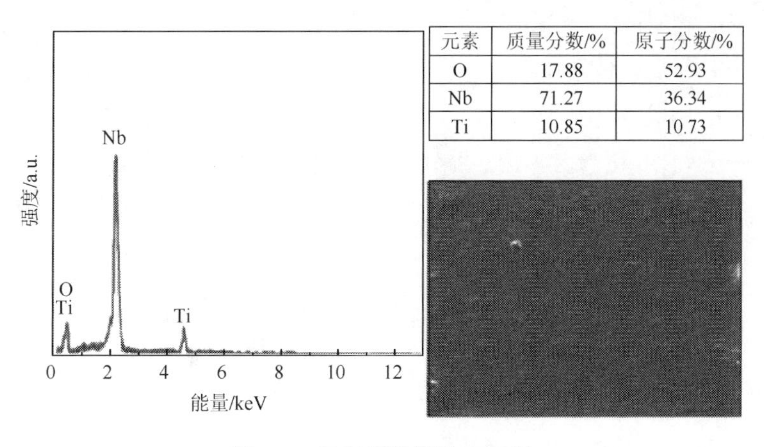

元素	质量分数/%	原子分数/%
O	17.88	52.93
Nb	71.27	36.34
Ti	10.85	10.73

图 6-5　复合薄膜表面 EDS 图

从图中可以明显看出，样品材料主要有 Nb、Ti 和 O 元素，其中 Nb 元素来自基体材料 $LiNbO_3$，Ti 元素主要来自基体表面沉积钛薄膜，O 元素的来源包括 $LiNbO_3$ 中的氧和钛薄膜中部分氧化而产生的钛氧化物。

为确定最佳蒸镀电流下制备 $Ti/LiNbO_3$ 复合薄膜的表面粗糙度，对其进行 AFM 测试分析。图 6-6 为蒸镀电流是 140A 下薄膜 AFM 二维形貌图和粗糙度分析图，测试采用轻敲模式，扫描范围为 10μm×10μm。由图中可以看出，微米尺度内薄膜表面存在不同尺度颗粒，有一个明显缺陷，且整个表面起伏变化大，具体可通过表面粗糙度来衡量。依据《产品几何技术规范（GPS）表面结构 轮廓法 术语、定义及表面结构参数》（GB/T 3505—2009），薄膜粗糙程度可通过均方根粗糙度（*Rq*）（韩黄璞，2016；Tong et al.，2016）来反映：

$$Rq=\sqrt{\frac{\sum_{n=1}^{N}\left(z_n-\overline{z}\right)^2}{N-1}} \tag{6-8}$$

式中，z_n 为薄膜上某一点的膜厚；N 为总的钛晶粒数；$\overline{z}$ 为薄膜的平均膜厚，且 $\overline{z}=\frac{1}{N}\sum_{n=1}^{N}z_n$ 。在确定测量区域内，N、z_n 和 $\overline{z}$ 是确定的，根据式（6-8）可知，*Rq* 是一个确定值。*Rq* 代表被测试区域内所有被测量点膜厚涨落的统计结果，数值越大，代表被测区域内膜厚涨落越严重、薄膜表面越粗糙、平整度越差。从图中得到表面粗糙度 RMS（等同于 *Rq*）为 76.64nm。

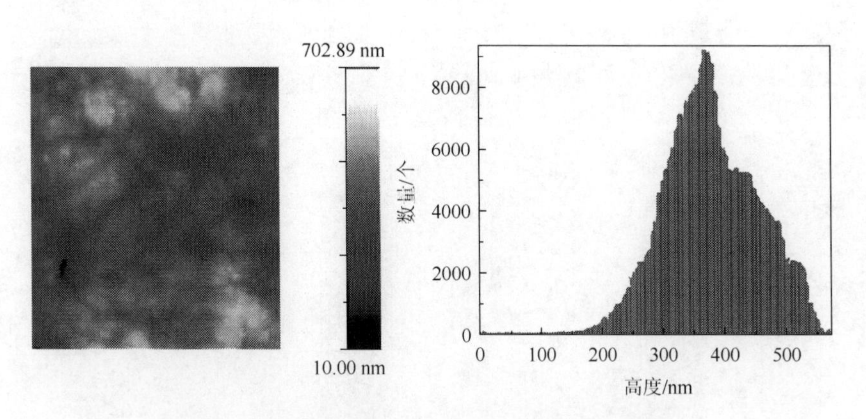

图 6-6 复合薄膜 AFM 二维形貌图及粗糙度分析图

2. $Ti/LiNbO_3$ 复合薄膜组织结构

为确定最佳蒸镀电流（140A）下制备 $Ti/LiNbO_3$ 复合薄膜的相组织结构，对其进行 XRD 分析。图 6-7 和图 6-8 为蒸镀电流为 140A 下复合薄膜基体材料及复合薄膜 XRD 图，基体温度为 20℃，蒸镀时间为 20min，其中图 6-7 使用常规 XRD，图 6-8 采用掠入射 XRD（又称小角度 XRD）。

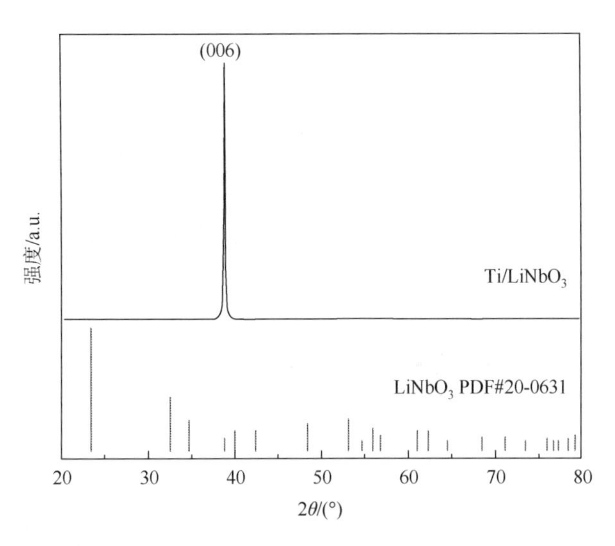

图 6-7　$Ti/LiNbO_3$ 复合薄膜基体材料 XRD 图

从图 6-7 可以看出，$Ti/LiNbO_3$ 复合薄膜 2θ 为 39.0°处有一个明显的衍射峰，且衍射峰尖锐、结晶完美，与韩黄璞（2016）制备的单晶 $LiNbO_3$ 的 XRD 峰基本一致，属于(006)晶面，Jade 软件分析也可得到相同结果。$LiNbO_3$ 属于三方晶系，呈钛铁矿结构，晶面间距为 2.3076Å，通过拟合计算得晶格常数 $a = b = 0.5149$nm，$c = 1.3862$nm，根据式（3-8）计算得平均晶粒尺寸为 42.3nm。图 6-8 中只有 $LiNbO_3$ 衍射峰，没有出现钛峰，经分析主要有两个原因：一是薄膜呈非晶态，不能像晶体那样出现尖锐衍射峰；二是膜厚小，使用常规 XRD 测试薄膜时，由于 X 光穿透大，直接照射在基体 $LiNbO_3$ 上，导致薄膜衍射峰强度相对单晶 $LiNbO_3$ 衍射峰强度过低而被掩盖，因此需要采用小角度 XRD 确定表面薄膜结构，如图 6-8 所示。

从图 6-8 中可以看出，$Ti/LiNbO_3$ 复合薄膜有三个衍射峰，利用 Jade 软件分析，发现 2θ 为 44.9°衍射峰与 PDF 卡片 08-0117 立方 TiO_2 相近，对应(200)晶面，呈立方结构，晶面间距 $d = 2.0117$Å，通过拟合计算得晶格常数 $a = 0.4117$nm，由式（3-8）得平均晶粒尺寸为 2.9nm。2θ 为 52.2°和 76.3°衍射峰与 PDF 卡片 12-0754 六方 TiO_2 相近，分别对应(201)和(112)晶面，呈六方相，晶面间距分别为 1.7474Å 和 1.2410Å，拟合计算得晶格常数 $a = 0.49915$nm，$c = 0.28794$nm，平均晶粒尺寸为 4.6nm。可以看出三个衍射峰都是 TiO_2 峰，没有特别尖锐的衍射峰，结合图 6-7 中结果，可以断定基体表面薄膜是非晶态。钛在非晶态下对后面扩散是有利的，但形成 TiO_2 却不是所希望的，不过这并不是所选蒸镀电流的问题，而是因为制备过程中，真空度即使达到最大，真空室内也存在残余气体，有少量 TiO_2 产生。

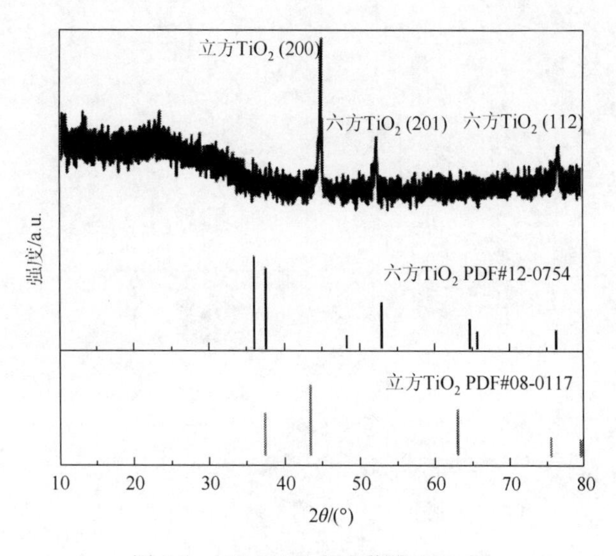

图 6-8　Ti/$LiNbO_3$ 复合薄膜 XRD 图

6.4.2　基体温度对 Ti/$LiNbO_3$ 复合薄膜影响

1. 基体温度对复合薄膜表面形貌影响

图 6-9 为不同基体温度下复合薄膜 SEM 图。从图中可以看出，基体温度为 20℃时，薄膜颗粒排列疏松，呈多孔结构，有气孔生成，存在明显缺陷。基体温度为 100℃时，薄膜颗粒排列致密，局部有沟壑、针孔，平整度差。基体温度为 180℃时，薄膜颗粒堆积致密，缺陷少，薄膜表面较平整。随着基体温度增至 260℃、340℃，薄膜颗粒逐渐变大，颗粒堆积依然致密，趋于均匀，但出现极少量凸起点（汤卉等，2018）。

根据相关文献（潘长锦等，2017），薄膜沉积和生长过程中决定膜聚集和生长的重要因素是吸附原子表面迁移率。其中，基体温度对表面原子扩散有直接影响，当基体不预热或温度较低（≤100℃）[图 6-9（a）和（b）] 时，吸附原子在表面横向运动能量较小，薄膜表面低谷不能及时被填平，导致薄膜表面积增大，表面能增加，容易形成大缺陷和无规则多孔结构。在图 6-9（c）～（e）中，由于基体温度升高，吸附原子表面扩散有所增强，薄膜变得致密，除仍有少许孔洞外，不再有大缺陷。制作 Ti/LiNbO$_3$ 波导首要的一步就是制备薄膜，薄膜如果不纯或者过于粗糙，必然导致光波导损耗增大（Lyu et al.，2018）。

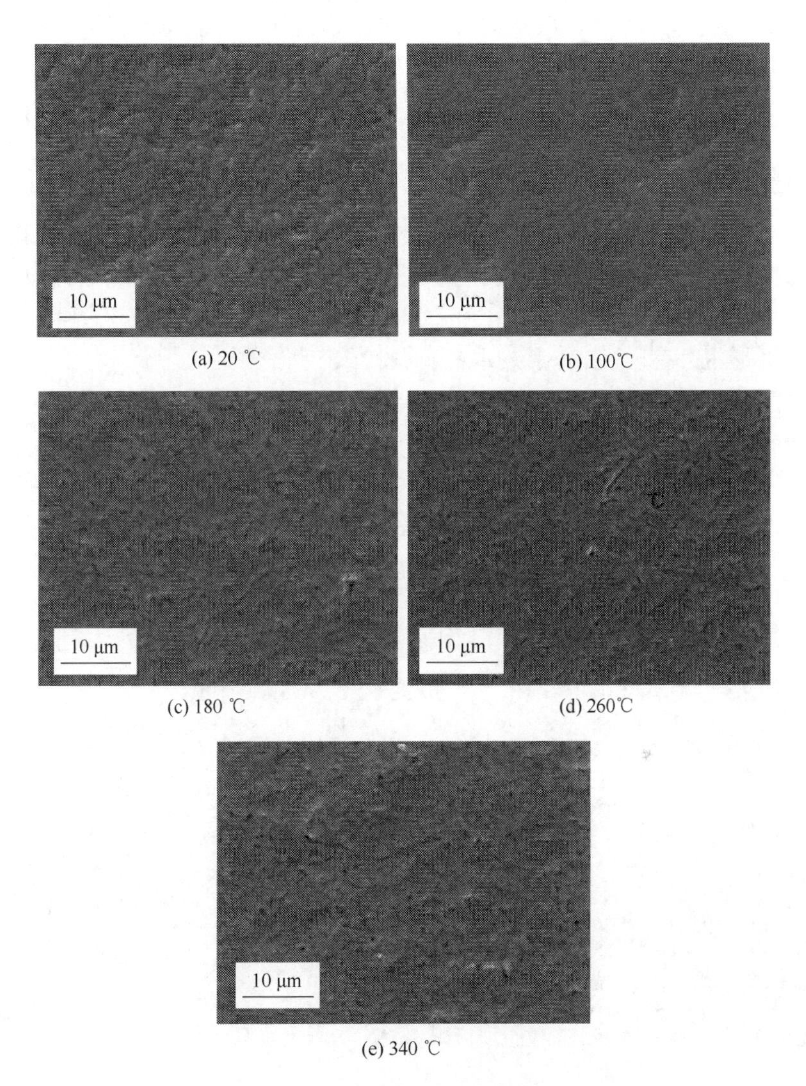

(a) 20 ℃　(b) 100℃

(c) 180 ℃　(d) 260℃

(e) 340 ℃

图 6-9　不同基体温度下复合薄膜 SEM 图

图 6-10 为基体温度为 180℃和 340℃下制备复合薄膜 AFM 三维形貌图。从图中可以看出，基体上生长的薄膜的形状不是特别规则。图 6-10（a）中基体预热 180℃制备的薄膜表面有大量细晶，分布均匀，有个别异常大晶粒出现，这是部分钛被氧化成 TiO_2 所致。图 6-10（b）中基体预热 340℃制备的薄膜表面晶粒大部分比图 6-10（a）中的要大，呈现出一个个小岛，大部分小岛连成

一片，部分区域没有形成小岛，出现沟壑，而且出现类似图 6-10（a）中部分钛被氧化的现象。

有研究表明，原子沉积过程受相应的激活能控制（Ştefant et al.，2015；Liang et al.，2016），因此薄膜结构与基体温度 T_s 和蒸发材料熔点 T_m 比值（T_s/T_m）密切相关。对于真空蒸镀薄膜，钛熔点 T_m 为 1668℃，若基体温度 T_s 为 180℃，则 $T_s/T_m<0.15$，薄膜组织为细等轴晶。此时，自由能 ΔG_0 达到最大。原子团簇尺寸继续增加时，ΔG_0 下降。当沉积在基体上原子团簇尺寸 r 小于成核临界尺寸时，原子团簇并不稳定。当原子团簇尺寸 r 大于成核临界尺寸时，形成稳定结构。此外，沉积过程继续进行，成核尺寸会随着聚集原子或原子团簇越来越多而逐渐变大。从整个基体来看，存在一个个孤立小岛，岛的尺寸达到一定大小就连成一片，形成薄膜。从薄膜表面形貌上看，一些小颗粒或高度调制在一些大颗粒之上。

晶粒尺寸小，薄膜组织出现孔洞，如图 6-10（a）所示。若基体温度为 340℃，则 $0.15<T_s/T_m<0.3$，细晶粒下会出现尺寸稍大晶粒，如图 6-10（b）所示。出现这一现象的原因是在 $0.15<T_s/T_m<0.3$ 内，表面迁移率较高，薄膜生长是基于各个方向相邻晶粒竞争长大的过程。在较低温度（<250.2℃）下，基本没有晶界迁移，晶粒随机生长；温度高时，晶界迁移比较明显，为降低晶界能，晶界会垂直薄膜平面，晶粒变大。

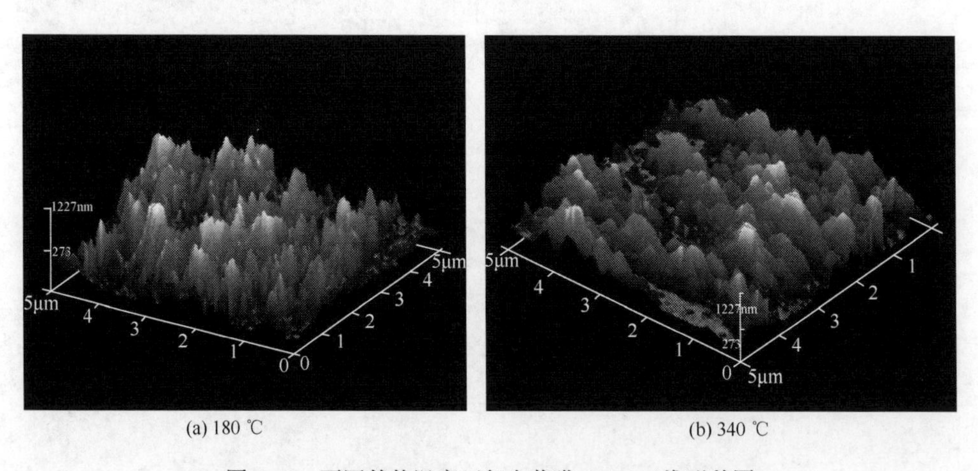

(a) 180 ℃　　(b) 340 ℃

图 6-10　不同基体温度下复合薄膜 AFM 三维形貌图

通过计算两种基体温度（180℃和 340℃）下样品薄膜表面均方根粗糙度（Rq），发现 180℃下薄膜表面粗糙度（25.4nm）小于 340℃下薄膜表面粗糙度（30.3nm）。这是因为在一定范围内基体温度升高促使薄膜表面迁移率增大，出现较大晶粒，导致表面粗糙度变大。而表面粗糙度增大必然导致波导损耗增大。综合前面所述，在五组实验温度中，选择 180℃作为基体温度是最佳的。

图 6-11 给出基体温度为 180℃时复合薄膜 AFM 二维形貌图，扫描范围是 10μm×10μm。图 6-12 给出图 6-11 中某一横截面高度曲线。由图 6-11 和图 6-12 可以看出，薄膜表面存在不同尺寸颗粒，在一定表面范围内，这些不同尺寸颗粒分布均匀，在大尺度高度起伏或者颗粒上有一些小颗粒或高度调制，呈现出一定分形特征。

薄膜生长界面形貌特征与形成吸附原子团时总自由能变化有关（郑伟涛，2004）。若用体材料热力学量表达，则形成半径为 r 球形原子团 Gibbs 自由能 (ΔG_0) 可表示为

$$\Delta G_0 = 4\pi r^2 \sigma_{cv} + \frac{4}{3}\pi r^3 \Delta G_v \tag{6-9}$$

式中，σ_{cv} 为凝聚相和气相间表面自由能；$\Delta G_v = \left(-\frac{kT}{V}\right)\ln\left(\frac{P}{P_e}\right)$ 为从过饱和蒸气压 P 到平衡蒸气压 P_e 凝聚相单位体积自由能。

根据式（6-9）可知，起初自由能随着原子团尺寸增加而增加，直到达到如下临界尺寸：

$$r^* = \frac{2\sigma_{cv}V}{kT\ln\left(\frac{P}{P_e}\right)} \tag{6-10}$$

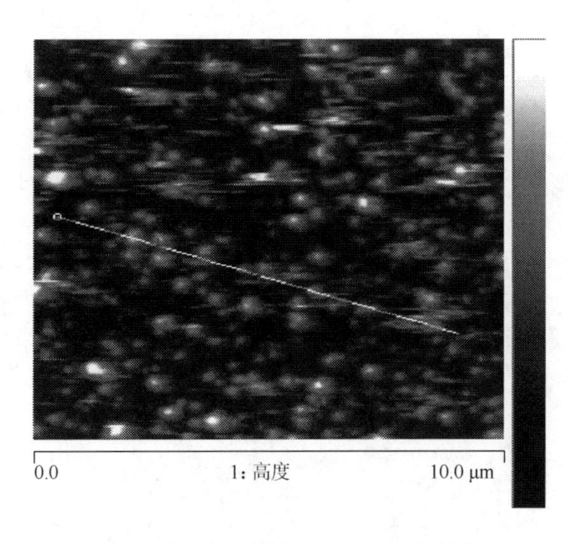

图 6-11　复合薄膜 AFM 二维形貌图

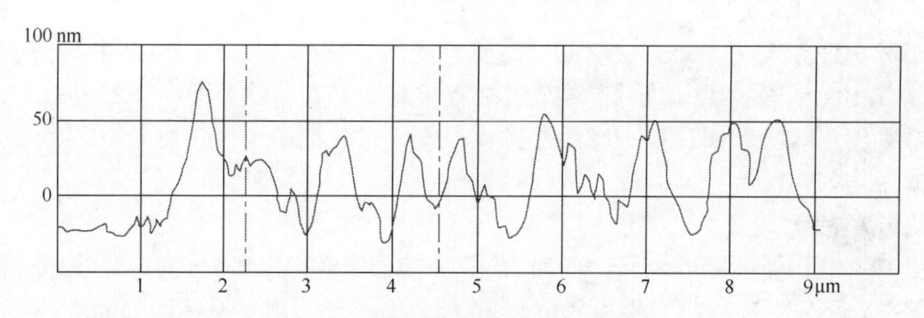

图 6-12　复合薄膜 AFM 一维形貌图

2. 基体温度对复合薄膜组织结构影响

为探究最佳基体温度下复合薄膜相结构，对样品进行 XRD 分析。图 6-13 为不同基体温度下复合薄膜掠入射 XRD 图，其中蒸镀电流为 140A，蒸镀时间为 20min，1、2 和 3 号分别对应基体温度为 340℃、180℃和 20℃，4 号对应最佳基体温度（180℃），且是相对新鲜样品。

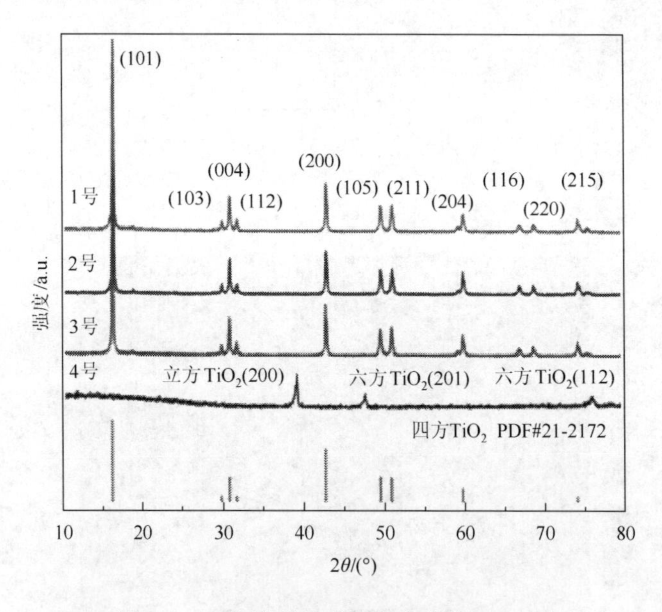

图 6-13　不同基体温度下复合薄膜 XRD 图

从图 6-13 可以看出，4 号样品衍射峰与图 6-8 中相同，钛膜存在立方相和六方相 TiO_2。1、2、3 号样品衍射图基本一致，通过 Jade 软件进行衍射峰匹配分析，发现与 PDF 卡片 21-2172 四方 TiO_2 吻合，在 2θ 为 15.2°、36.9°、37.8°、38.6°、

48.0°、49.3°、51.9°、61.7°、68.8°、70.3°、75.0°等有明显衍射峰，对应着(101)、(103)、(004)、(112)、(200)、(105)、(211)、(204)、(116)、(220)和(215)晶面，呈四方相。这说明 $LiNbO_3$ 基体表面薄膜不完全是纯 Ti 膜，还含有部分 TiO_2 成分。表 6-2 为 1、2、3 号样品晶面间距和晶粒尺寸。

薄膜在扩散实验进行前，便提前被氧化成 TiO_2，颗粒变大，膜结构变得疏松，不利于后续钛扩散实验，应尽可能避免。对比 4 号和 2 号样品 XRD 结果可知，Ti 被彻底氧化为 TiO_2，并非受到基体温度影响，除真空室内残余气体影响，还因为 Ti 有很强吸气性能，能把空间中气体（尤其是含氧气体，如氧气、水、一氧化碳和二氧化碳等）吸附到薄膜表面，在一定条件（尤其是热作用）下，钛薄膜被氧化。

表 6-2　样品晶面间距和晶粒尺寸

样品	2θ/(°)	晶面间距 d/Å	β/rad	D/nm
1 号	25.423	3.5006	0.00340339	4.8
2 号	25.422	3.5008	0.00342085	4.9
3 号	25.361	3.5090	0.00296706	5.9

6.4.3　蒸镀时间对 $Ti/LiNbO_3$ 复合薄膜影响

1. 蒸镀时间对复合薄膜表面形貌影响

图 6-14 为不同蒸镀时间下复合薄膜表面 SEM 图，选用最佳蒸镀电流 140A 和最佳基体温度 180℃。在高倍数下，可以明显看出五组薄膜表面差别不大，都有大颗粒堆积，但是不够紧密，出现大沟壑，平整度比较差。

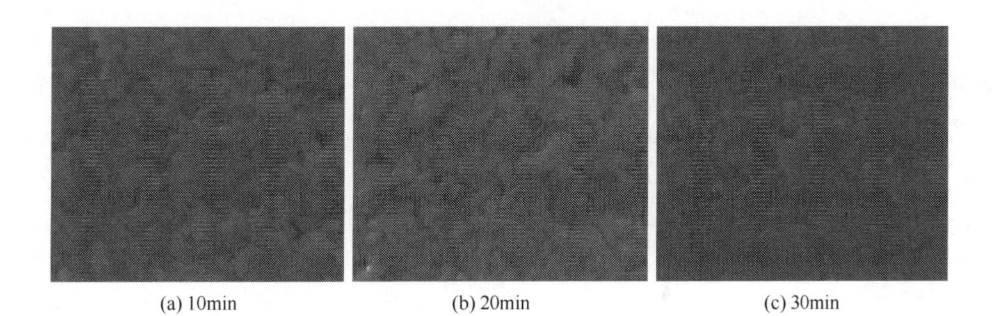

(a) 10min　(b) 20min　(c) 30min

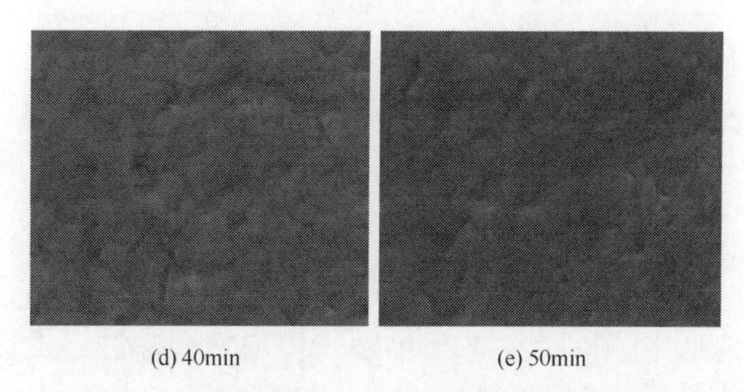

(d) 40min　　(e) 50min

图 6-14　不同蒸镀时间下复合薄膜表面 SEM 图

图 6-15 为两种抛光基体上蒸镀时间为 30min 的复合薄膜表面 SEM 图，其中蒸镀电流为最佳值 140A，基体温度为最佳值 180℃，图 6-15（a）使用的基体为普通抛光，光洁度为微米级，而图 6-15（b）使用的基体属于镜面级抛光。从图中可以看出，图 6-15（b）中薄膜表面平整度远远优于图 6-15（a）中薄膜，这说明基体抛光程度对薄膜表面平整度有很大影响。相同蒸镀条件下，抛光程度越高即光洁度越大，基体上沉积薄膜平整度越好，反之越差。这也解释了图 6-14 中五组薄膜表面质量没有预期效果的原因。因此改用镜面级抛光 $LiNbO_3$ 作为基体，借助其他手段确定最佳蒸镀时间。

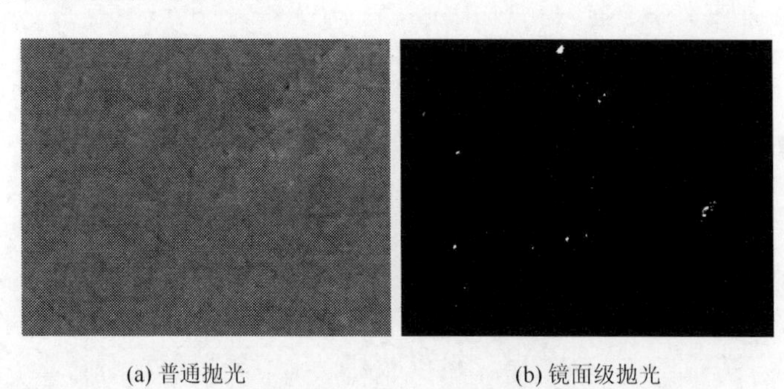

(a) 普通抛光　　(b) 镜面级抛光

图 6-15　两种抛光基体上复合薄膜表面 SEM 图

2. 蒸镀时间对初始钛膜厚度影响

改用镜面级抛光 $LiNbO_3$ 基体，根据不同蒸镀时间得到五组薄膜，利用台阶仪测量厚度，所得初始钛膜厚度如表 6-3 所示。随后使用 Origin 作图软件拟合蒸镀时间与初始钛膜厚度的关系。图 6-16 为蒸镀时间与初始钛膜厚度关系图。对其中初始钛膜厚度为 88nm（蒸镀时间为 30min）的薄膜表面进行 AFM 扫描分析，得到表面 AFM 三维形貌图，如图 6-17 所示。

从图 6-16 中可以看出，本实验所使用的真空蒸镀机每蒸镀 1min，初始钛膜厚度平均增加 2.708nm。图 6-17 显示基体上薄膜蒸镀区域与被遮挡区交界 AFM 三维形貌图可以直观看到薄膜呈柱状生长呈现一定厚度，薄膜覆盖均匀，交界处出现凹凸起伏，是由固定挡板一侧下压力过大造成的。为方便起见，选择初始钛膜厚度为88nm 作为下一步钛扩散研究最佳初始钛膜厚度，同时基于真空蒸镀工艺最佳参数，即蒸镀电流 140A、基体温度 180℃和蒸镀时间 30min（初始钛膜厚度 88nm）选用镜面级抛光 LiNbO$_3$ 基体，制备 Ti/LiNbO$_3$ 复合薄膜样片。

表 6-3　蒸镀时间与初始钛膜厚度对应表

蒸镀时间/min	初始钛膜厚度/nm
10	35
20	50
30	88
40	105
50	133

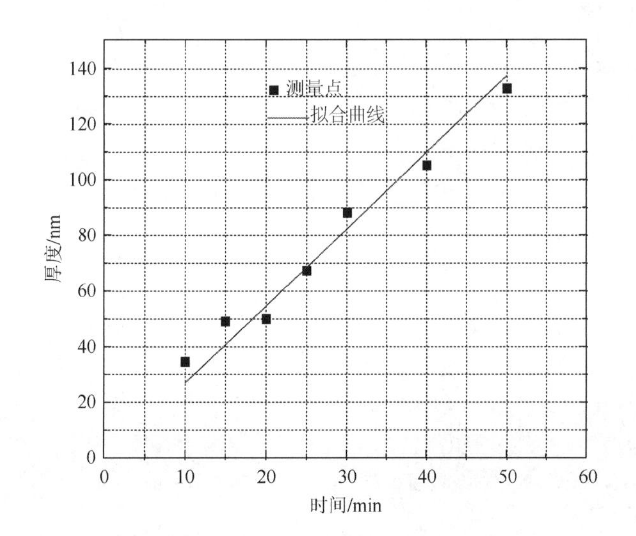

图 6-16　蒸镀时间与初始钛膜厚度关系图

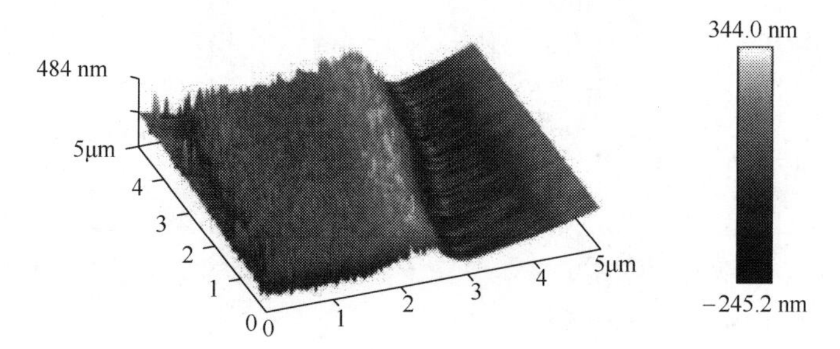

图 6-17　蒸镀 30min 复合薄膜表面 AFM 三维形貌图

6.4.4　Ti/$LiNbO_3$复合薄膜截面 EDS 扫描分析

为考察扩散实验前 Ti/$LiNbO_3$ 复合薄膜截面元素分布情况，对复合薄膜进行截面 EDS 扫描分析，其中蒸镀电流为 140A，基体温度为 180℃，蒸镀时间为 40min，图 6-18 为扫描结果。

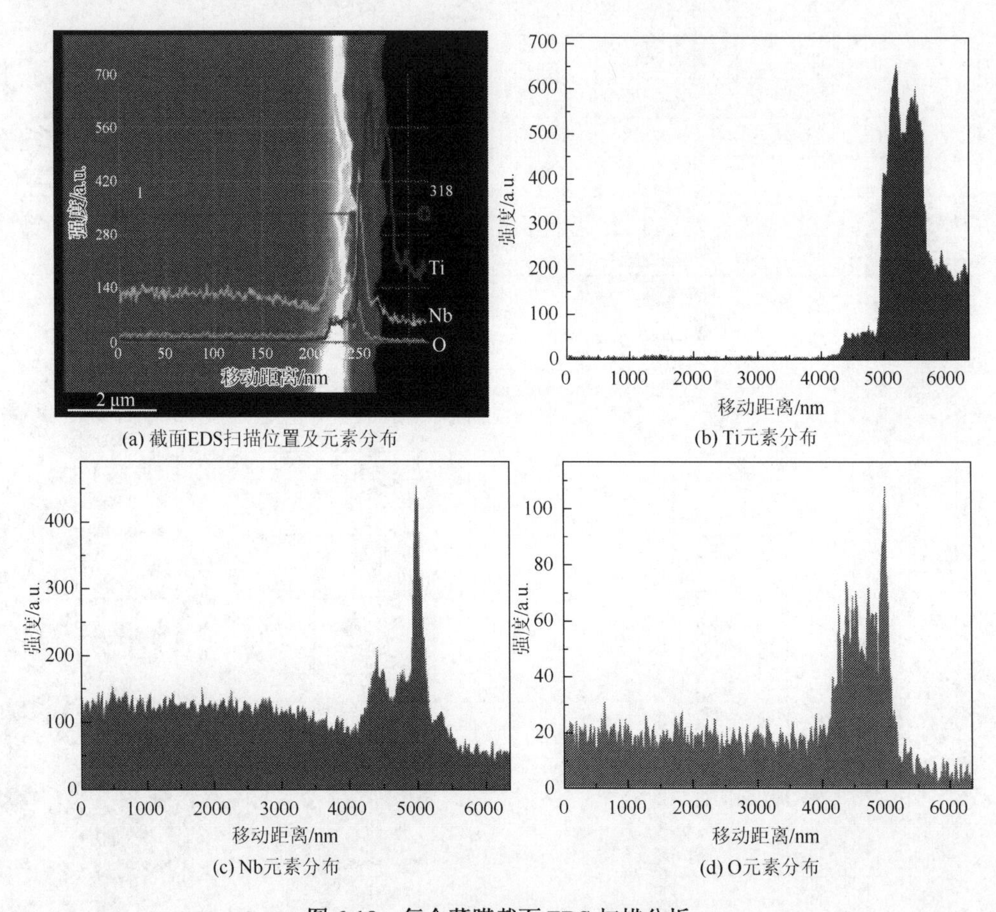

图 6-18　复合薄膜截面 EDS 扫描分析

从图 6-18 可以看出，在 $LiNbO_3$ 和钛薄膜界面，Ti 元素含量发生突变，且主要聚集在 $LiNbO_3$ 基体表面钛薄膜层，而 Nb 元素和 O 元素含量相对基体内部都明显提高。原因是高温沉积过程中，首次气化的钛与基体 $LiNbO_3$ 接触，使其表面温度升高，产生钛-铌氧化物，且聚集在界面处，造成 Nb 元素含量提高，随着钛的增多，形成一定厚度的薄膜，阻挡后续的气化钛原子，结果使 Ti 元素含量增大，Nb 元素和 O 元素含量下降。

6.4.5　Ti/LiNbO$_3$复合薄膜表面XPS分析

考察扩散实验前Ti/LiNbO$_3$复合薄膜表面化学组成和元素化学状态，对蒸镀时间为30min的复合薄膜进行XPS分析。为避免薄膜表面杂质元素影响，测试之前进行刻蚀处理，刻蚀时间为20s。图6-19为复合薄膜表面XPS全谱图，图6-20为钛薄膜表面XPS Ti2p谱图。

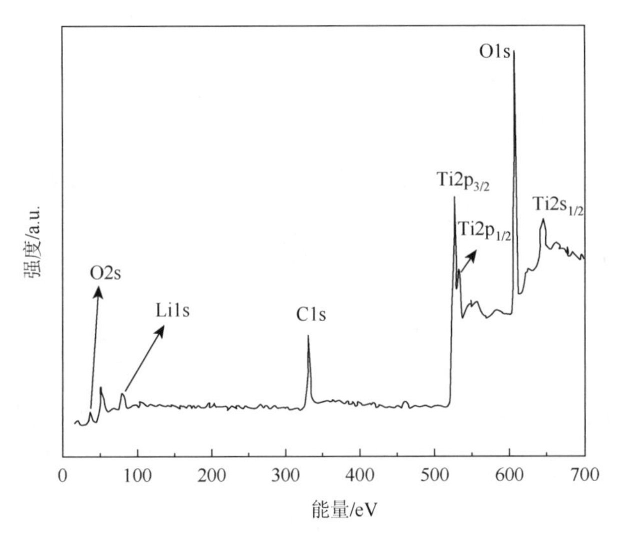

图6-19　复合薄膜表面XPS全谱图

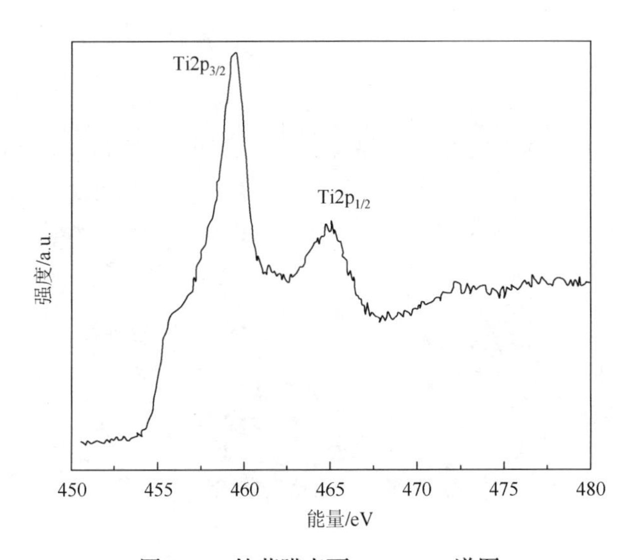

图6-20　钛薄膜表面XPS Ti2p谱图

从图 6-19 中可以明显看出，具有表征作用的谱峰有 O2s、Li1s、C1s、$Ti2p_{3/2}$、$Ti2p_{1/2}$、O1s、$Ti2s_{1/2}$，经过原始数据分析，得到对应原子轨道结合能分别为 23.08eV、57.08eV、284.58eV、459.18eV、464.78eV、530.48eV、565.08eV（存在漂移误差）。其中 C1s 来源于仪器本身，在测试中用 C1s = 284.58eV 做荷电校正。Li 元素出现是由于基体 $LiNbO_3$ 在温度高的情况下出现部分锂外扩散现象。

从图 6-20 中可以看到，Ti2p 谱中出现谱峰分裂，$Ti2p_{3/2}$ 主峰和 $Ti2p_{1/2}$ 主峰对应峰位是 459.18eV 和 464.78eV，分裂原因是处于基态闭壳层原子光电离后生成离子中有一个未成对电子，此未成对电子角量子数 $L>0$（2p 能级角量子数 $L = 1$），产生自旋-轨道耦合作用，结果使其发生能级分裂，对应内量子数 J 取值为 $J = L + M_s = 1 + 1/2 = 3/2$ 和 $J = L - M_s = 1 - 1/2 = 1/2$，其中 M_s 为自旋轨道量子数，固定值是 1/2，这种 XPS 峰分裂称为自旋-轨道分裂。

因钛原子所处化学环境不同，故原子内部电子结合能发生变化，表现为 XPS 峰位置发生改变。钛原子化学环境不同主要指两方面：一是与它相结合元素种类和数量不同；二是钛原子有不同价态。金属钛原子化学上为 0 价，图 6-20 中 2p 能级对应峰位 459.18eV；当在真空条件下，少量被氧化成 TiO_2 后，钛为 + 4 价，由于它的周围环境与金属钛不同，其 2p 结合能为 464.78eV，即化学位移 5.60eV。由图 6-20 可知，金属钛谱峰强度 $Ti2p_{3/2}$ 远大于 TiO_2 谱峰强度 $Ti2p_{1/2}$，说明钛被氧化程度很小。

6.5　钛扩散工艺对光耦合片微观结构及光学性能影响

6.5.1　扩散工艺对光耦合片形貌影响

1. 扩散前后光耦合片外观形貌比较

图 6-21 为基于前面确定的真空蒸镀工艺制备的 $Ti/LiNbO_3$ 复合薄膜波导型光耦合片高温扩散前后外观形貌图，扩散条件如下：扩散温度为 1000℃、扩散时间为 3h。从图中可以明显观察到扩散后，样片表面颜色变浅，钛金属色几乎消失，肉眼无法观察到钛薄膜存在，且样品完整无损，没有明显开裂痕迹。

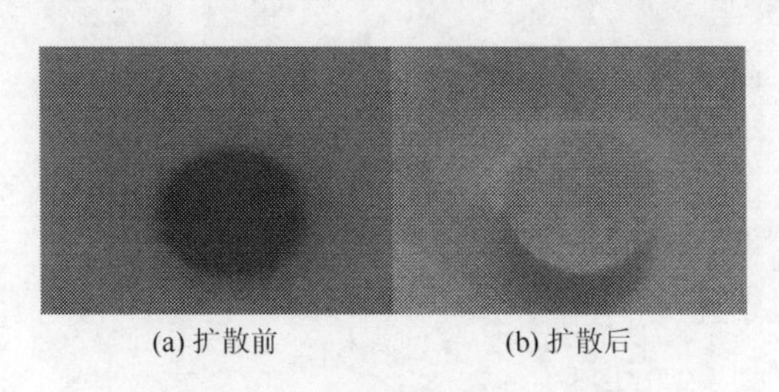

(a) 扩散前　　(b) 扩散后

图 6-21　扩散前后光耦合片外观

2. 扩散温度对光耦合片形貌影响分析

图 6-22 为光耦合片扩散前和不同扩散温度扩散 1h 后表面低倍 SEM 图（放大 10000 倍），图 6-23 为光耦合片不同扩散温度下扩散 1h 后表面高倍 SEM 图（放大 40000 倍）。通过探索实验发现，扩散温度跨度过小，结果对比不明显，在现有实验条件下，扩散温度为 1050℃，样片有部分裂开痕迹；扩散温度超过 1050℃，样品有明显碎裂痕迹，故选择 850℃、900℃、950℃、1000℃和 1050℃五组扩散温度下样片为研究对象。

可以明显看到，扩散前光耦合片表面平整均匀，见图 6-22（a）。扩散后光耦合片表面扩散区域整体变得粗糙，其中，不同扩散温度下光耦合片表面也并不完全相同。扩散温度为 850℃时，光耦合片表面显得粗糙，没有大沟壑，分布大量颗粒，见图 6-22（b）；高倍数下可以明显看到无数大小均匀、形状不规则颗粒紧密堆积在一起，见图 6-23（a）。这些颗粒物起初推测是扩散初期钛被氧化形成的氧化物，大部分是 TiO_2，因为扩散时间只有 1h，时间过短，扩散未完全进行，但也可能是 TiO_2 与 $LiNbO_3$ 晶体内元素在晶体表面形成的化合物。扩散温度为 900℃时，光耦合片表面有大量沟壑，存在较大起伏，部分颗粒变大，颗粒之间不再紧密堆积，间隙增大，见图 6-22（c）和图 6-23（b）。扩散温度为 950℃时，光耦合片表面分布孤立凸起物颗粒，仍存在部分沟壑起伏，见图 6-22（d）和图 6-23（c）。扩散温度为 1000℃时，光耦合片表面变得相对平整，有小颗粒存在，但没有明显大残留物，见图 6-22（e）和图 6-23（d）。扩散温度为 1050℃时，光耦合片表面整体平整，无明显颗粒物存在，有小块凸起区域，见图 6-22（f）和图 6-23（e）。在相同扩散时间（1h）内，扩散温度不同，扩散程度不一样，最直观的是光耦合片表面形貌有所区别。图 6-22 和图 6-23 中，扩散温度由 850℃提高至 900℃、950℃、1000℃时，最明显的变化是光耦合片表面氧化物密集程度逐渐减小，表明扩散温度提高加快扩散进程。结合式（6-3）和表 6-1 可知，扩散温度直接对钛扩散系数 D_{Ti} 产生影响，即扩散系数随着扩散温度提高而增加。表 6-4 为五组扩散温度下对应钛元素沿着 Z 轴扩散系数。扩散温度越大，对应钛扩散系数越大，相应扩散速度越大，但考虑到 1050℃有轻微开裂，极大地增加了样品碎裂风险，确定 1000℃为本组实验最佳扩散温度。

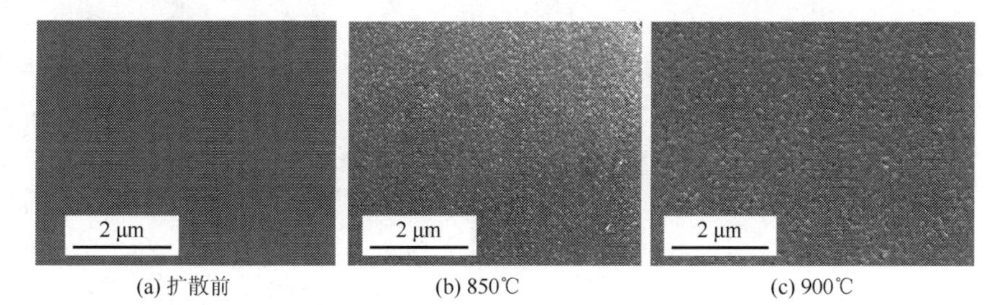

(a) 扩散前　　(b) 850℃　　(c) 900℃

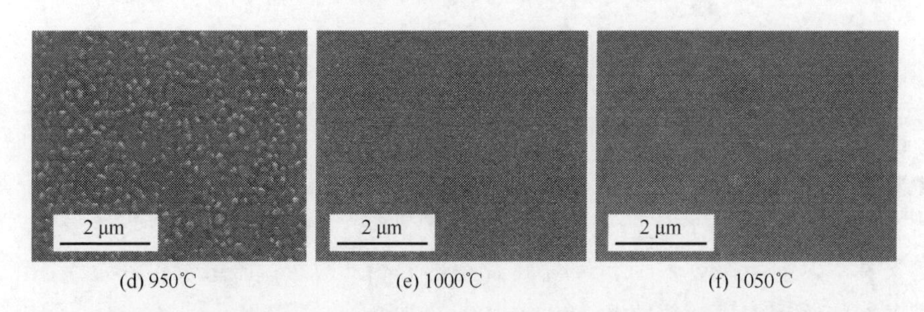

(d) 950℃　(e) 1000℃　(f) 1050℃

图 6-22　扩散前和不同扩散温度扩散 1 h 后光耦合片表面低倍 SEM 图

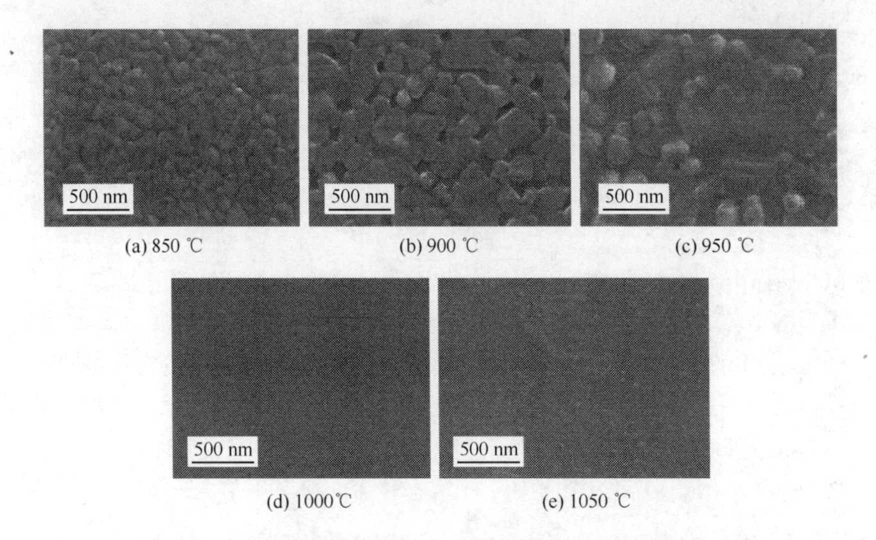

(a) 850 ℃　(b) 900 ℃　(c) 950 ℃
(d) 1000℃　(e) 1050 ℃

图 6-23　不同扩散温度扩散 1 h 后光耦合片表面高倍 SEM 图

表 6-4　不同温度下钛扩散系数

T/℃	D_{Ti}/(μm^2/h)
850	0.02784
900	0.08402
950	0.23165
1000	0.58989
1050	1.39954

3. 扩散时间对光耦合片形貌影响分析

图 6-24 为不同扩散工艺下得到光耦合片表面低倍 SEM 图，其中扩散温度（1000℃）和初始钛膜厚度相同，扩散时间不同（0.5～12h）。经过初步筛选，针

对性地选择扩散时间为 1h、2h、4h、7h 的光耦合片进行表面形貌分析。图 6-25 为扩散时间为 2h 和 4h 得到光耦合片表面高倍 SEM 图。

图 6-24（a）～（c）中，光耦合片表面显得平整，看不出明显起伏或者凸起；而图 6-24（d）则与之相反，光耦合片表面存在大小不一、近似椭圆形的凸起，整个表面显得粗糙。扩散时间为 2h 和 4h 的光耦合片表面存在少量很小的凸起部分，见图 6-25。根据前面所述，在高温扩散条件下，Ti^{4+}扩散进入 LiNbO$_3$ 晶体，扩散区域表面有明显凸起，图 6-24 中相对来说更符合这一形貌特征的是扩散时间为 7h 的光耦合片，因此确定 7h 为最佳扩散时间。

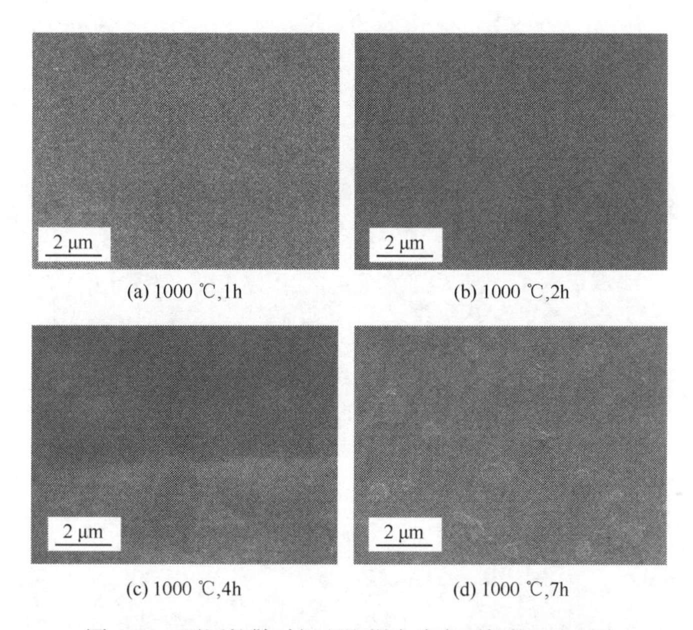

(a) 1000 ℃,1h　(b) 1000 ℃,2h

(c) 1000 ℃,4h　(d) 1000 ℃,7h

图 6-24　不同扩散时间下光耦合片表面低倍 SEM 图

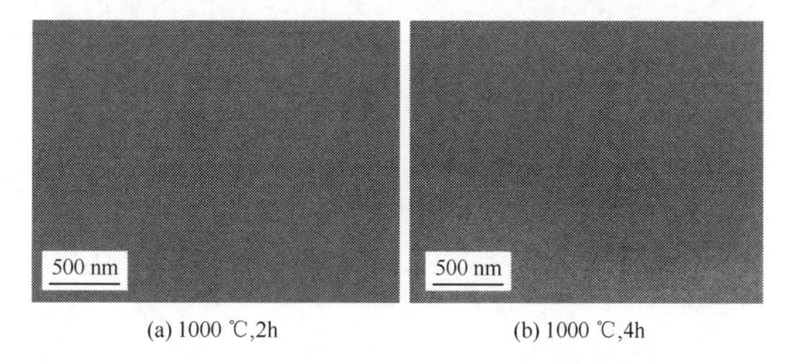

(a) 1000 ℃,2h　(b) 1000 ℃,4h

图 6-25　扩散时间为 2h 和 4h 下光耦合片表面高倍 SEM 图

4. 初始钛膜厚度对光耦合片形貌影响分析

图 6-26 为不同扩散工艺下得到的光耦合片表面 SEM 图，其中扩散温度和扩散时间相同，分别为 1000℃和 7h，经过初步筛选，针对性地选择初始钛膜厚度为 66.7nm、88nm、105nm、133nm。

从图 6-26 中可以看出，四组光耦合片表面都有明显凸起部分，形状不规则，大小不一。图 6-26（a）～（d）的凸起区域依次增大，尤其图 6-26（d）中凸起区域几乎占据整个图片，结合光耦合片初始钛膜厚度，可以发现在扩散温度（1000℃）和扩散时间（7h）确定的情况下，初始钛膜厚度越大，表面扩散区域出现凸起的范围相对越大，由此可以初选最佳初始钛膜厚度为 133nm，但还需要光学性能分析确定。

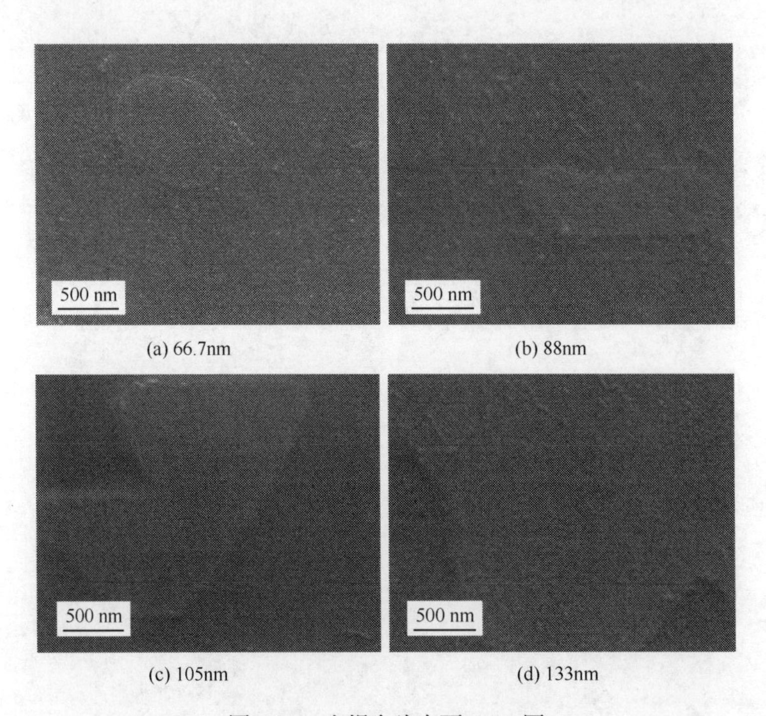

(a) 66.7nm (b) 88nm
(c) 105nm (d) 133nm

图 6-26 光耦合片表面 SEM 图

6.5.2 不同扩散工艺下光耦合片截面及表面元素分析

1. 扩散后光耦合片表面元素分析

为了解钛扩散后光耦合片表面元素，对所有扩散工艺下得到的光耦合片进行表面 EDS 测试，然后选择四组代表性样片 EDS 结果进行分析，将四组样片编号为样片 1、样片 2、样片 3 和样片 4，对应扩散工艺参数如表 6-5 所示。图 6-27（a）～（d）分别为四组光耦合片（样片 1～4）表面 EDS 图。

表 6-5　四组代表性样片对应扩散工艺参数

序号	扩散温度/℃	扩散时间/h	初始钛膜厚度/nm
样片 1	1050	1	88
样片 2	1000	1	88
样片 3	1000	7	88
样片 4	1000	7	42

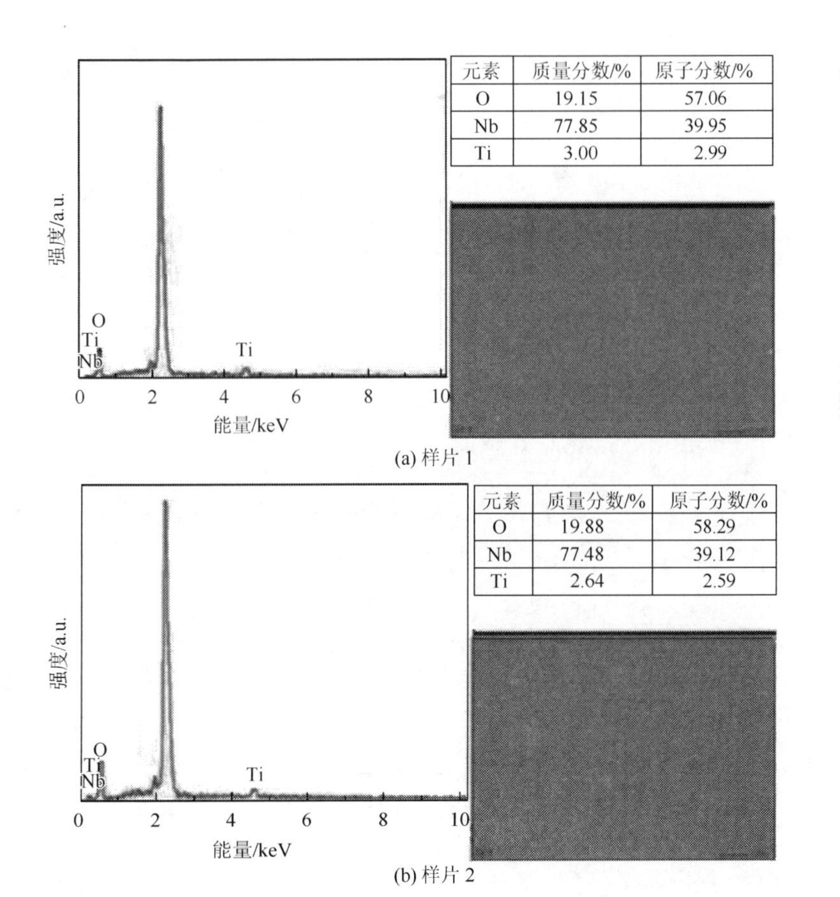

(a) 样片 1

(b) 样片 2

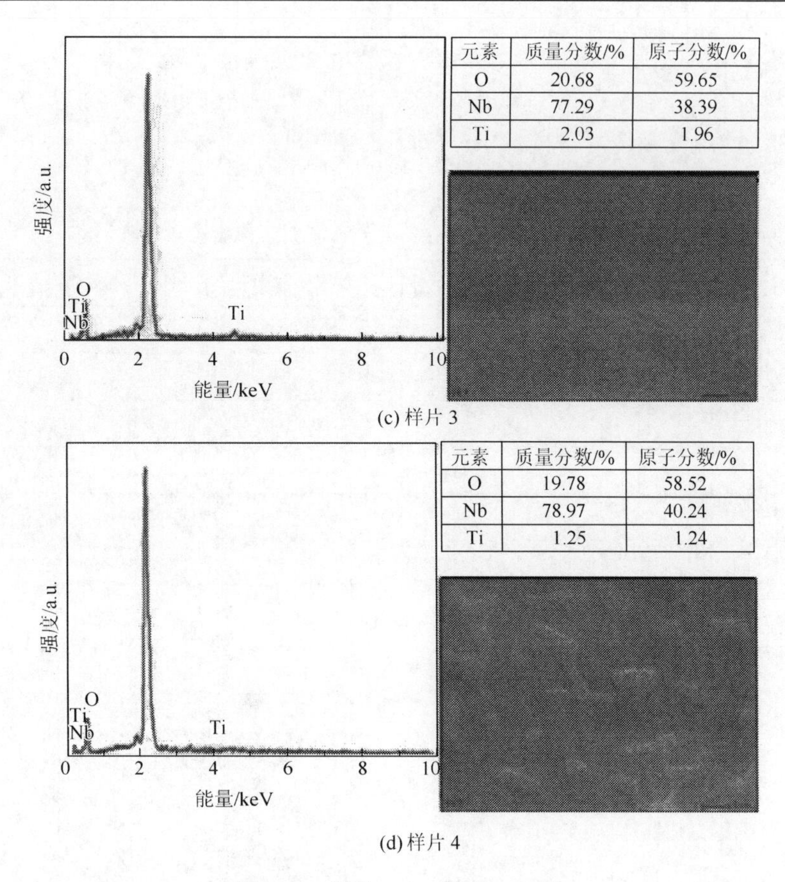

元素	质量分数/%	原子分数/%
O	20.68	59.65
Nb	77.29	38.39
Ti	2.03	1.96

(c) 样片 3

元素	质量分数/%	原子分数/%
O	19.78	58.52
Nb	78.97	40.24
Ti	1.25	1.24

(d) 样片 4

图 6-27　样片 1～4 表面 EDS 图

2. 不同扩散温度下光耦合片截面元素分析

图 6-28 和图 6-29 为两种扩散温度下制备光耦合片的截面线扫描分析，其中扩散温度分别为 1050℃和 950℃，扩散时间（1h）和初始钛膜厚度（88nm）相同。

如图 6-28（a）所示，由扩散区域表面到 $LiNbO_3$ 基体内部主要是 Ti、Nb 和 O 三种元素分布，与表面元素种类一致，各元素含量变化通过对应能谱强度变化反映，从界面最外侧到 $LiNbO_3$ 基体，Ti 元素含量先增加后减少，增加与减少呈现渐进式，而不是突变式，这表明 Ti 元素已进入 $LiNbO_3$ 晶体中，Nb 元素和 O 元素含量并非恒定不变，而是随着 Ti 元素变化出现各自的变化趋势，Nb 元素含量逐渐增加后趋于稳定，O 元素在邻近界面外侧处含量突然增加，到基体内部一段距离后突然减少至稳定值，说明在光耦合片表面形成某种氧化物，造成 O 元素聚集。

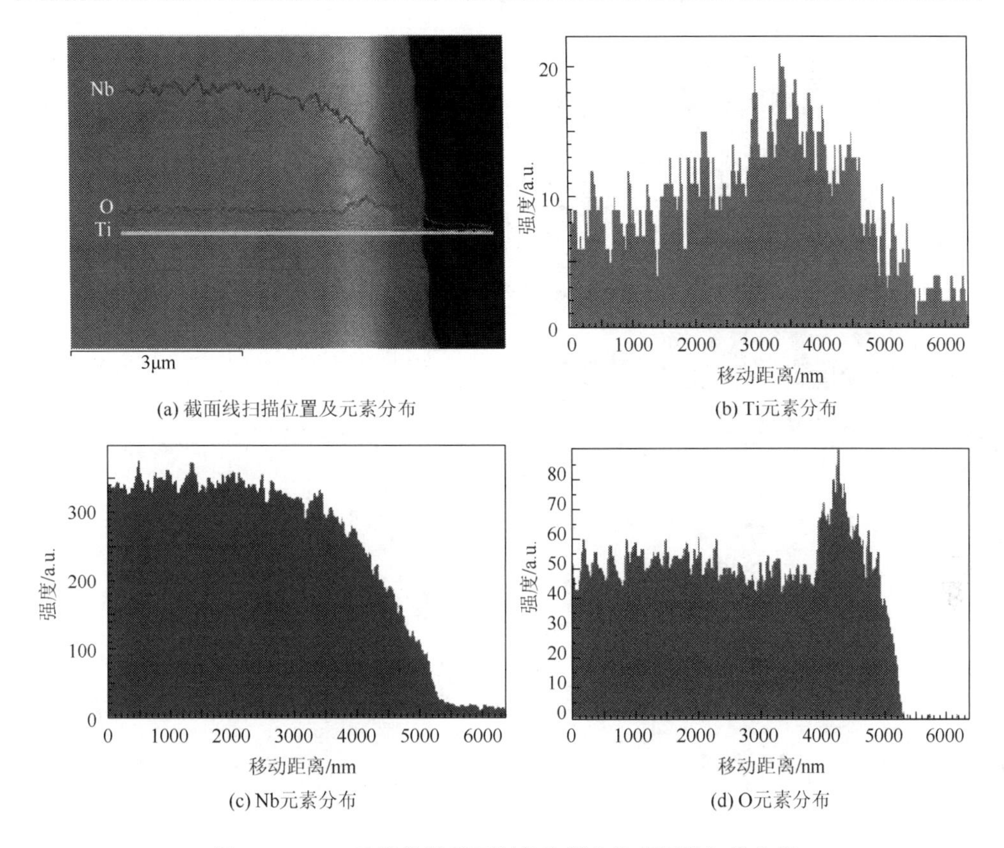

(a) 截面线扫描位置及元素分布　(b) Ti元素分布

(c) Nb元素分布　(d) O元素分布

图 6-28　1050℃扩散温度下制备光耦合片截面线扫描分析

图 6-29 中 Ti、Nb 和 O 三种元素变化趋势与图 6-28 中 Ti、Nb 和 O 三种元素变化趋势基本一致，区别在于图 6-29 中 Nb 元素与 Ti 元素变化保持一致，呈现先逐渐增加后逐渐减少趋势。原因是在反应初期，即钛开始被氧化过程中，钛从周围环境和 $LiNbO_3$ 获得 O 而被氧化，形成 Ti 氧化层（主要成分是 TiO_2），这将破坏 $LiNbO_3$ 原来的分子结构，Nb 原子将聚集在钛膜和基体交界处，再加上 Li 通过氧化层外扩散至基体外部，使 Nb 浓度超过 $LiNbO_3$ 浓度，如图 6-29（c）所示。随着温度升高，基体产生新 $LiNb_3O_8$ 晶相。Armenise 等（1985）研究表明，$LiNb_3O_8$ 晶相是 $LiNbO_3$ 在干氧中煅烧造成的，$LiNb_3O_8$ 晶相形成是由于 Li 或 Li_2O 外扩散，与 Ti 薄膜关系不大，而且 $LiNb_3O_8$ 晶相产生量是温度的函数，一般在 800℃左右产生最多，超过 950℃时会消失。在 $LiNb_3O_8$ 消失前，在钛膜和基体交界附近 Nb 元素分布如图 6-29（c）所示。扩散温度为 1050℃，$LiNb_3O_8$ 晶相消失，Nb 元素分布如图 6-28（c）所示。

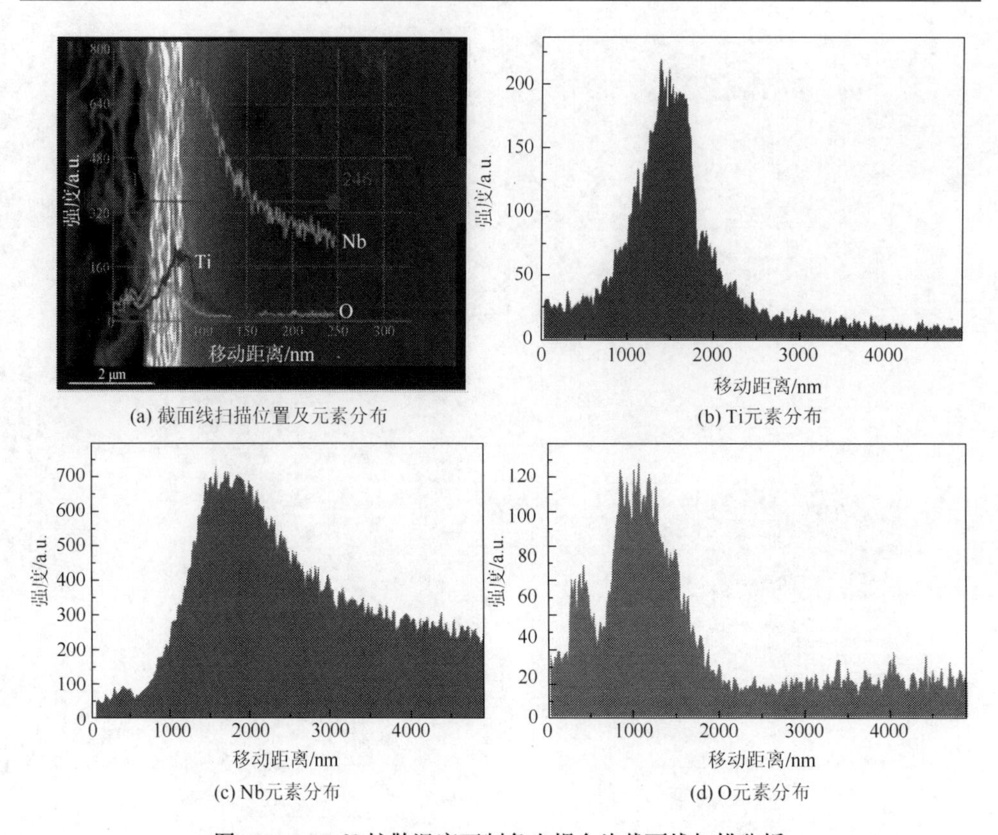

图 6-29　950℃扩散温度下制备光耦合片截面线扫描分析

3. 不同扩散时间下光耦合片截面元素分析

图 6-30 和图 6-31 为两种扩散时间下制备光耦合片截面线扫描分析，扩散时间分别为 4h 和 1h，扩散温度（1000℃）和初始钛膜厚度（88nm）相同。

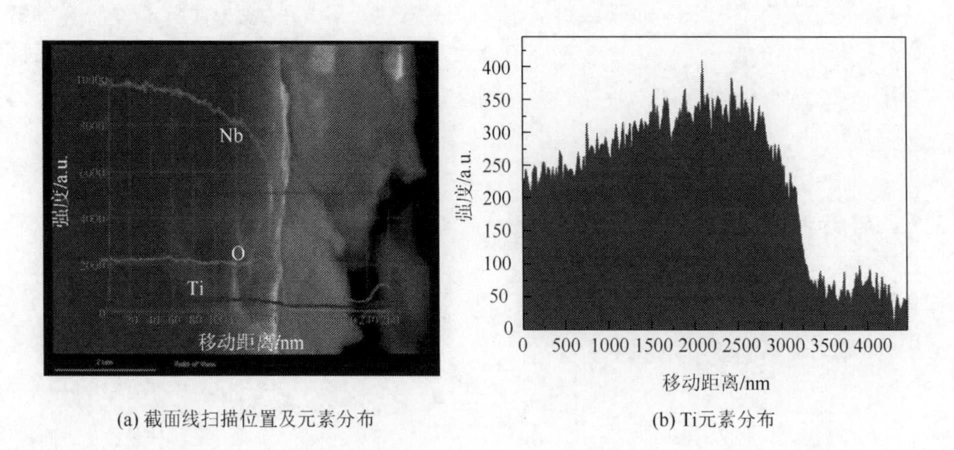

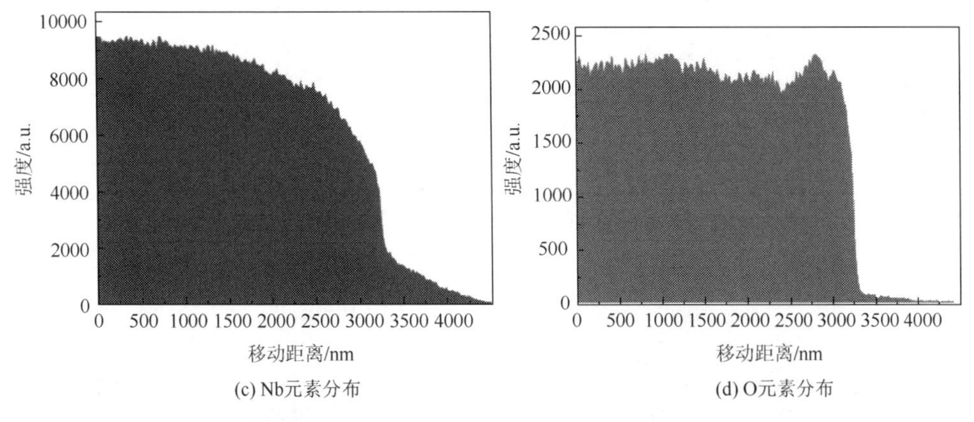

(c) Nb元素分布　　(d) O元素分布

图 6-30　扩散 4h 制备光耦合片截面线扫描分析

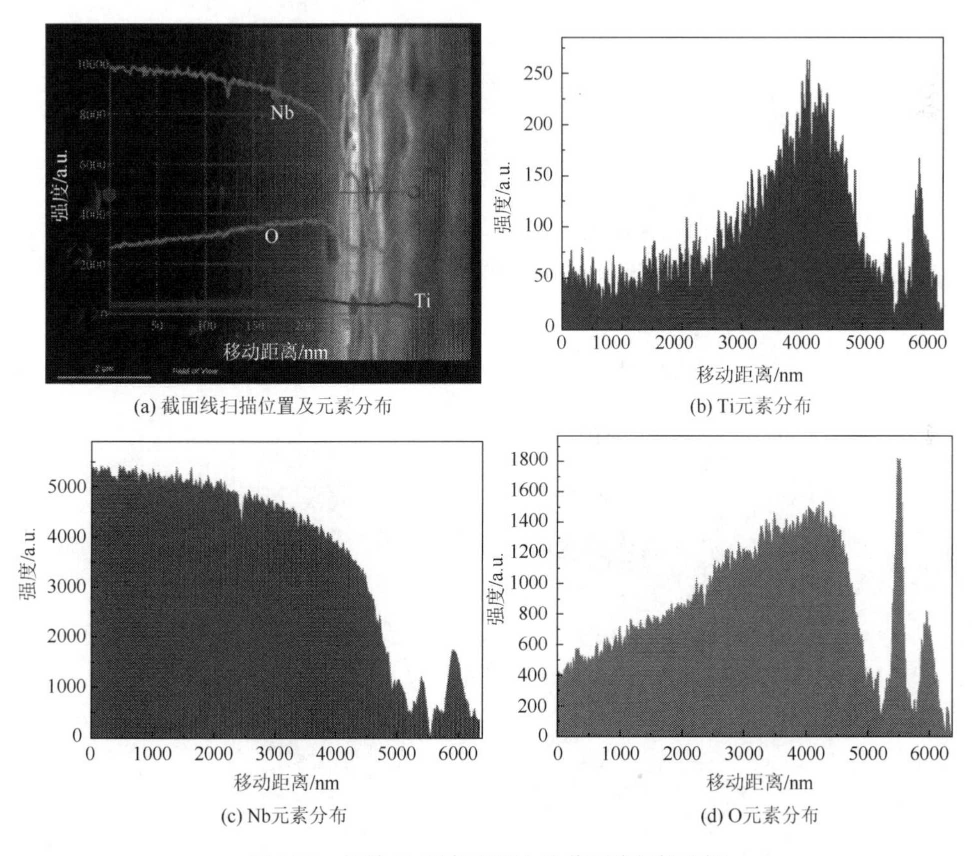

(a) 截面线扫描位置及元素分布　　(b) Ti元素分布

(c) Nb元素分布　　(d) O元素分布

图 6-31　扩散 1h 制备光耦合片截面线扫描分析

从图 6-30 和图 6-31 中可以看出，光耦合片扩散区域表面到 LiNbO$_3$ 基体内部主要是 Ti、Nb 和 O 三种元素分布，扩散时间由 1h 增加到 4h，元素种类不变，Ti 元素纵向分布有明显区别。对比图 6-30（b）和图 6-31（b），扩散时间为 4h 光耦合片中 Ti 元素在 $LiNbO_3$ 基体深度方向上的渗透距离大于扩散时间为 1h 光耦合片。此外，如果把能谱强度定性看作截面元素浓度，图 6-31（b）中 Ti 元素分布图像类似高斯函数图形。

在钛作为充分扩散源的情况下，Schmidt 和 Kaminow（1984）提出高斯浓度分布模型 $c(z, t)$：

$$c(z, t) = \frac{2}{\sqrt{\pi}} \cdot \frac{a\tau}{2\sqrt{Dt}} \exp\left(\frac{-z^2}{4Dt}\right) \tag{6-11}$$

式中，z 为深度；D 为扩散系数；t 为扩散时间；a 为钛膜的原子密度；τ 为初始钛膜厚度。对于 $Ti/LiNbO_3$ 波导，波导的折射率分布与钛浓度成正比。

6.5.3 扩散前后光耦合片相结构分析

1. 拉曼光谱分析

图 6-32 为钛扩散前后 $LiNbO_3$ 晶体拉曼光谱图，使用扩散工艺如下：扩散温度为 1000℃、扩散时间为 7h、初始钛膜厚度为 88nm。

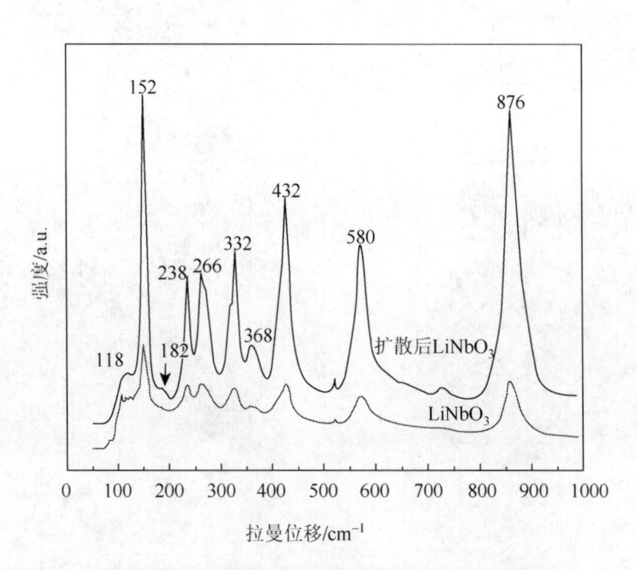

图 6-32　扩散前后 $LiNbO_3$ 晶体拉曼光谱图

从图 6-32 中可以看出，扩散前 $LiNbO_3$ 晶体拉曼光谱中有 10 个 E（TO）散射峰，分别为 $118cm^{-1}$、$152cm^{-1}$、$182cm^{-1}$、$238cm^{-1}$、$266cm^{-1}$、$332cm^{-1}$、$368cm^{-1}$、

432cm^{-1}、580cm^{-1}、876cm^{-1}，峰相对强度不同，最高的谱峰是 152cm^{-1} 和 876cm^{-1}。扩散后 $LiNbO_3$ 晶体拉曼光谱中各谱线特征峰与扩散前可观测谱峰相比数量减少，这是由于扩散后谱峰整体相对强度减小，谱峰展宽使谱峰重叠。扩散前后 $LiNbO_3$ 晶体拉曼光谱中各谱线特征峰位置基本一致，少数有所差别，这表明扩散后 $LiNbO_3$ 没有新相产生。

$LiNbO_3$ 晶体的晶格结构属于 R3C 空间群（3md 点群），主要由［LiO_6］八面体和［NbO_6］八面体组成。从晶体拉曼振动频率可知部分振动模式，郝晨生和王锐（2001）指出，较强模式主要由［NbO_6］八面体振动所引起，而［LiO_6］八面体振动拉曼谱峰和［NbO_6］八面体振动拉曼谱峰存在部分重叠。图 6-32 中较高的 152cm^{-1} 谱峰由平面上互相靠近的［NbO_6］八面体和邻近的 Li 振动共同产生，182cm^{-1} 谱峰由 Li 振动和弱 Nb—O 键振动产生，扩散后 $LiNbO_3$ 拉曼光谱中 182cm^{-1} 谱峰几乎消失。原因是扩散时 $LiNbO_3$ 晶体暴露在高温环境，晶体内模对应 Nb—O 键合强度随温度升高而减弱，从而导致 182cm^{-1} 谱峰中心位置移动。至于移动方向，根据仇怀利和王爱华（2004）的研究，当温度升高时，拉曼谱峰表现为向低波数方向移动。

2. XRD 分析

图 6-33 为钛扩散前后 $LiNbO_3$ 晶体 XRD 图，使用扩散工艺如下：扩散温度为 1000℃、扩散时间为 7h、初始钛膜厚度为 88nm。

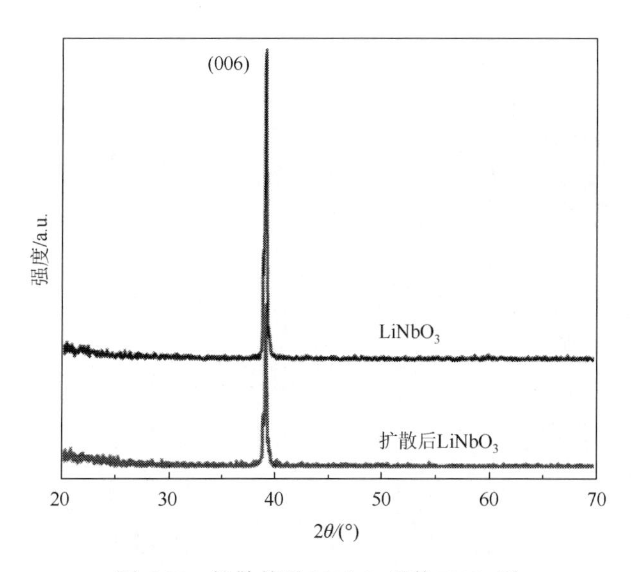

图 6-33 扩散前后 $LiNbO_3$ 晶体 XRD 图

从图 6-33 中可以看出，钛扩散处理前后 $LiNbO_3$ 特征峰的相对强度虽然相差很大，但是峰位置几乎一致。没有经过扩散处理的 $LiNbO_3$ 晶体特征峰出现在 2θ 为 39.107°处，晶面间距为 2.3015Å。经过钛扩散处理的 $LiNbO_3$ 晶体特征峰出现在 2θ 为 39.111°处，晶面间距为 2.3013Å。查阅 PDF 卡片可以看出，出现特征峰对应的晶面指数为(006)，仍然是单晶 $LiNbO_3$ 相。表明经过钛扩散处理的 $LiNbO_3$ 晶体表面仍保持 $LiNbO_3$ 相，与拉曼光谱测试结果分析一致。

6.5.4　钛扩散后光耦合片表面 XPS 分析

为考察钛扩散后得到的光耦合片表面及内部化学组成和元素化学状态，并与扩散前化学状态做对比，选择某一扩散条件下得到的光耦合片进行 XPS 分析。其中，扩散工艺如下：扩散温度为 1000℃，扩散时间为 7h，初始钛膜厚度为 85nm。测试包括两次，第一次未进行 Ar^+刻蚀处理，第二次测试前进行 Ar^+刻蚀处理，刻蚀时间为 20s。图 6-34 和图 6-35 分别为样品刻蚀后表面的 XPS 全谱图和 XPS Nb3d 谱图，图 6-36 为样品刻蚀前后表面 XPS Ti2p 谱图。

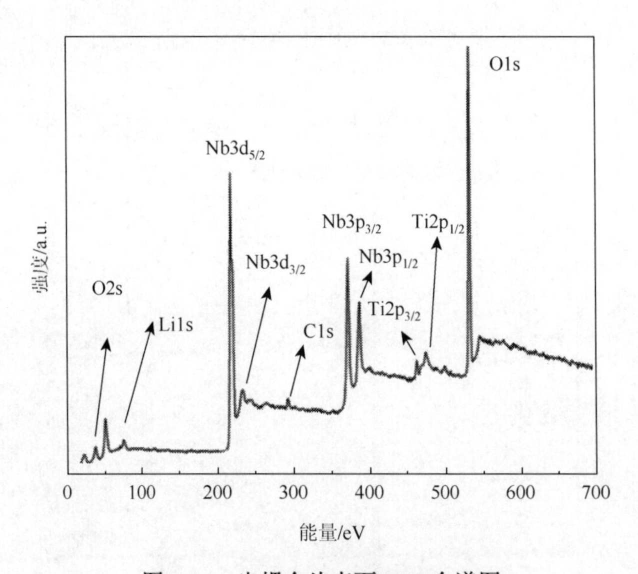

图 6-34　光耦合片表面 XPS 全谱图

由图 6-34 可以明显看出，具有表征作用的谱峰有 O2s、Li1s、$Nb3d_{5/2}$、$Nb3d_{3/2}$、C1s、$Nb3p_{3/2}$、$Nb3p_{1/2}$、$Ti2p_{3/2}$、$Ti2p_{1/2}$、O1s，经过原始数据分析，得到对应原子轨道结合能分别为 23.08eV、57.08eV、207.48eV、210.18eV、284.58eV、366.08eV、382.08eV、459.18eV、471.48eV、530.48eV。其中 C1s 来源于仪器本身，在测试过程中用 C1s = 284.58eV 做荷电校正。

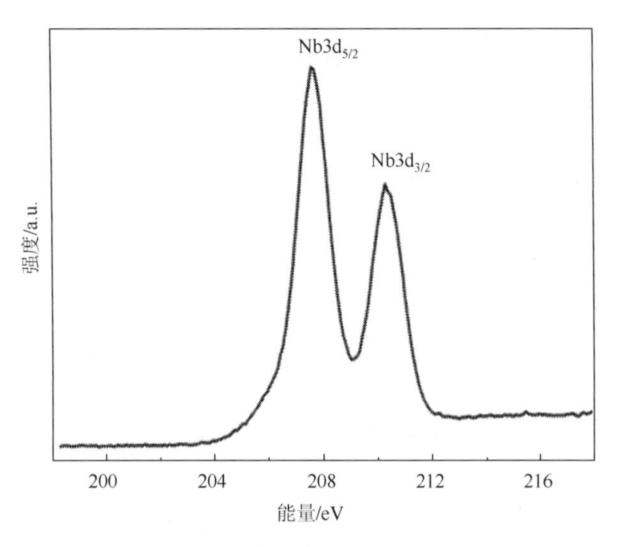

图 6-35　光耦合片表面 XPS Nb3d 谱图

从图 6-35 中可以看到，Nb 3d 谱中出现谱峰分裂，这是由于未成对电子产生自旋-轨道耦合作用而发生 XPS 峰分裂，也称自旋-轨道分裂。主峰 Nb3d$_{5/2}$ 和 Nb3d$_{3/2}$ 对应的峰位是 207.48eV 和 210.18eV，两者峰能量间隔即自旋-轨道劈裂能为 2.7eV。

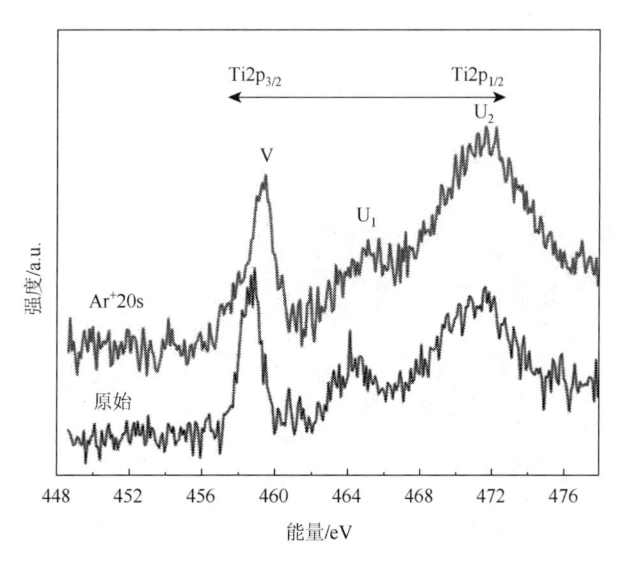

图 6-36　刻蚀前后光耦合片表面 XPS Ti2p 谱图

由图 6-36 可以看出，除谱峰分裂，还存在 Ti2p 电子 XPS 线位移，原子壳层电子结合能随化学环境而变化，XPS 图结合能谱线发生位移，强度对应于原子所在各种结构数目。U_1谱峰出现是因为钛被氧化而呈现Ti^{4+}，导致结合能谱线位移，一般来说原子壳层电子结合能随氧化态增高而增大，氧化态越高，化学位移越大。但是U_2谱峰出现并非如此，而是因为Ti^{4+}通过扩散机制进入$LiNbO_3$晶体中，使得与Ti^{4+}所结合元素种类和数量发生变化，元素种类不单单是O还有Nb，Ti受到周围Nb影响导致谱线位移。比较未刻蚀与Ar^+刻蚀20s后XPS图可以明显发现，刻蚀之后，U_1谱峰相对强度减小，U_2谱峰相对强度增大，说明扩散进入基体内部的Ti虽然仍呈现Ti^{4+}，但是壳层电子结合能主要受$LiNbO_3$内部元素或结构影响，同时$LiNbO_3$折射率会因Ti^{4+}进入而增大。

6.5.5 有效折射率与导模数目分析

根据微观结构初步筛选后，从实验方案中选出D4、E2、E3、E4、E5、F1和F5薄膜样品，对应7个样品进行棱镜耦合测试。表6-6为7个样品对应扩散工艺信息与测试条件、测试结果，其中测试结果包括棱镜折射率（Prism *N*）、导模数目（*m*）和有效折射率（n_{eff}），测试条件包括入射光波长和要分析模式（TE或TM模式）。

表6-6 7个样品对应扩散参数及测试条件、测试结果

项目		D4	E2	E3	E4	E5	F1	F5
真空蒸镀最佳工艺	蒸镀电流/A	140						
	基体温度/℃	180						
	蒸镀时间/min	30						
扩散工艺	扩散温度/℃	1000	1000	1000	1000	1000	1000	1000
	扩散时间/h	1	2	4	7	11	7	7
	初始钛膜厚度/nm	88	88	88	88	88	35	133
测试条件	波长/nm	1540						
	模式	TE						
测试结果	棱镜折射率	2.6937	2.6937	2.6937	2.6937	2.6937	2.6937	2.6937
	导模数目	1	1	1	1	1	1	1
	有效折射率	2.2125	2.2128	2.2128	2.2140	2.2144	2.2125	2.2144

由表6-6可知，当选择TE偏振入射光波长为1540nm时，7个样品都只有1个有效折射率，导模数目为1。对比D4、E2、E3、E4和E5样品的有效折射率，可以发现，D4＜E2 = E3＜E4＜E5。5个样品对应扩散工艺中，除扩散时间外，扩散温度相同（1000℃），初始钛膜厚度基本一致（约88nm），结合扩散时

间（D4＜E2＜E3＜E4＜E5），可以得出：在其他条件一定情况下，样品有效折射率随扩散时间延长而呈增大趋势，其中 E2、E3 样品的有效折射率相同，与所得结论不符。原因是扩散时间延长 1h，有效折射率变化比较小，而测量精度只显示小数点后四位。

同样，对比 E4、F1 和 F5 样品有效折射率可以发现，在扩散温度（1000℃）和扩散时间（7h）相同情况下，E4、F1 和 F5 样品的有效折射率随着初始钛膜厚度增加而有增大趋势。

依据有效折射率定义，选择 1540nm 波长下有效折射率最大的两个样品（E5 和 F5 样品）为最佳光耦合片样品，同时做进一步折射率梯度分析。

1. 折射率梯度分布

为度量 E5 和 F5 样品的折射率梯度依次选用波长为 1550.2nm、532.0nm 和 448.2nm 的入射光进行棱镜耦合测试，测试结果如表 6-7 所示，其中包括不同波长下基体材料的折射率。

表 6-7　样品棱镜耦合测试结果

测试条件		样品	测试结果			
波长/nm	模式		棱镜折射率	基体折射率	*m*	n_{eff}（低阶模到高阶模）
1550.2	TE	E5	2.69231	2.20891	1	2.21068
		F5	2.69231	2.20890	1	2.21068
532.0	TE	E5	2.96800	2.32400	3	2.32950、2.32730、2.32540
		F5	2.96750	2.32395	3	2.33010、2.32750、2.32540
448.2	TE	E5	3.15230	2.38118	4	2.38780、2.38560、2.38370、2.38220
		F5	3.15230	2.38158	4	2.38970、2.38700、2.38460、2.38280
448.2	TM	E5	2.81000	2.28507	4	2.29250、2.28950、2.28720、2.28570
		F5	2.81000	2.28481	4	2.29670、2.29210、2.28860、2.28260

由表 6-7 可以看出，使用 1550.2nm 波长，E5 和 F5 样品都只有 1 个模式，两个样品有效折射率相同，测得基体材料折射率也基本一致。说明在此波长下，两个样品无显著区别。使用 532.0nm 波长，两个样品都有 3 个模式，对应有效折射率（低阶模到高阶模）：F5＞E5。在 448.2nm 波长下，两个样品都有 4 个模式，对应有效折射率（低阶模到高阶模）：F5＞E5。因此可以判断，在 532.0nm 和 448.2nm 波长下 F5 样品优于 E5 样品。

对比波长为 448.2nm、偏振模式不同（TE 和 TM 模式）的样品发现，TE 模式下所用棱镜折射率大于 TM 模式下所用棱镜折射率，测得同一个基体折射率在 TE 模式下更大。但偏振模式对样品有效折射率个数没有影响，说明制备 $Ti/LiNbO_3$ 波导型光耦合片很好地支持了 TE 和 TM 两种模式的光传输。

2. 逆 WKB 近似法计算

要确定样品径向一维折射率分布，常用方法是逆 WKB（Wentzel-Kramers-Brillouin）近似法（付国兰，2005；Giffiths and Esdaile，1984）。这至少需要三种模式（其他类似算法也需要至少三种模式），因此选择入射光波长为 532.0nm 和 448.2nm。计算处理方法如下。

根据 WKB 近似，模式本征方程可以表示为

$$\int_0^{x_m}\left[n^2(x)-n_m^2\right]^{\frac{1}{2}}\mathrm{d}x=\frac{4m-1}{8}\ \left(m=1,2,3,\cdots,M\right) \tag{6-12}$$

式中，x_m 定义为 $n(x_m)=n_m$，x_m 已归一化处理，令 $x_0=0$，$n_0=n(0)$处相移为 $\pi/4$，转折点处相移为 $\pi/2$，要注意逆 WKB 近似法中波导表面折射率定义为 n_0，为方便计算，导模序数不再从 0 开始，而是从 1 开始。

从表 6-7 中波导有效折射率从低阶模到高阶模单调递减可推测，波导折射率分布也是从表面向下单调递减。为计算一系列 n_m 对应坐标 x_m，将式（6-12）表示为积分求和形式：

$$\sum_{k=1}^{m}\int_{x_{k-1}}^{x_k}\left[n^2(x)-n_m^2\right]^{\frac{1}{2}}\mathrm{d}x=\frac{4m-1}{8}\ \left(m=1,2,3,\cdots,M\right) \tag{6-13}$$

假设每相邻两个 n_m 之间折射率分布 $n(x)$是线性的：

$$n(x)=n_k+\frac{(n_{k-1}-n_k)(x_k-x)}{(x_k-x_{k-1})}\quad (x_{k-1}\leqslant x\leqslant x_k) \tag{6-14}$$

将 $n(x)+n_m$ 以中值形式［$(n_{k-1}+n_k)/2$］$+n_m(x_{k-1}\leqslant x\leqslant x_k)$代替，对式（6-14）求积分得

$$x_m=x_{m-1}+\left[\frac{3}{2}\left(\frac{n_{m-1}+n_k}{2}\right)^{-\frac{1}{2}}\left(n_{m-1}+n_m\right)^{-\frac{1}{2}}\right]$$

$$\times\left\{\frac{4m-1}{8}-\frac{2}{3}\sum_{k=1}^{m-1}\left(\frac{n_{k-1}+n_k}{2}+n_m\right)^{\frac{1}{2}}\frac{x_k-x_{k-1}}{n_{k-1}-n_m}\left[\left(n_{k-1}-n_m\right)^{\frac{3}{2}}-\left(n_{k-1}-n_m\right)^{\frac{3}{2}}\right]\right\}$$

$$(m=1,2,3,\cdots,M) \tag{6-15}$$

而且，

$$x_1=\frac{9}{16}\left(\frac{n_0+3n_1}{2}\right)^{-\frac{1}{2}}\left(n_0+n_1\right)^{-\frac{1}{2}} \tag{6-16}$$

通过测量模式有效折射率 $n_1,n_2,\cdots,n_m$ 得到对应坐标 $x_1,x_2,\cdots,x_m$，从而得到折射率分布曲线。其中表面折射率 n_0 未知，主要通过使折射率轮廓在几何上处于最光滑状态，即保证使

$$\sum_{k=1}^{M-2}\left(\frac{\dfrac{n_{k+2}-n_{k+1}}{x_{k+2}-x_{k+1}}-\dfrac{n_{k+1}-n_k}{x_{k+1}-x_k}}{\dfrac{x_{k+2}+x_{k+1}}{2}-\dfrac{x_{k+1}+x_k}{2}}\right)^2 \tag{6-17}$$

有最小值，即认为波导折射率轮廓不会发生突变，而是光滑过渡。

3. 折射率分布曲线

根据逆 WKB 近似法可知，要得出径向一维折射率分布曲线，首先要得到模式有效折射率及其对应深度。表 6-8 为 F5 和 E5 样品在不同波长下有效折射率和深度。

表 6-8 F5 和 E5 样品在不同波长下的有效折射率和深度

<table>
<tr><td colspan="2">条件</td><td colspan="4">F5</td><td colspan="4">E5</td></tr>
<tr><td rowspan="2">532.0nm
TE</td><td>有效折射率</td><td>2.33010</td><td colspan="2">2.32750</td><td>2.32540</td><td>2.32950</td><td colspan="2">2.32730</td><td>2.32540</td></tr>
<tr><td>深度/μm</td><td>2.48030</td><td colspan="2">4.12100</td><td>5.68990</td><td>2.74390</td><td colspan="2">4.45430</td><td>5.96230</td></tr>
<tr><td rowspan="2">448.2nm
TE</td><td>有效折射率</td><td>2.38970</td><td>2.38700</td><td>2.38460</td><td>2.38280</td><td>2.38780</td><td>2.38560</td><td>2.38370</td><td>2.38220</td></tr>
<tr><td>深度/μm</td><td>2.12500</td><td>3.31940</td><td>4.44520</td><td>5.96730</td><td>2.30510</td><td>3.70110</td><td>4.98240</td><td>6.48140</td></tr>
</table>

依据表 6-8，通过数据处理软件计算得到 E5 和 F5 样品径向一维折射率梯度分布。图 6-37 和图 6-38 是波长为 532.0nm 时样品的折射率分布，图 6-39 和图 6-40 是波长为 448.2nm 时样品的折射率分布。深度 = 0 就表示波导表面，此时对应的折射率最大值就表示波导表面最大折射率，图 6-37～图 6-40 中对应表面最大折射率分别为 2.33238、2.33135、2.39174 和 2.38959。由表面最大折射率，结合对应基体折射率，便可以得出表面折射率变化量。

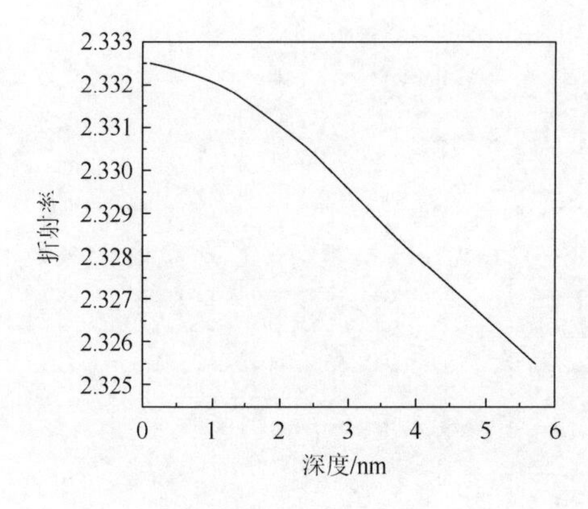

图 6-37　F5 样品折射率分布（532.0nm）

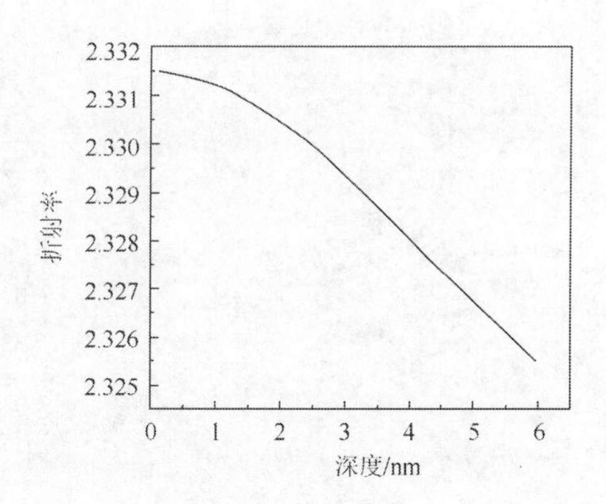

图 6-38　E5 样品折射率分布（532.0nm）

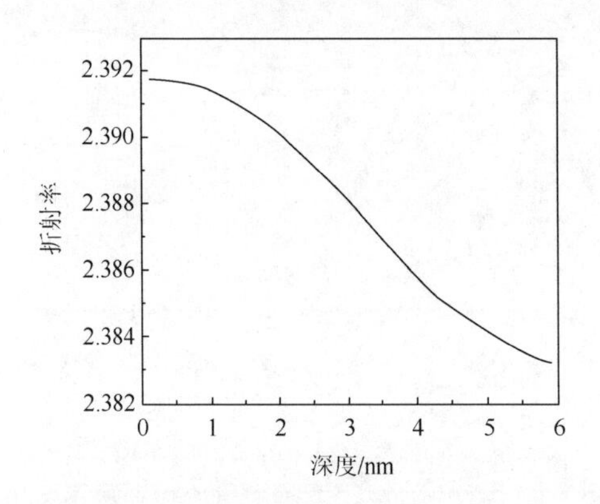

图 6-39　F5 样品折射率分布（448.2nm）

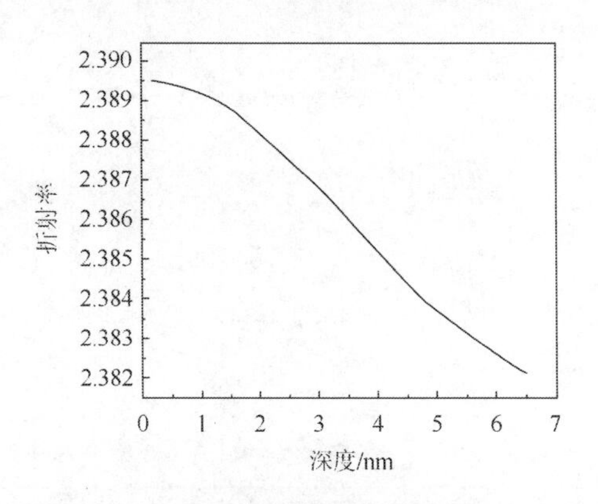

图 6-40　E5 样品折射率分布（448.2nm）

4. 表面最大折射率与表面折射率变化量分析

为探究 Ti/$LiNbO_3$ 复合薄膜表面最大折射率、表面折射率变化量与扩散参数间的关系，对 E5 和 F5 样品表面最大折射率与表面折射率变化量进行对比分析。通过折射率分布曲线可以得知，无论 532.0nm 波长还是 448.2nm 波长，E5 和 F5 样品表面最大折射率对比：F5＞E5；两个样品表面折射率变化量对比：F5＞E5。结合两种样品扩散参数可知，表面最大折射率和表面折射率变化量一定与初始钛膜厚度和扩散深度有关。

对于钛扩散进入 $LiNbO_3$ 形成光波导，波导表面折射率变化量是波导的一个重要参数，Fouchet 和 Carenco（1987）对波导表面折射率变化量进行过研究，表面折射率变化量和制作条件有如下关系：

$$\Delta n = \left[B_0(\lambda) + B_1(\lambda)\frac{\tau}{d} \right]\left(\frac{\tau}{d}\right)^{\beta} \tag{6-18}$$

式中，Δn 为表面折射率变化量；λ 为波长；τ 为初始钛膜厚度；d 为扩散深度；B_0 和 B_1 为与波长有关的系数；对于寻常光，折射率取 $\beta = 0.56$，对于非寻常光，则取 $\beta = 1.2$。

从式（6-18）来看，表面折射率变化量 Δn 与扩散深度 d、初始钛膜厚度 τ 和波长 λ 紧密相关。在波长一定情况下，波导表面折射率只与初始钛膜厚度与扩散深度比值相关。结合式（6-17）可知，在扩散温度确定情况下，表面折射率影响因素是初始钛膜厚度与扩散时间。表 6-9 为 E5 和 F5 样品表面折射率变化量测量值及影响参数计算值。

表 6-9　E5 和 F5 样品表面折射率变化量测量值及影响参数计算值

波长/nm	样品	初始钛膜厚度/nm	扩散时间/h	扩散深度/μm	测量值 Δn
532.0	E5	88	11	5.09	0.00735
	F5	133	7	4.06	0.00843
448.2	E5	88	11	5.09	0.00841
	F5	133	7	4.06	0.01061

从理论计算分析可知，若初始钛膜厚度一定，扩散深度越大，表面折射率变化量越小；若扩散深度一致，初始钛膜厚度越小，表面折射率变化量越小。结合表 6-9，可以得出 F5 样品表面折射率变化量理论计算值大于 E5 样品表面折射率变化量理论计算值，这与两个样品表面折射率变化量实际测量值对比结果相一致。因此，选择表面折射率变化量最大的 F5 样品为最佳，并进行波导传输损耗测试。

6.5.6　波导传输损耗测试与分析

1. 传输损耗测试原理与结果

在介质光波导中，传输损耗对于光波导的评价和特性改善十分重要。为了评价和分析所制备的 Ti/LiNbO$_3$ 波导型光耦合片的导波特性，采用棱镜耦合法测试传输损耗（梁宇雷，2005；董鹏展，2018）。

波导处于耦合状态时，端面输出光强 P_{out} 与波导耦合光强 P_{c} 存在下列关系：

$$P_{\text{out}} = P_{\text{c}} \mathrm{e}^{-\alpha L} T_{\text{w-a}} \tag{6-19}$$

式中，α 为波导损耗系数；L 为耦合点到波导端面长度；T_{w-a} 为波导端面到空气光强透过率。

假设耦合状态时棱镜反射光强为 $\overline{P}_r$，非耦合状态时棱镜反射光强为 P_r，T_{p-a} 为棱镜到空气光强透过率，那么波导耦合光强 P_c 可以表示为

$$P_c = \frac{P_r - \overline{P_r}}{T_{p-a}} \tag{6-20}$$

将式（6-19）和式（6-20）联立，可以得出波导损耗系数 α 表达式为

$$\alpha = \frac{1}{L}\ln\frac{\left(P_r - \overline{P_r}\right)}{P_{out}}\frac{T_{w-a}}{T_{p-a}} \tag{6-21}$$

测量 F5 样品波导传输损耗时，使用小型硅探测器（配件 2010-WGL1），可探测波长为 400.0～1064.0nm。把 532.0nm 波长光引入一个波导管模式，然后扫描一个靠近波导管表面纤维束。光纤束检测到光从波导传播到传播距离的光，然后对散射强度和距离曲线进行匹配，得到 F5 样品波导传输损耗 Loss = 1.18dB/cm。

2. 传输损耗产生机理

光波导传输损耗的产生原因有多种。为精确解释损耗过程，把光场看作具有电磁能量的量子化光子流。当光束通过波导传输时，光子被散射、吸收和辐射，造成光传输总功率减小，原因有两种：第一种是光子被吸收，光子能量会被光波导材料的原子或粒子吸收；另一种是光子被辐射，其自身能量保留但是光子运动方向发生改变，辐射光子离开光束造成传输总功率减小，因此产生损耗。

对所测试 $Ti/LiNbO_3$ 波导型光耦合片波导传输损耗，主要有三个原因：①散射损耗；②辐射损耗；③吸收损耗（包括带间吸收、杂质吸收和载流子吸收）。

（1）一般来说，散射损耗的产生原因有波导表面散射、波导体内散射。体内散射由波导层内气泡、杂质原子或晶格等缺陷引起，在单位长度上体内散射引起的损耗与单位长度上缺陷数量成正比。即使在比较光滑的表面上，损耗仍然大量存在，特别对高阶模情形，这是因为传播光波与波导表面存在频繁的相互作用。因此，相对于表面散射损耗，体内散射损耗一般可以忽略不计。因表面粗糙引起的散射损耗公式如下：

$$\alpha_s = A^2\left[\frac{1}{2}\frac{\cos^2\left(\frac{\pi}{2}-\theta_m\right)}{\sin\left(\frac{\pi}{2}-\theta_m\right)}\right]\left(\frac{1}{t_g+\frac{1}{p}+\frac{1}{q}}\right) \tag{6-22}$$

式中，t_g为波导层厚度；θ_m为 m 阶模光纤与界面夹角；p 和 q 为限制层衰减系数；A 定义为

$$A=\frac{4\pi}{\lambda_1}\left(\sigma_{01}^2+\sigma_{12}^2\right)^{\frac{1}{2}} \tag{6-23}$$

式中，λ_1为波导层中波长；σ_{01}^2和σ_{12}^2为表面粗糙度方差。

已知α统计方差为

$$\sigma^2=S(\alpha^2)-S^2(\alpha) \tag{6-24}$$

式中，$S(\alpha)$为α的平均值，且

$$S(\alpha^2)=\int_{-\infty}^{+\infty}\alpha^2 f(\alpha)\mathrm{d}\alpha \tag{6-25}$$

其中，$f(\alpha)$为概率密度函数。

由式（6-23）可知，损耗系数与粗糙度和材料中波长有关。若 $1/p$ 和 $1/p$ 比 t_g 大，则表面散射将减小，而且在高阶模（θ_m较大）具有较大损耗。

（2）辐射损耗产生是因为波导模式内光波能量被耦合进入辐射模式而造成总能量减少。Ti/LiNbO$_3$波导型光耦合片的辐射损耗主要在测试过程中产生，虽然不可避免，但是在整个传输损耗中占比不大。

（3）由导波层和基体对导模吸收引起的光传输损耗称为吸收损耗。如果导波层为低掺杂情况，导波层自身吸收非常小，只是模式吸收损耗的一部分，而模式吸收只是体损耗中由带间跃迁及自有载流子吸收引起的损耗部分。因此在Ti/LiNbO$_3$波导型光耦合片中，波导吸收损耗在总传输损耗中占很小比例。

本实验以单晶 LiNbO$_3$ 和金属钛为原料，利用真空蒸镀技术和金属内扩散技术制作 Ti/LiNbO$_3$ 波导型光耦合片，研究不同沉积和扩散工艺参数下制备的波导型光耦合片的组织结构和光学性能，归纳总结得出五点结论。

（1）确定真空蒸镀 Ti/LiNbO$_3$ 复合薄膜最佳工艺参数：蒸镀电流为 140A，基体温度为 180℃，蒸镀时间为 30min。在此工艺条件下制备的薄膜平整度好，拟合出薄膜厚度与时间关系曲线，得出蒸镀时间与薄膜厚度关系。选用镜面级抛光LiNbO$_3$ 作为基体，可提升薄膜平整度。Ti/LiNbO$_3$ 复合薄膜表面以金属钛原子为主，存在部分 TiO$_2$。Ti 元素含量在 LiNbO$_3$ 和钛薄膜界面处呈现突变。

（2）确定金属钛扩散法制备 Ti/LiNbO$_3$ 波导型光耦合片最佳工艺参数：扩散温度为 1000℃，扩散时间为 7h，初始钛膜厚度为 133nm。测得 Ti/LiNbO$_3$ 波导型光耦合片传输损耗为 1.18dB/cm。

（3）$Ti/LiNbO_3$波导型光耦合片截面元素主要是Ti、Nb和O三种元素，波导表面到$LiNbO_3$内部，Ti元素含量先增加后减少，增加与减少呈阶跃式，且扩散进入$LiNbO_3$晶体内部，Ti^{4+}扩散前后，$LiNbO_3$晶体仍然是单晶$LiNbO_3$相（钛铁矿结构），没有新相产生。

（4）1540nm波长下，$Ti/LiNbO_3$光波导导模数目为1，为单模，是光纤通信所需要的模式（单模，1550nm）。其他相同条件下，有效折射率随扩散时间延长而呈增大趋势，随初始钛膜厚度增加而呈增大趋势，最大有效折射率为2.2144。

（5）532.0nm和448.2nm波长下，$Ti/LiNbO_3$光波导分别存在3个和4个模式，采用逆WKB近似法得到波导径向一维折射率分布曲线，折射率从波导表面向内部单调递减，为高斯分布。532.0nm波长下，最佳光耦合片表面最大折射率为2.33238，表面折射率变化量为0.00843。不同样品表面折射率变化量测量值对比结果与理论计算值对比结果一致。除入射光波长外，扩散时间和初始钛膜厚度对波导表面折射率变化量有一定影响。

参 考 文 献

陈光华，邓金祥. 2004. 纳米薄膜制备技术与应用[M]. 北京：化学工业出版社.

董鹏展. 2018. 基于钛扩散制备$Ti/LiNbO_3$波导型光耦合片工艺与光学性能优化[D]. 哈尔滨：哈尔滨理工大学.

付国兰. 2005. 确定单模渐变平板光波导的折射率分布[D]. 南昌：江西师范大学.

韩黄璞. 2016. 单晶铌酸锂薄膜的结构和属性研究[D]. 济南：山东大学.

郝晨生，王锐. 2001. 掺锌铌酸锂晶体的拉曼光谱[J]. 材料科学与工艺，12（2）：201-204.

李金洋，要彦清，吴建杰，等. 2013. 钛扩散铌酸锂脊形波导理论分析与初步制备[J]. 光学学报，33（2）：204-210.

梁宇雷. 2005. 平面光波导损耗测试[D]. 长春：吉林大学.

潘长锦，张大伟，王健，等. 2017. 退火温度对二氧化钛薄膜的性能影响[J]. 光学仪器（1）：68-72.

仇怀利，王爱华. 2004. 铌酸锂晶体高温拉曼光谱[J]. 人工晶体学报，33（2）：177-179.

汤卉，董鹏展，吕杨. 2018. 基片温度对真空蒸镀$Ti/LiNbO_3$复合光学薄膜的影响[J]. 徐州工程学院学报（3）：18-21.

余凤斌，夏祥华，于子龙，等. 2008. 磁控溅射镍膜及其性能的研究[J]. 绝缘材料，2（4）：57-59，63.

郑伟涛. 2004. 薄膜材料薄膜技术[M]. 北京：化学工业出版社.

Armenise M N，Canali C，Sario M D，et al. 1985. Characterization of TiO_2，$LiNb_3O_8$ and $(Ti_{0.65}Nb_{0.35})\ O_2$ compound growth observed during Ti：$LiNbO_3$ optical waved fabrication[J]. Applied Physics Letters，54：62-70.

Armenise M N，Canali C，Sario M D. 1983. Hybrids and manufacturing technology CHMT [J]. IEEE Transactions on Components（5）：212.

Bauman I, Brinkmann R, Dinand M, et al. 1997. Erbium Incorporation in $LiNbO_3$ by diffusion-doping[J]. Applied Physics A-Materials Science & Processing，64：33-44.

Donnerberg H J，Tomlinson S M，Catlow C R A，et al. 1989. Computer-simulation studies of intrinsic defects in $LiNbO_3$ crystals[J]. Physics Review B，40（11）：909-916.

Fay H, Alford W J, Dess H M. 1968. Dependence of second-harmonic phase- matching temperature in $LiNbO_3$ crystals on melt composition[J]. Applied Physics Letters（12）：89-92.

Fouchet S，Carenco A. 1987. Wavelength dispersion of Ti induced refractive index change in $LiNbO_3$ as a function of diffusion parameters[J]. Journal of Lightwave Technology（5）：700-708.

Giffiths G J，Esdaile R J. 1984. Analysis of titanium diffused planar optical waveguides in lithium niobate[J]. IEEE Journal of Quantum Electronics，20：149-159.

Holman R L，Cressman P J，Revelli J F. 1978. Chemical control of optical damage in lithium niobate[J]. Applied Physics Letters，32：280-283.

Iyi N，Kitamura K，Izumi F，et al. 1992. Comparative study of defect structures in lithium niobate with different compositions[J]. Journal of Solid State Chemistry，101：340-352.

Jackel J L，Rice C E. 1982. Variation in waveguides fabricated by immersion of LiNbO$_3$ in AgNO$_3$ and TiNO$_3$ ：The role of hydrogen[J]. Applied Physics Letters，41：508-510.

Lerner P，Lecras C，Dumas J P. 1968. Stoechiometrie des monocristaux de metaniobate de lithium[J]. Journal of Crystal Crowth，3-4：231-235.

Liang Y，Qiao B，Wang T J，et al. 2016. Effects of porous films on the light reflectivity of pigmentary titanium dioxide particles[J]. Applied Surface Science（6）：131.

Lyu Y，Dong P Z，Tang H. 2018. The effect of substrate temperature on vacuum deposition of Ti/LiNbO$_3$ composite optical thin[C]. Harbin：IFOST 2018.

Peterson G F，Carmevale A. 1972. Nb NMR linewidths in nonstoichimetric lithium niobate[J]. Journal of Physical Chemistry，56：4848-4851.

Rice C E，Holmes R J. 1986. A new rutile structure solid-solution phase in the LiNb$_3$O$_8$-TiO$_2$ system and its role in Ti diffusion into LiNbO$_3$[J]. Journal of Physical Chemistry，60：3836.

Schmidt R V，Kaminow I P. 1984. Metal-diffused optical waveguides in LiNbO$_3$[J]. Applied Physics Letters，25：458.

Shah M L. 1975. Optical waveguides in LiNbO$_3$ by ion exchange technique[J]. Applied Physics Letters，26：652-653.

Ştefant S，Sebastian S，Shahoo V，et al. 2015. Surface morphology of titanium nitride thin films synthesized by DC reactive magnetron sputtering[J]. Materials Science-Poland，33（1）：137-143.

Sugii K，Fukuma M，Iwasaki H. 1978. A study on titanium diffusion into LiNbO$_3$ waveguides by electron probe analysis and X-ray diffraction methods[J]. Material Science（13）：523-533.

Zhou T，Liu D，Zhang Y，et al. 2016. Microstructure and hydrogen impermeability of titanium nitride thin films deposited by direct current reactive magnetron sputtering[J]. Journal of Alloys & Compounds，688：44-50.

第7章 金属/SiO_2薄膜型光衰减片设计、制备、调控与光衰减性能优化

光纤通信是一种弱功率激励行为，由于信号源与传输距离的不确定，线路中的信号强度可能过大。如果传输光功率大于阈值功率，通信系统将出现光学非线性效应，导致光信号传输畸变，使传输数据出现误码、图像失真等（Takachio et al.，2004；黄章勇，2003）。因此，光纤通信网络在实际运行中对传输光信号有着特殊要求，传输功率必须控制在阈值功率以下。这样的技术要求通常采用光器件控制光功率来实现。光衰减器将光路中冗余的光进行一定程度衰减，降低和控制光信号器件，可以实现均衡各信道接收功率、减小误码率、平坦增益的功能，在光通信领域发挥着重要作用（Val et al.，2000）。

光衰减器发展至今，种类繁多，且不同类型的光衰减器采用不同的实现方法，产品特性亦不同。根据光信号的不同传输方式，可将其分为单模光衰减器和多模光衰减器。根据光衰减器的操作特点，可将其分为固定式光衰减器（fixed optical attenuator，FOA）和可调式光衰减器（variable optical attenuator，VOA）。衰减量固定不变的衰减器称为FOA，主要有光纤接头错位型FOA和镀膜型FOA两种。VOA分为步进式VOA和连续VOA。FOA不但能对光功率进行预定量衰减，而且能对光功率电平进行适时控制。相对于FOA，VOA结构复杂，精度要求较高，并且需要进行精密调试。按结构和工作原理可将光衰减器分为位移型光衰减器、薄膜型光衰减器、衰减片型光衰减器、液晶型光衰减器等。衰减片型光衰减器直接将具有吸收或反射特性的衰减片固定在光纤端面上或光路中，达到衰减光强度的目的（乔丰等，2008）。

7.1 金属/SiO_2薄膜型光衰减片镀膜工艺选择

光衰减器作为光纤通信系统中控制与平衡光功率的重要无源器件，在光纤通信系统中具有难以取代的位置。光衰减片是光衰减器的核心元件。使光衰减片发挥光衰减功能的主要方法是在某种玻璃基体上镀制金属膜，利用金属膜吸收或反射光能量，实现光能量衰减。制备光衰减片的方法有很多种，包括电镀、化学镀、真空蒸镀以及离子溅射镀等。本实验研究选用三种制备工艺：化学镀、真空蒸镀、离子溅射镀。后两种是绿色镀膜技术，是适用性强、应用广泛、经济成本低、绿色环保的镀金属膜技术。

1. 化学镀工艺

本实验利用化学镀方法（陈步明和郭忠诚，2011）在 SiO_2 玻璃基体表面镀纯 Ni 和 Ni-P 膜，被镀 SiO_2 玻璃基体在化学镀前必须进行表面预处理和活化处理。表面预处理包括基体除油和腐蚀，除油的主要目的是除去表面杂质和污垢等缺陷，方法是先将基体在丙酮溶液中超声清洗 30min，然后用乙醇清洗 10min，再用去离子水冲洗干净。采用腐蚀性和氧化性溶液来侵蚀基体，从而提高 SiO_2 玻璃表面粗糙度，加强镀层与基体之间的锁扣效应。通过腐蚀液氧化作用，促使表面生成较多的亲水极性基团，增加润湿性，从而增强它们之间的结合力。实验中选择不同的腐蚀剂来腐蚀基体，通过比较 SiO_2 玻璃表面粗糙度，选择合适的腐蚀剂。

2. 真空蒸镀工艺

真空蒸镀工艺（田民波，2006）的主要设备是真空镀膜机，它由真空镀膜室、真空抽气系统、真空测量系统、电路控制系统四部分组成。真空镀膜室由钟罩、底板、蒸发源、离子轰击、烘烤装置、旋转机构等组成。

蒸发源是使蒸镀材料（镀料、源物质）蒸发气化的热源，是蒸发装置中的关键部件。根据不同蒸发源，真空蒸镀可分为电阻式加热、电子束加热、激光加热、电弧加热等。本实验采用电阻式加热蒸发源。

3. 离子溅射镀工艺

目前常用的离子溅射镀工艺（韩丽，2012）有磁控离子溅射镀、射频离子溅射镀、三极离子溅射镀、对靶离子溅射镀、反应离子溅射镀以及它们的复合技术等。本实验采用 HDJ-800 磁控溅射仪完成，设备主要由真空室、高真空泵及控制系统、电源系统、供气系统、数据采集与控制系统构成（汤卉等，2017）。

7.2　三种工艺实验调控方案与工艺设计

7.2.1　镀膜和基体材料选择依据

1. 光衰减片镀膜材料选择

常见的金属中熔点最低的有锡（232℃）、铅（327℃）、镁（651℃）、锌（419℃）、锑（630℃）、铝（660℃）、铜（1083℃）、镍（1452℃）、铬（1875℃）等。然而，锡在低温（0℃以下）时会自毁（锡疫）；铅质软，强度不高，无金属光泽；镁、锌化学性质活泼，即在通常情况下易与非金属起化学反应而变质；锑性脆，受热易挥发，以上均无镀膜价值。而铝和铜都具有人所喜爱的金属光泽，稳定性较高，价格低廉；镍和铬具有工作温度高、组织稳定、抗高温腐蚀等优点。因此，从镀膜质量及材料来源考虑，铝和铜及镍和铬是理论上较理想的镀膜材料。另外，这四种材料对光纤通信波段（0.8～1.65μm）光波具有良好的吸收或反射特性，对光波功率具有一定的衰减作用。

2. 光衰减片基体材料选择

在光纤通信中，光纤所用材料为SiO_2玻璃，它具有很好的透光性，被广泛用于光波信号传输。因此，制备光衰减片的基体选择光纤匹配材料——SiO_2玻璃。

7.2.2 真空蒸镀金属膜实验调控方案与工艺设计

1. 真空蒸镀实验调控方案

在真空度保持10^{-2}Pa、轰击电压为150～210V、旋转电压为30～50V、烘烤电压为80～160V 的条件下，试镀少量铝、铜、铬、镍四种金属膜，根据表面形貌和透光率选出较优组，确定实验调控方案，如表 7-1 所示（汤卉等，2013；张剑峰和汤卉，2011）。

表 7-1 真空蒸镀四种金属膜实验调控方案

样品编号	膜材料	轰击电压/V	烘烤电压/V	旋转电压/V	蒸镀时间/min
Al-1	Al	150	80	50	1
Al-2	Al	150	100	50	1
Al-3	Al	150	120	50	1
Al-4	Al	150	160	50	1
Al-5	Al	175	80	50	1
Al-6	Al	175	100	50	1
Al-7	Al	175	120	50	1
Al-8	Al	175	160	50	1
Al-9	Al	190	80	50	1
Al-10	Al	190	100	50	1
Al-11	Al	190	120	50	1
Al-12	Al	190	160	50	1
Al-13	Al	200	80	50	1
Al-14	Al	200	100	50	1
Al-15	Al	200	120	50	1
Al-16	Al	200	160	50	1
Cu-1	Cu	200	80	50	2
Cu-2	Cu	200	100	50	2

续表

样品编号	膜材料	轰击电压/V	烘烤电压/V	旋转电压/V	蒸镀时间/min
Cu-3	Cu	200	120	50	2
Cu-4	Cu	200	160	50	2
Cu-5	Cu	190	100	50	2
Cu-6	Cu	190	120	50	2
Cu-7	Cu	150	100	50	2
Cu-8	Cu	175	100	50	2
Cr-1	Cr	180	100	30	2
Cr-2	Cr	190	100	30	2
Cr-3	Cr	200	100	30	2
Cr-4	Cr	210	100	30	2
Cr-5	Cr	180	120	30	2
Cr-6	Cr	190	120	30	2
Cr-7	Cr	200	120	30	2
Cr-8	Cr	210	120	30	2
Cr-9	Cr	180	140	30	2
Cr-10	Cr	190	140	30	2
Cr-11	Cr	200	140	30	2
Cr-12	Cr	210	140	30	2
Ni-1	Ni	180	120	30	1
Ni-2	Ni	190	120	30	1
Ni-3	Ni	200	120	30	1
Ni-4	Ni	210	120	30	1

真空蒸镀 Al 膜（编号：Al-1～Al-16）方案：轰击电压为 150V、175V、190V、200V；烘烤电压为 80V、100V、120V、160V；旋转电压为 50V；蒸镀时间为 1min。

真空蒸镀 Cu 膜（编号：Cu-1～Cu-8）方案：轰击电压为 150V、175V、190V、200V；烘烤电压为 80V、100V、120V、160V；旋转电压为 50V；蒸镀时间为 2min。

真空蒸镀 Cr 膜（编号：Cr-1～Cr-12）方案：轰击电压为 180V、190V、200V、210V；烘烤电压为 100V、120V、140V；旋转电压为 30V；蒸镀时间为 2min。

真空蒸镀 Ni 膜（编号：Ni-1～Ni-4）方案：轰击电压为 180V、190V、200V、210V；烘烤电压为 120V；旋转电压为 30V；蒸镀时间为 1min。

2. 真空蒸镀工艺设计

真空蒸镀工艺流程如图 7-1 所示。本实验采用 DM-300B 型镀膜机，蒸发源到基体距离为 50cm，依据式（6-6）计算真空度高于 1.3×10^{-2}Pa。将真空镀膜室的真空度抽至 1.3×10^{-2}Pa，方可蒸制得到牢固纯净的薄膜。

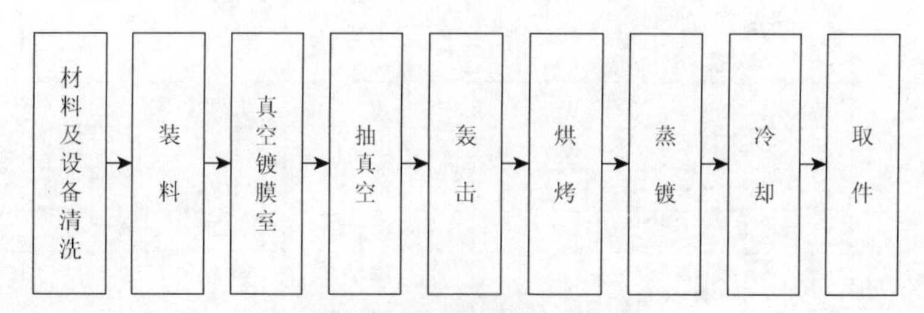

图 7-1　真空蒸镀工艺流程图

7.2.3　离子磁控溅射 Ni 膜实验调控方案与工艺设计

离子磁控溅射 Ni 膜时，首先应根据磁控溅射仪型号和金属镍性能来设计靶。对于 HDJ-800 磁控溅射仪，靶一般尺寸规格为ϕ55mm×5mm，但对于金属镍这样的铁磁性靶，靶不宜太厚，否则会加重磁屏蔽使靶表面磁场过小，无法进行磁控溅射，而变成简单二级溅射，因此要减小 Ni 靶厚度，尺寸规格为ϕ55mm×3mm。图 7-2 为自制靶实物尺寸图（郝姗姗等，2013）。

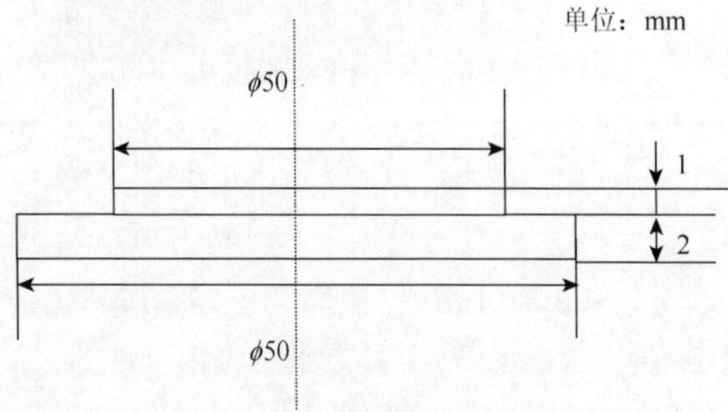

图 7-2　Ni 靶实物尺寸图

1. 离子磁控溅射 Ni 膜实验调控方案

实验中，首先以溅射功率为变量，其他工艺参数为定量，研究溅射功率对膜层质量和性能影响，调节溅射功率，分别为 300W、400W、600W、1000W、2000W，通过 SEM、AFM 分析研究不同溅射功率下 Ni 膜质量和性能，选定溅射功率。以此为前提条件，研究不同溅射气压、靶与基片间距、溅射时间对 Ni 膜质量及性能影响，具体实验调控方案如表 7-2 所示。

表 7-2　离子磁控溅射 Ni 膜实验调控方案

实验样品组别与编号		溅射功率/W	溅射气压/Pa	基体偏压/V	靶与基片间距/mm	溅射时间/min
组别	编号					
第一组	1	300	0.4	−100	40	10
	2	400	0.4	−100	40	10
	3	600	0.4	−100	40	10
	4	1000	0.4	−100	40	10
	5	2000	0.4	−100	40	10
第二组	1	300	0.6	−100	26	10
	2	400	0.6	−100	26	10
	3	600	0.6	−100	26	10
	4	1000	0.6	−100	26	10
	5	2000	0.6	−100	26	10
第三组	1	400	0.2	−100	80	10
	2	400	0.4	−100	40	10
	3	400	0.6	−100	26	10
	4	400	0.8	−100	20	10
	5	400	1.0	−100	16	10
第四组	1	600	0.2	−100	80	10
	2	600	0.4	−100	40	10
	3	600	0.6	−100	26	10
	4	600	0.8	−100	20	10
	5	600	1.0	−100	16	10
第五组	1	400	0.4	−100	40	5
	2	400	0.4	−100	40	10
	3	400	0.4	−100	40	15
	4	400	0.4	−100	40	20
	5	400	0.4	−100	40	25

第一组：溅射功率为 300W、400W、600W、1000W、2000W；溅射气压为 0.4Pa；基体偏压为–100V；靶与基片间距为 40mm；溅射时间为 10min。

第二组：溅射功率为 300W、400W、600W、1000W、2000W；溅射气压为 0.6Pa；基体偏压为–100V；靶与基片间距为 26mm；溅射时间为 10min。

第三组：溅射功率为 400W；溅射气压为 0.2Pa、0.4Pa、0.6Pa、0.8Pa、1.0Pa；基体偏压为–100V；靶与基片间距为 80mm、40mm、26mm、20mm、16mm；溅射时间为 10min。

第四组：溅射功率为 600W；溅射气压为 0.2Pa、0.4Pa、0.6Pa、0.8Pa、1.0Pa；基体偏压为–100V；靶与基片间距为 80mm、40mm、26mm、20mm、16mm；溅射时间为 10min。

第五组：溅射功率为 400W；溅射气压为 0.4Pa；基体偏压为–100V；靶与基片间距为 40mm；溅射时间为 5min、10min、15min、20min、25min。

2. 离子磁控溅射 Ni 膜工艺设计

离子磁控溅射 Ni 膜工艺流程如图 7-3 所示。

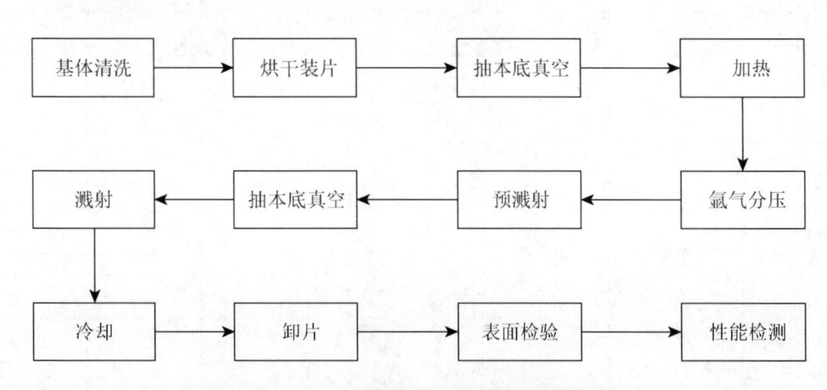

图 7-3　离子磁控溅射 Ni 膜工艺流程图

7.2.4　化学镀 Ni 膜与 Ni-P 膜实验调控方案与工艺设计

1. 化学镀 Ni 膜与 Ni-P 膜实验调控方案

按照表 7-3 所示设计五水平、四因素镀 Ni 膜与表 7-4 所示五水平、三因素镀 Ni-P 膜实验调控方案，采取控制变量法制备 Ni/SiO_2 光衰减片样品。为保证膜层质量，镀液中需要添加稳定剂（抑制镀液自发分解）和络合剂（络合剂与 Ni^{2+}形成络合 Ni^{+}，能够防止镀液析出沉淀，有利于保持镀液的稳定性），而且镀覆温度及 pH 需要严格控制。

表 7-3　化学镀 Ni 膜五水平、四因素实验调控方案

实验样品组别与编号		反应液		添加剂		腐蚀剂	pH	镀覆温度/℃
组别	编号	硫酸镍质量浓度/(g/L)	水合肼质量浓度/(g/L)	乙二胺质量浓度/(g/L)	柠檬酸钠质量浓度/(g/L)	EDTA 二钠质量浓度/(g/L)		
第一组	1	15	18	15	20	X	5	50～55
	2	15	18	15	20	X	5	60～65
	3	15	18	15	20	X	5	70～75
	4	15	18	15	20	X	5	80～85
	5	15	18	15	20	X	5	90～95
第二组	1	15	18	15	20	X	4	A
	2	15	18	15	20	X	4.5	A
	3	15	18	15	20	X	5	A
	4	15	18	15	20	X	5.5	A
	5	15	18	15	20	X	6	A
第三组	1	10	18	15	20	X	B	A
	2	15	18	15	20	X	B	A
	3	20	18	15	20	X	B	A
	4	25	18	15	20	X	B	A
	5	30	18	15	20	X	B	A
第四组	1	C	16	15	20	X	B	A
	2	C	18	15	20	X	B	A
	3	C	20	15	20	X	B	A
	4	C	22	15	20	X	B	A
	5	C	24	15	20	X	B	A
最佳		C	D	15	20	X	B	A

注：A、B、C、D、X 指最佳量

表 7-4　化学镀 Ni-P 膜五水平、三因素实验调控方案

实验样品组别与编号		柠檬酸钠质量浓度/(g/L)	次亚磷酸钠质量浓度/(g/L)	乙酸钠质量浓度/(g/L)	硫酸镍质量浓度/(g/L)	pH	镀覆温度/℃
组别	编号						
第一组	1	17	20	20	30	5	92
	2	17	20	20	30	5	87
	3	17	20	20	30	5	82
	4	17	20	20	30	5	77

续表

实验样品组别与编号		柠檬酸钠质量浓度/(g/L)	次亚磷酸钠质量浓度/(g/L)	乙酸钠质量浓度/(g/L)	硫酸镍质量浓度/(g/L)	pH	镀覆温度/℃
组别	编号						
第一组	5	17	20	20	30	5	72
第二组	1	17	20	20	30	2	A
	2	17	20	20	30	3	A
	3	17	20	20	30	4	A
	4	17	20	20	30	5	A
	5	17	20	20	30	6	A
第三组	1	17	20	20	20	B	A
	2	17	20	20	30	B	A
	3	17	20	20	40	B	A
	4	17	20	20	45	B	A
	5	17	20	20	50	B	A
	最佳	17	20	20	C	B	A

注：A、B、C 指最佳量

2. 化学镀工艺流程

化学镀 Ni 膜工艺流程图如图 7-4 所示。化学镀前的活化工艺对镀层优劣有着重要影响，直接影响镀层与基体间结合强度。活化工艺的目的是在基体上吸附一定量活性中心以便诱发随后的化学镀。活化工艺选用敏化-活化法，先敏化后活化，

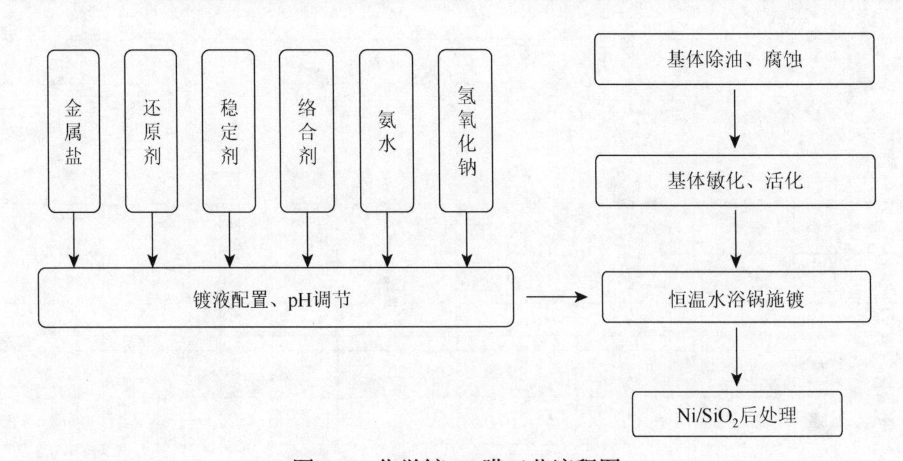

图 7-4　化学镀 Ni 膜工艺流程图

敏化液为 $SnCl_2 \cdot 2H_2O$（1.5g/L）、HCl（50mL/L），30min；活化液为 $PdCl_2$（0.6g/L）、HCl（10mL/L），30min。化学镀操作如下：将水浴锅加热，设置水浴所需温度，温度恒定时，将配置好的镀液放入水浴锅中，然后将活化后基体放入镀液中，开始施镀，时间为 1h（陈薇，2016）。

7.3 真空蒸镀工艺对光衰减片组织结构与光学性能影响

7.3.1 光衰减片外观性

图 7-5 为真空蒸镀不同金属制得的光衰减片样品。由图 7-5 可见，金属 Al 膜呈现出光亮银白色；金属 Cu 膜平整致密，呈铜黄色；金属 Cr 膜呈现浅褐色；金属 Ni 膜并无明显金属光泽，且有未覆盖区域。从侧面一定角度观察，金属 Al、Cu、Cr 膜平滑且色泽光亮，说明这三种膜表面致密均匀，且连续性较好，金属 Ni 膜真空蒸镀效果不理想（Tang et al.，2012）。

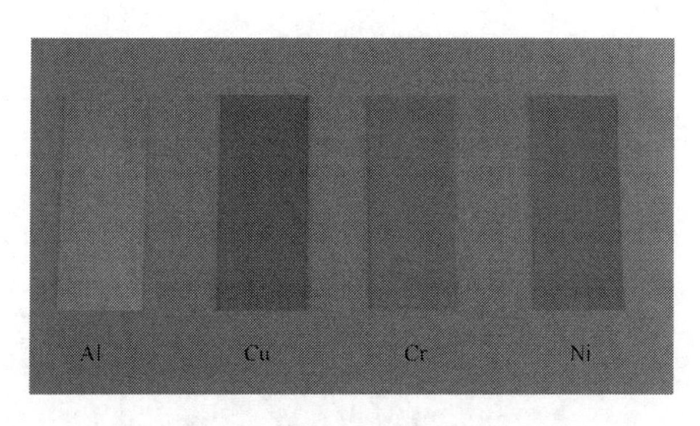

图 7-5　真空蒸镀不同金属光衰减片样品

7.3.2 工艺参数对镀层微观结构影响

1. 工艺参数对 Al 膜微观结构影响

对不同工艺条件下真空蒸镀 Al 膜进行 EDS 分析、SEM 表面形貌分析及断面形貌分析。图 7-6 为 Al 膜样品 EDS 图，图 7-7 为 Al-1 样品 SEM 图。Al-1、Al-8 样品 Al 含量较高，表面显微结构及剖面图效果均优于其他工艺参数下制备的光衰减片样品，当轰击电压一定时，膜层 Al 含量随着烘烤电压增大而增加，膜层表面形貌变得越发致密平滑。但当选取较高烘烤电压时，并不是轰击电压越高膜层质量越好，当轰击电压达到某一值时，薄膜质量最佳。这是由于当轰击电压较低时，Al 蒸发效率较低，造成膜层结构粗糙、不致密，且附着力差；当轰击电压很高时，原子能量过大，凝结时偏离平衡位置，膜层内应力增大，导致膜层不够致密（Tang et al.，2010；汤卉，2007）。

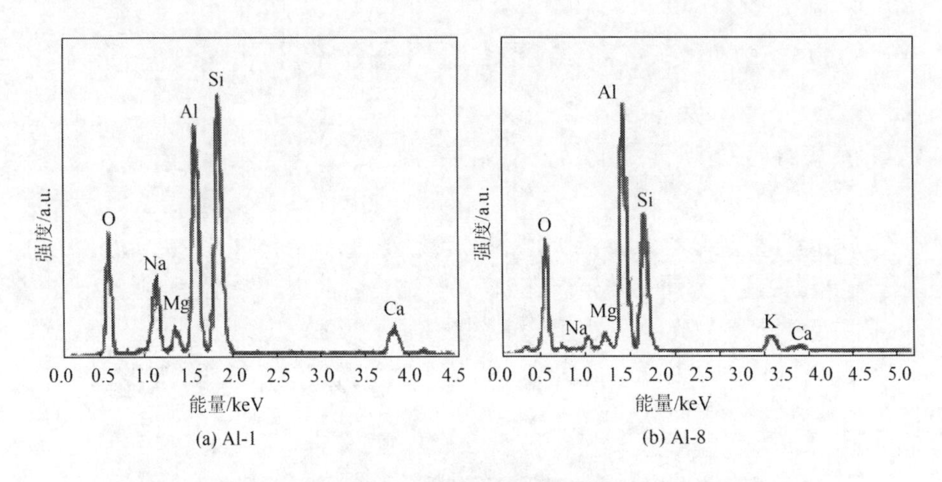

图 7-6　Al 膜样品 EDS 图

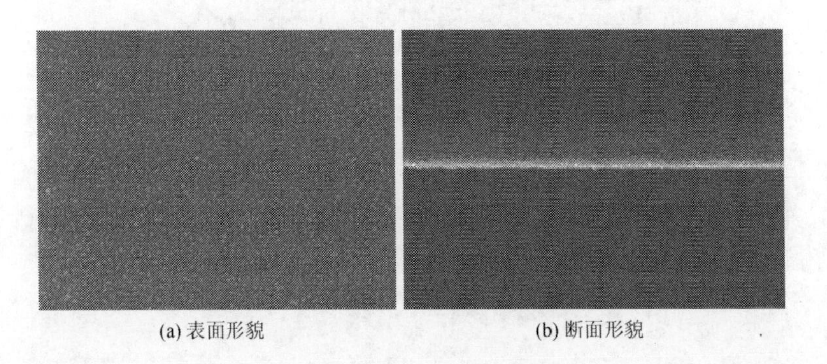

图 7-7　Al-1 样品 SEM 图

由图 7-6 可知，薄膜成分主要是 Al、Si 和 O 三种元素，还含有 Na、Mg、Ca、K 等少量元素。图 7-6（a）中，Al-1 样品 Al 含量低于 Si，说明 Al-1 样品膜纯度并不高，并且较薄。图 7-6（b）中，Al-8 样品 Al 含量最高，而其他元素含量相对较少，说明 Al-8 样品膜纯度较高，膜层相对较厚。膜层中 Si、O、Na、Mg、Ca、K 等元素是玻璃基体主要成分元素。

由图 7-7 可以看出，Al-1 样品表面存在少量白点，可以断定是镀膜小凸丘。另外，从表面形貌图中可以看到 Al 膜表面堆积小颗粒较均匀，膜表面致密。断面形貌图虽界面显著，可以看出层错式堆积，但无法观察到清晰膜层。随着烘烤电压的增大，膜层表面小凸丘的分布逐渐稀疏，剖面的膜层形貌图清晰可见膜层的厚度。烘烤电压为 160V、轰击电压为 175V，即 Al-8 样品的表面形貌图和断面形貌图最理想。

图 7-8 为 Al-8 样品 SEM 图。由图 7-8（a）可以看出，Al-8 样品膜表面颗粒分布均匀且膜层致密，基本看不到小凸丘和凹坑，可认为 Al 膜产生杂质和缺陷较少。由图 7-8（b）可以清晰观测出 Al 膜，Al 膜堆积规则，为层错式堆积，厚度均一，为微米级薄膜。

(a) 表面形貌

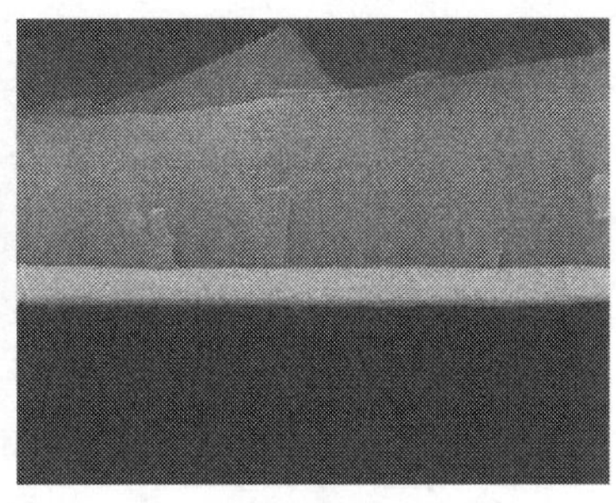
(b) 断面形貌

图 7-8　Al-8 样品 SEM 图

对比各样品表面形貌及断面形貌图，结合 EDS 图中 Al 含量、杂质引入等因素，在真空蒸镀 Al-8 样品工艺参数下，即在轰击电压为 175V、烘烤电压为 160V、旋转电压为 50V 工艺条件下，可得到膜表面分布均匀致密、剖面界面结构最佳、缺陷少、杂质少的 Al 膜光衰减片。

2. 工艺参数对 Cu 膜微观结构影响

在预镀 Cu 膜时发现，预镀 Cu 膜光衰减片样品透光率均为零，且 Cu 膜表面形貌随着轰击电压升高而趋理想。因而参照预镀样品情况，在轰击电压为 200V 情况下，选取烘烤电压在 80V、100V、120V、160V 条件下真空蒸镀 Cu 膜；在轰击电压为 190V 情况下，选取烘烤电压在 100V、120V 条件下真空蒸镀 Cu 膜；在轰击电压为 175V 及 150V 情况下，选取轰击电压在 100V 条件下真空蒸镀 Cu 膜。对不同工艺条件下真空蒸镀 Cu 膜进行 EDS 分析、SEM 表面形貌分析及断面形貌分析。对比得知，Cu-2、Cu-3 样品 Cu 含量、膜层表面结构、临界特征等较好；且轰击电压越高，Cu 膜表面结构越致密。

图 7-9 为 Cu-2 和 Cu-3 样品 EDS 图。从图 7-9 可以看出，膜层主要元素为 O、Cu、Si、Ca，其中，Cu 是膜层中含量最高元素，说明 Cu 膜纯度高，膜层比较厚。Cu-2 样品 Cu 含量略高于 Cu-3 样品。膜层中 O、Si、Ca 等元素源自玻璃基体。

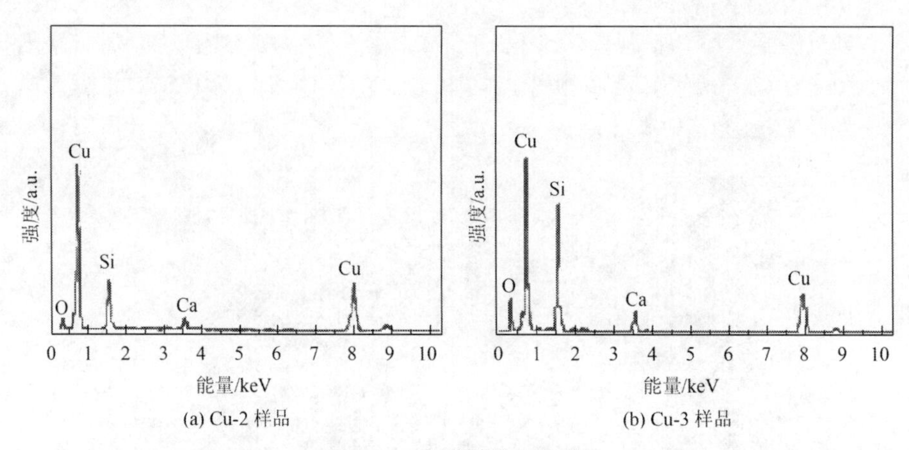

(a) Cu-2 样品　(b) Cu-3 样品

图 7-9　Cu 膜样品 EDS 图

图 7-10 为 Cu-2 样品 SEM 图。由图 7-10（a）可以看出，Cu-2 样品表面均匀致密，仅能观测到极少的小凸丘及凹坑，说明 Cu-2 样品膜层纯度高，杂质及缺陷较少。由图 7-10（b）可以看到清晰界面，堆积类型为层错式，但膜层厚度不能清晰观测到。

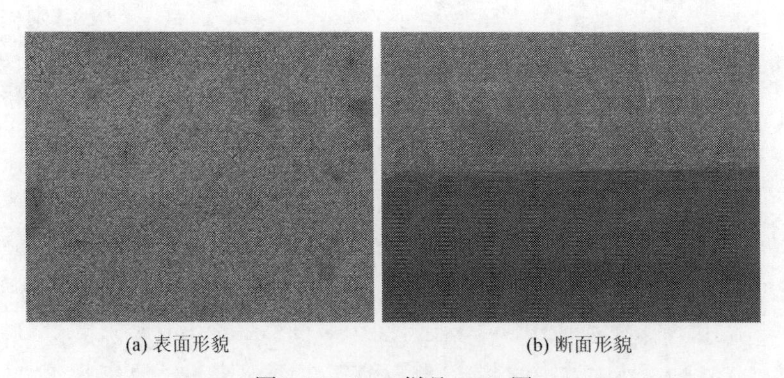
(a) 表面形貌　(b) 断面形貌

图 7-10　Cu-2 样品 SEM 图

图 7-11 为 Cu-3 样品 SEM 图。由图 7-11（a）可知，Cu-3 样品表面分布着大小不等的小凸丘，且分布稠密，缺陷较多。虽然 Cu-3 样品断面形貌图结构与 Cu-2 样品并无明显差异，但 Cu-3 样品表面形貌图较 Cu-2 样品存在明显缺陷，说明 Cu-3 样品膜层质量并不是十分优良。

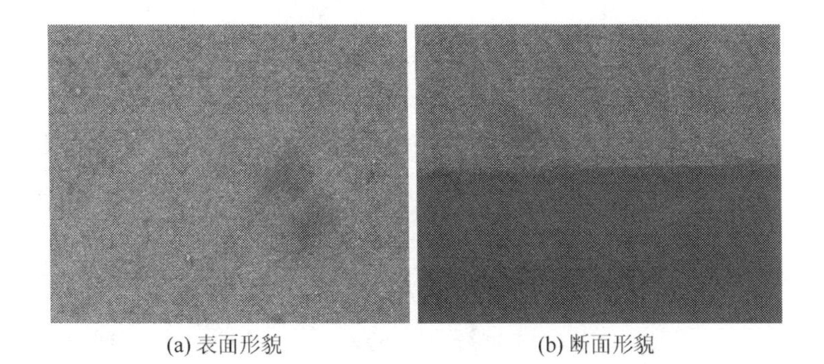

(a) 表面形貌　　(b) 断面形貌

图 7-11　Cu-3 样品 SEM 图

通过对比可知，要想得到膜表面分布均匀致密、断面界面结构佳、缺陷少、杂质少的 Cu 膜光衰减片，最佳工艺参数应为制备 Cu-2 样品工艺参数，即轰击电压为 200V、烘烤电压为 100V、旋转电压为 50V。

3. 工艺参数对 Cr 膜微观结构影响

由于金属 Cr 熔点较高，真空蒸镀需要较高的轰击电压和烘烤电压，同时，已知旋转电压对真空蒸镀影响非常微小，于是，可先对金属 Cr 进行预镀，并对比预镀样品，进而选择预镀效果较好的备用。在轰击电压为 180V、190V、200V、210V 四个水平，烘烤电压为 100V、120V、140V 三个水平下设计实验方案，选取旋转电压为 30V。经分析发现，当烘烤电压一定时，膜层 Cr 含量、表面致密度、界面显著随轰击电压升高而变得更加优良；当轰击电压一定时，烘烤电压在 120V 条件下，Cr 膜组织结构情况较佳，其中 Cr-7、Cr-8 样品膜层质量优良。

图 7-12 为 Cr 膜样品 EDS 图。由图 7-12 可知，Cr-7、Cr-8 样品元素组成种类完

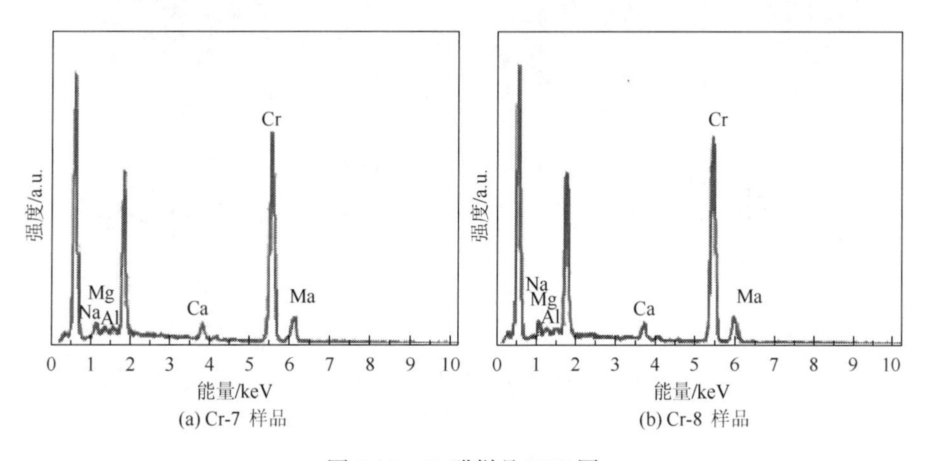

(a) Cr-7 样品　　(b) Cr-8 样品

图 7-12　Cr 膜样品 EDS 图

全一致，薄膜主要成分元素为 O、Si、Cr，且 Cr 含量很高。杂质元素主要为 Na、Mg、Al、Ca、Mn，Mn 元素由 Cr 粉中所含杂质引入，Na、Mg、Al、Ca 等元素源自玻璃基体。Cr 含量较高，其他金属元素含量很少，说明真空蒸镀 Cr 膜纯度较高。

图 7-13 为 Cr 膜样品表面形貌图。由图 7-13 可以看出，Cr-7 样品表面虽然颗粒较小且排列紧密，但膜表面存在较多的凹坑，缺陷较多。Cr-8 样品表面颗粒虽较 Cr-7 样品表面颗粒大，但表面凹坑少，缺陷少。通过对比 Cr 膜表面形貌图，随着轰击电压升高，Cr 粉转变为气相更加容易，蒸镀膜层厚度也随之增加，薄膜临界特点越发显著。

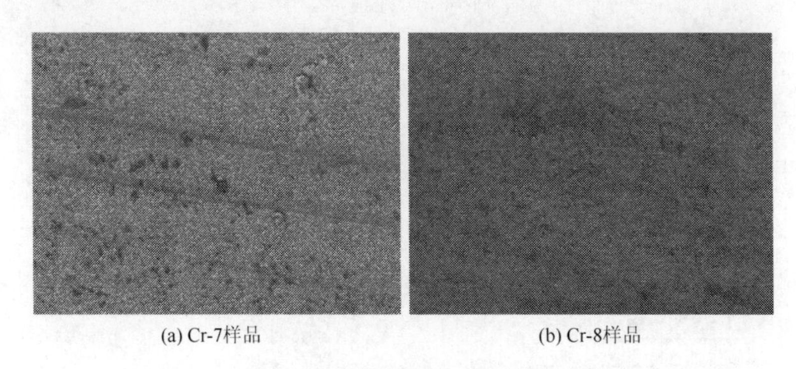

(a) Cr-7样品　(b) Cr-8样品

图 7-13　Cr 膜样品表面形貌图

图 7-14 为 Cr 膜样品断面形貌图。从图 7-14 中可以观察到光亮 Cr 膜，且薄膜界面清晰，为层错式堆积形式，结合程度较好，真空蒸镀 Cr 膜达微米级。

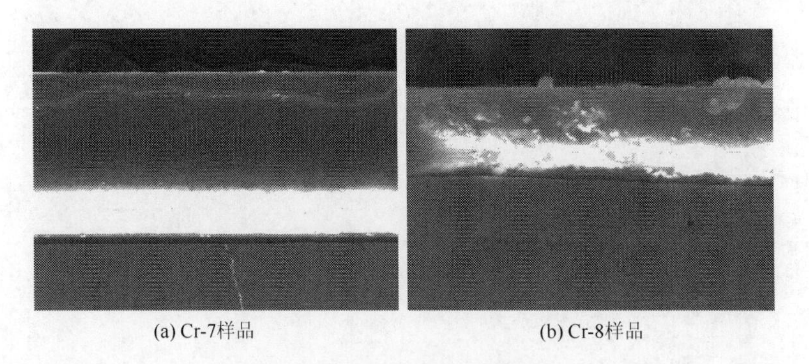

(a) Cr-7样品　(b) Cr-8样品

图 7-14　Cr 膜样品断面形貌图

通过对比膜层 Cr 含量、薄膜表面形貌、薄膜临界特点等，真空蒸镀 Cr 在轰击电压为 210V、烘烤电压为 120V、旋转电压为 30V 工艺条件下，可制得膜表面分布均匀致密、剖面界面性能佳、缺陷少、杂质少的 Cr 膜光衰减片。

4. 工艺参数对 Ni 膜微观结构影响

设计真空蒸镀 Ni 工艺参数方案时，进行预镀试验，得到的 Ni 膜透光率均不理想，薄膜表面形貌也欠佳。仅烘烤电压为 120V 时，可真空蒸镀得到相对较好的 Ni 膜，但仍不够理想。由此，在烘烤电压为 120V，轰击电压为 180V、190V、200V、210V 四个水平，旋转电压为 30V 工艺参数下真空蒸镀 Ni 膜。对真空蒸镀 Ni 膜样品进行膜层成分及表面形貌与断面形貌分析，不同工艺参数下真空蒸镀 Ni 膜的纯度及形貌均不理想。

图 7-15 为 Ni-4 样品 EDS 图。图 7-16 为 Ni-4 样品 SEM 图。由图 7-15 可知，样品中除含有 Si、O 外，还含有金属 Ni、Fe、Mn、Ca、Al、Mg、Na 等元素。其中，Ni 含量非常少，仅占金属元素含量的 2.4%，可知 Ni 膜较薄。其他金属元素一方面由 Ni 粉中杂质引入；另一方面则源自玻璃基体。

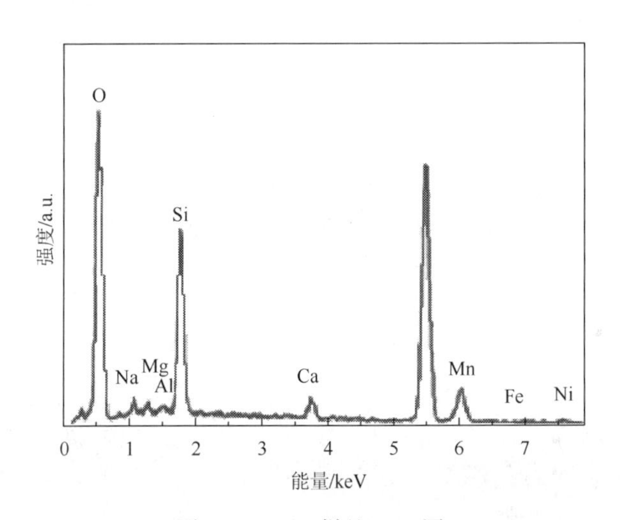

图 7-15　Ni-4 样品 EDS 图

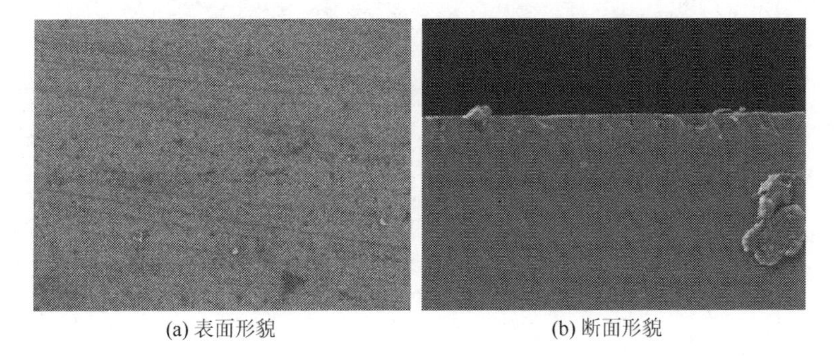

(a) 表面形貌　　(b) 断面形貌

图 7-16　Ni-4 样品 SEM 图

由图 7-16 可知，Ni 膜表面分布着大小不一、不均匀、较多的小凸丘，而且有凹坑，说明真空蒸镀 Ni 膜表面缺陷多，杂质多。Ni 膜断面形貌存在束状结构，但几乎观测不到膜层，临界特征不显著。这与真空蒸镀 Ni 膜非常薄，以及在制作样品切片时将金属膜粘贴到样品槽上等原因有关。

真空蒸镀 Al、Cu、Cr、Ni 四种金属制备光衰减片，对比可知：金属 Al 熔点较低，容易进行真空蒸镀，且真空蒸镀样品表面平滑、致密，微观结构良好，临界特征明显；真空蒸镀 Cu 样品表面致密，微观结构良好，但临界特征不十分明显；真空蒸镀 Cr 样品表面平滑、致密，微观结构良好，临界特征明显；由于金属 Ni 熔点较高，真空蒸镀时容易破坏蒸发源，难以得到结构及性能理想的薄膜。据此，首先淘汰真空蒸镀 Ni 膜制备光衰减片方案。

5. Al、Cu、Cr 三种金属膜微观结构对比

1）Al、Cu、Cr 膜表面形貌对比分析

图 7-17 为最佳工艺参数条件下，真空蒸镀 Al、Cu、Cr 膜表面 SEM 图，放大 20000 倍下，仅可观测到致密小颗粒，薄膜表面平整致密，无孔洞微裂纹。

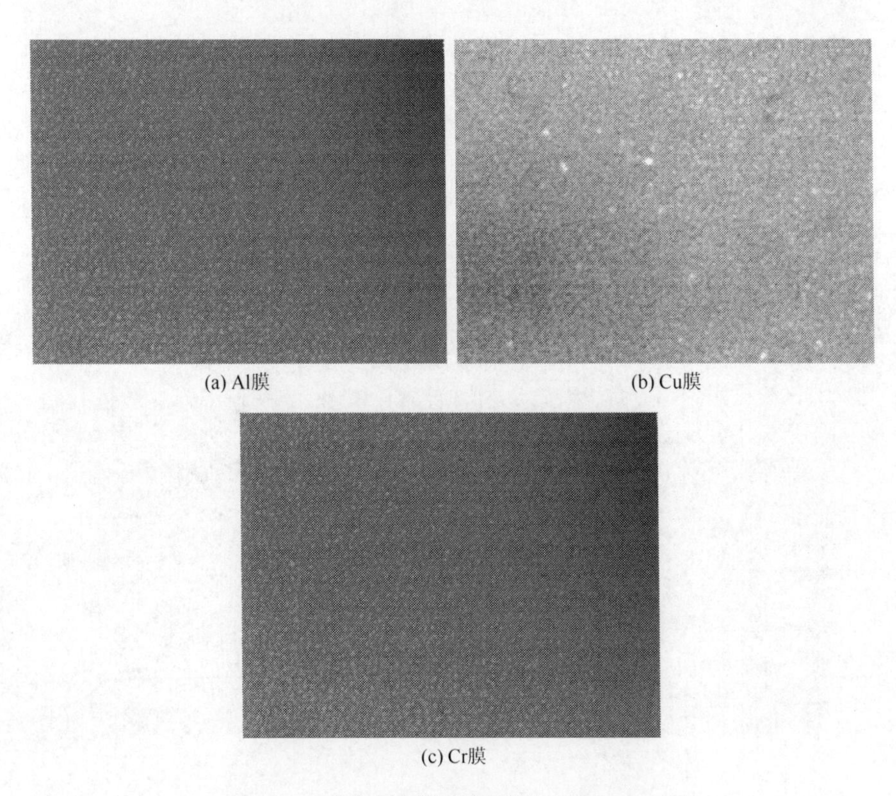

(a) Al膜 (b) Cu膜 (c) Cr膜

图 7-17 高放大倍数下金属膜的表面 SEM 图

2）Al、Cu、Cr 膜 AFM 三维形貌对比分析

为更清楚地观察金属膜表面形貌，特别是颗粒堆积形貌，对 Al、Cu、Cr 膜样品进行 AFM 测试，图 7-18 为 Al、Cu、Cr 膜 AFM 表面形貌及三维形貌图。由图 7-18 可观察到，形貌图中光亮区域为凸峰，相对较暗区域为凹谷。图 7-18 中 Al 膜堆积颗粒较 Cu 膜和 Cr 膜大，Cr 膜中有大片颗粒联并，为富铬区域，Cu 膜表面堆积颗粒最小且排列紧密，所以暗区较少。从图 7-18（a）～（c）可看出，Al、Cu、Cr 膜表面堆积着致密纳米级颗粒。由三维图可直观从不同角度观察真空蒸镀 Al、Cu、Cr 膜光衰减片表面形貌起伏。Al、Cu、Cr 膜均较致密，没有空洞等缺陷。

3）Al、Cu、Cr 膜平整度对比分析

图 7-19（a）～（c）为 Al、Cu、Cr 膜 AFM 表面截面分析图，截面为对角线方向。通过对截面分析曲线的观测，可知峰谷值均在 20nm 以内，Al 膜、Cu 膜峰谷值略小于 Cr 膜。用 AFM 分析，扫描区域内 Al 膜粗糙度 *Ra* 为 4.076nm、Cu 膜 *Ra* 为 2.950nm、Cr 膜 *Ra* 为 7.074nm，都在 10nm 以下，说明真空蒸镀三种金属膜表面均平滑光亮。

(a) Al膜

(b) Cu膜

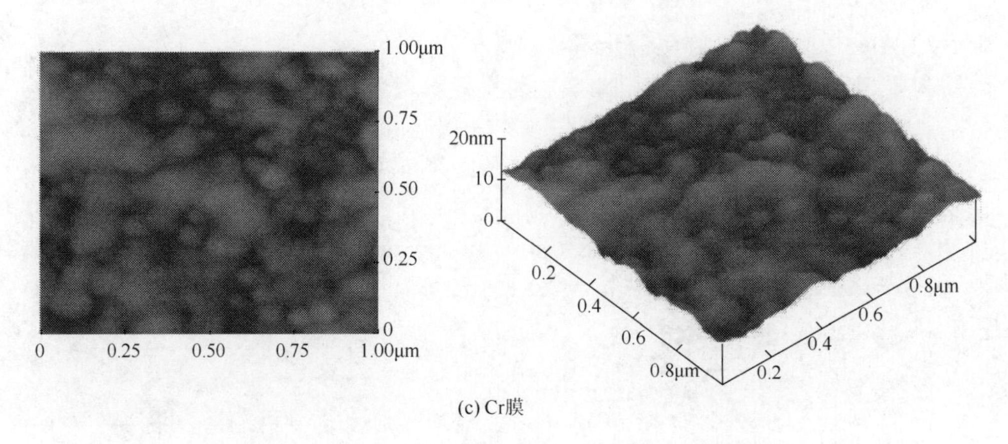

(c) Cr膜

图 7-18　Al、Cu、Cr 膜 AFM 表面形貌及三维形貌图

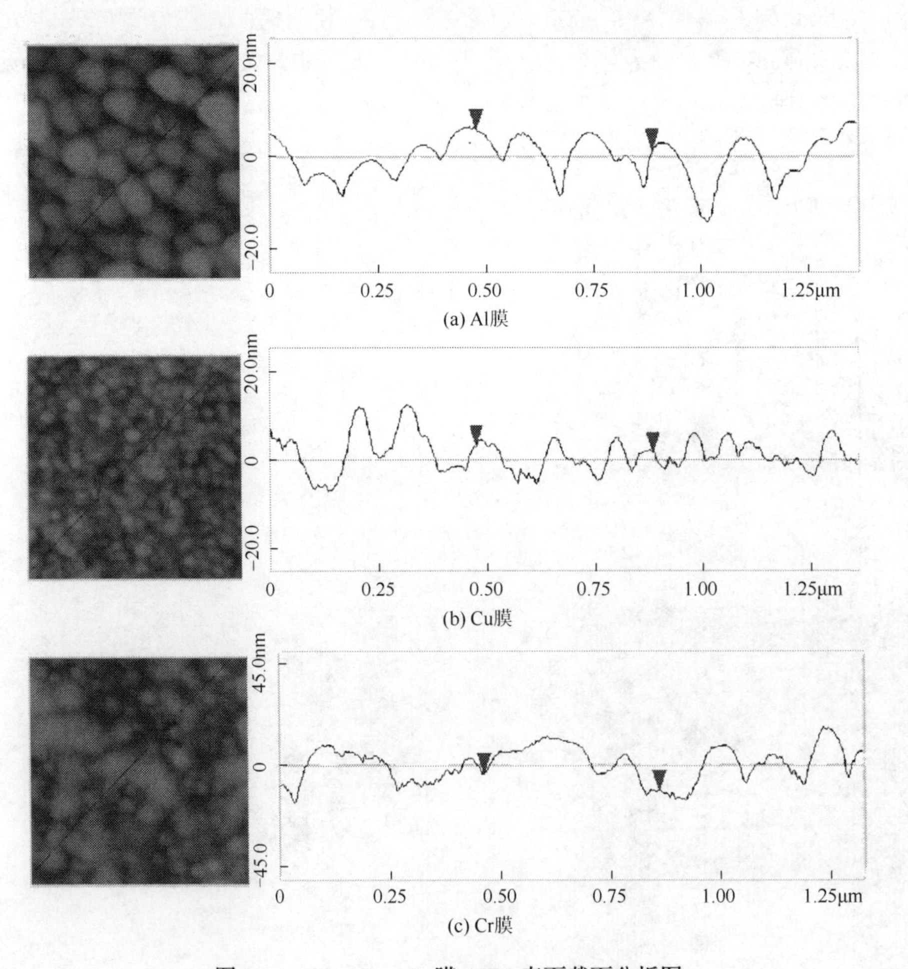

图 7-19　Al、Cu、Cr 膜 AFM 表面截面分析图

7.3.3　工艺参数对 Al（Cu/Cr）膜光衰减片透光率影响

1. Al 膜光衰减片透光率分析

对不同工艺参数下 Al 膜光衰减片进行透光率测试，表 7-5 列出不同工艺参数下真空蒸镀 Al 膜光衰减片透光率测试结果。

表 7-5　Al 膜光衰减片透光率数据

烘烤电压/V	轰击电压/V			
	150	175	190	200
80	0.03	0.29	0.01	0.14
100	0.26	0.06	0.13	0.20
120	0.66	0.22	0.39	0.33
160	0.48	0.06	0.34	0.11

由表 7-5 可以看出，真空蒸镀 Al 膜光衰减片透光率均较小，透光率测试结果基本在 0.5 以下，说明 Al 膜光衰减片光衰减效果明显。根据表 7-5 数据，绘制不同轰击电压下透光率随烘烤电压变化规律，见图 7-20。从图 7-20 中可以看出，在轰击电压为 150V、190V、200V 工艺条件下，当烘烤电压达到 120V 时，Al 膜光衰减片样品透光率达到峰值。当烘烤电压在 120V 以下时，透光率呈上升趋势；当烘烤电压在 120V 以上时，透光率呈下降趋势。从而得出结论：轰击电压一定，烘烤电压在 120V 以下时，透光率总体随烘烤电压升高而增大；烘烤电压在 120V 以上时，透光率随烘烤电压升高而减小。从图 7-20 中还可以看出，当轰击电压为 175V 时，烘烤电压为 80V 时透光率达到最大值，与总体趋势不符，是制样时把样品表面划损，或样品尺寸偏小而不能填满分光光度计样品槽导致透光率偏大。

排除测试原因导致的异常透光率，可以看出，当烘烤电压为同一值时，透光率在轰击电压为 175V 时最低。可推断，要想得到较低透光率光衰减片，应选取轰击电压为 175V 工艺参数条件下真空蒸镀 Al 膜，结合前面对 Al 膜微观结构分析，最佳烘烤电压应为 160V。在轰击电压为 175V、烘烤电压为 160V、旋转电压为 50V 工艺条件下，可制得透光率为 0.06 的 Al 膜光衰减片。

2. Cu 膜光衰减片透光率分析

对 Cu 膜光衰减片样品进行透光率测定，几乎所有工艺参数条件下样品透光率均为零。利用 Cu 膜光衰减片透光率为零这一特点，可将 Cu 膜光衰减片与纯玻璃片组合，通过阻挡传输光束中部分光的方式，达到光衰减目的。通过设计，根据阻挡面积可精确地计算出衰减量，这一设计可用于 VOA。

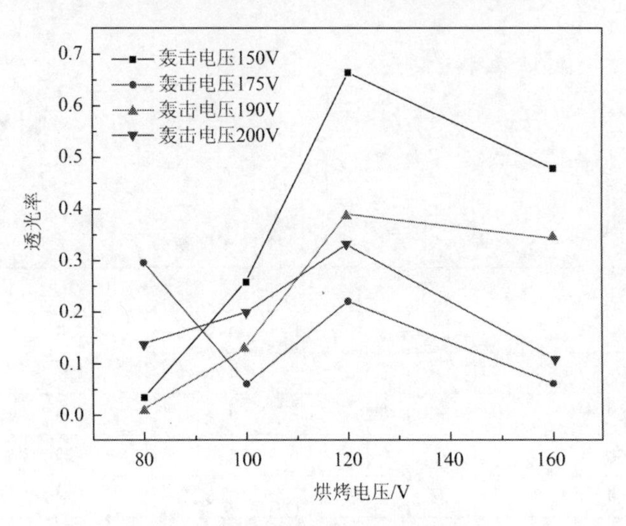

图 7-20　Al 膜光衰减片透光率分析图

3. Cr 膜光衰减片透光率分析

表 7-6 列出不同工艺参数下真空蒸镀 Cr 膜光衰减片透光率数据。从表 7-6 中可以看出，在不同工艺参数下，Cr 膜光衰减片透光率为 0.01～0.60，且轰击电压较高时透光率较小。

表 7-6　Cr 膜光衰减片透光率数据

烘烤电压/V	轰击电压/V			
	180	190	200	210
100	0.60	0.44	0.11	0.02
120	0.48	0.20	0.09	0.01
140	0.55	0.23	0.18	0.03

根据表 7-6 中 Cr 膜光衰减片各参数下透光率测试结果，绘制不同烘烤电压下，Cr 膜光衰减片透光率随轰击电压变化分析图，见图 7-21。从图 7-21 中可以看出，在烘烤电压为 100V、120V、140V 条件下，真空蒸镀 Cr 膜光衰减片透光率随轰击电压升高而下降。当轰击电压为 210V 时，不同烘烤电压下真空蒸镀 Cr 膜光衰减片透光率均不大于 0.1。这是因为随着轰击电压升高，金属 Cr 蒸发充分，形成较厚薄膜，且表面致密。

图 7-21 中，烘烤电压变化，透光率随之变化，但烘烤电压过大或过小均不是最理想状态，轰击电压一定，只有在烘烤电压为 120V 时，透光率较低。结合前面对 Cr 膜微观结构分析，要得到较低透光率数据，应在轰击电压为 210V、烘烤电压为 120V、旋转电压为 30V 工艺条件下真空蒸镀制备 Cr 膜光衰减片。

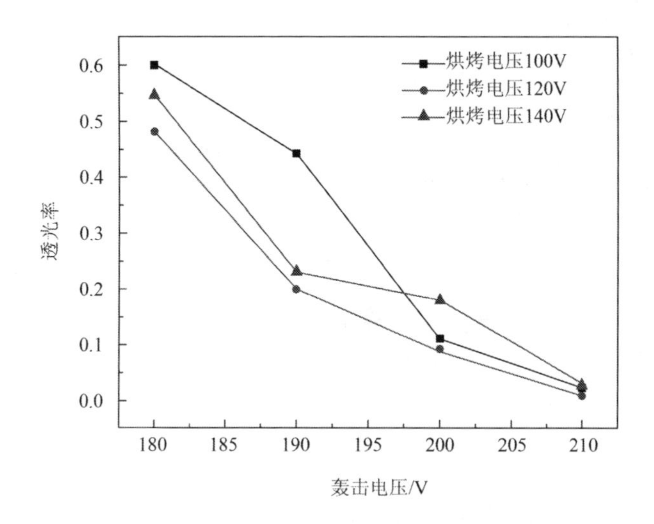

图 7-21　Cr 膜光衰减片透光率分析图

4. Ni 膜光衰减片透光率分析

表 7-7 列出不同工艺参数下真空蒸镀 Ni 膜光衰减片透光率数据。从表 7-7 中可以看出，不同工艺参数下真空蒸镀 Ni 膜光衰减片透光率均较大，且在 0.75 以上，说明真空蒸镀 Ni 膜光衰减片对光衰减效果并不明显。根据表 7-7 数据，绘制 Ni 膜光衰减片透光率随轰击电压变化分析图，见图 7-22。由图 7-22 知，当轰击电压为 190V 时，Ni 膜光衰减片透光率最大，虽然在轰击电压为 180V 和 210V 时，Ni 膜光衰减片透光率达到最低，但仍在 0.75 以上，即 Ni 膜对光衰减效果不佳。这是 Ni 膜较薄、纯度不高、表面微观形貌均不理想等诸多原因导致的。因此，金属 Ni 在本次实验中不适合作为制备金属/SiO_2光衰减片真空蒸镀材料。

表 7-7　Ni 膜光衰减片透光率数据

烘烤电压/V	轰击电压/V			
	180	190	200	210
120	0.77	0.86	0.84	0.77

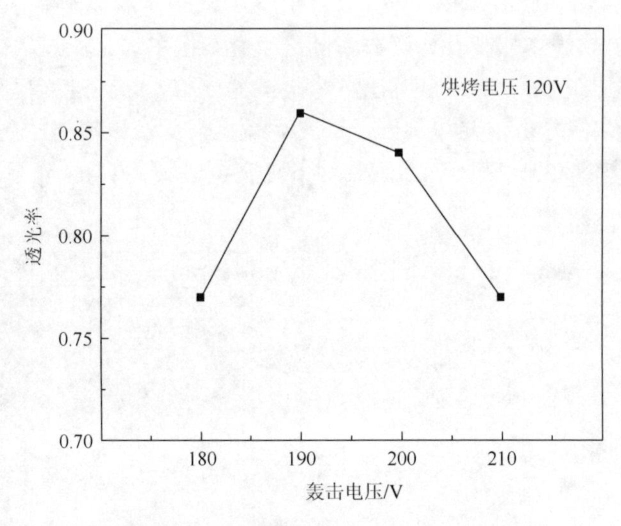

图 7-22 Ni 膜光衰减片透光率分析图

7.4 离子磁控溅射工艺对 Ni 膜微观结构与光学性能影响

金属离子溅射受多因素影响，通常通过实验确定离子磁控溅射中膜层平整度、纯度、成膜速率与工艺参数之间的关系及对光衰减性能的影响。经多次实验，寻找制备光衰减片的最佳工艺条件。

7.4.1 溅射功率对 Ni 膜微观形貌影响

1. 溅射功率对 Ni 膜表面形貌的影响

光信号传输时，要求光衰减片膜层表面平整，否则会导致各点光衰减率不同、传输信号失真，因此要对 Ni 膜表面形貌进行研究。为了解离子磁控溅射过程中溅射功率对膜层表面形貌的影响，实验中保持其他工艺条件相同，溅射气压为 0.4Pa，溅射时间为 10min，测试不同溅射功率下 Ni 膜表面形貌。图 7-23 为溅射功率为 300W 时 Ni 膜 SEM 图（Tang，2014）。

当溅射功率为 300W 时，Ar^+虽能正常辉光放电，但形成 Ni 膜很薄，甚至某些区域还未形成完整覆盖层，说明此时溅射功率太小。在溅射过程中，溅射功率不是完全用于溅射，还用于靶发热、X 射线发射、二次电子发射等，对于后面几种能量消耗来说，可以认为是无用功率。因此，当溅射功率较小时，有用功率达不到要求，导致膜层与基体结合不牢。若有用功率更小，则无法进行辉光放电，溅射无法进行。因此溅射功率要适当增大，如图 7-24 所示。

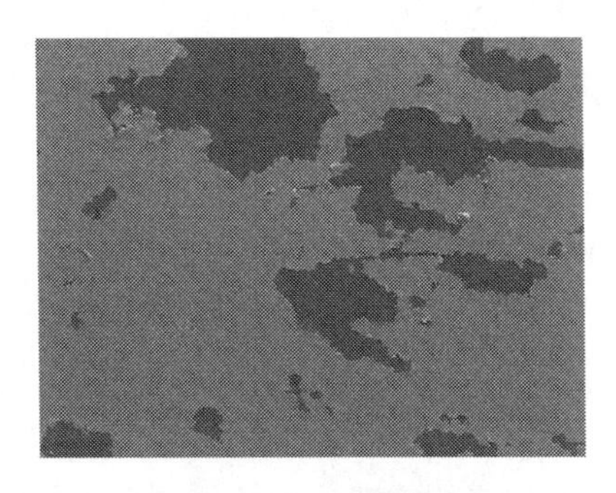

图 7-23　溅射功率为 300W 时 Ni 膜 SEM 图

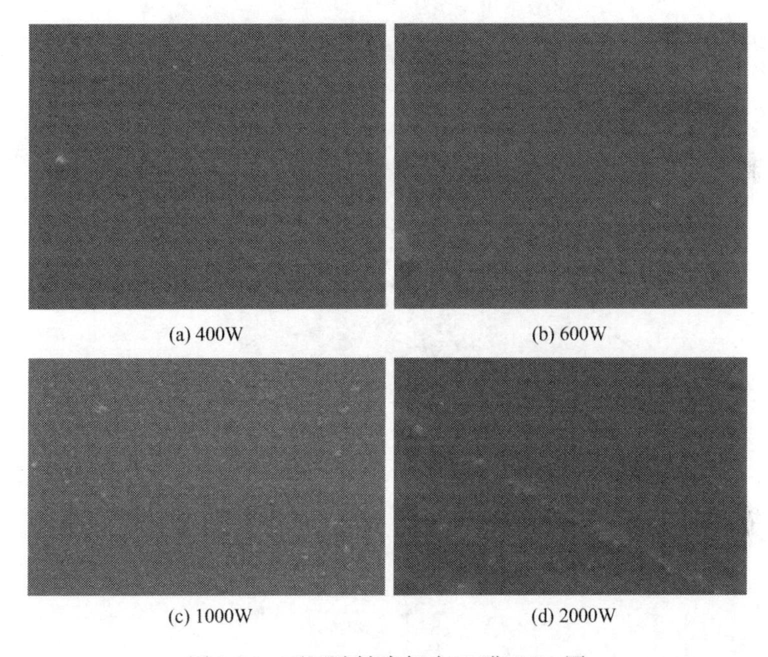

图 7-24　不同溅射功率时 Ni 膜 SEM 图

增加溅射功率至 400W、600W[图 7-24（a）和（b）]，样品膜层表面平整、致密，颗粒分布均匀，几乎看不到小凸丘。继续增加溅射功率至 1000W、2000W[图 7-24（c）和（d)]，膜表面存在白色凸丘、凹槽，表面平整度差。这是由于一定溅射功率范围内，轰击粒子具有较小能量，沉积粒子表面扩散起主导作用，不断填充表面空洞，凸起显得平滑，表面显得光滑。当溅射功率超出此范围时，由于溅射产额过高，靶温度升高，靶面熔蚀，靶利用率降低。溅射功率过大还会使溅射原子在基体上凝结核增多，凝结核能量增加，导致膜层内部存在较大内应力，附着力下降，表面不平整。溅射功率过大还会引起离子注入现象，降低沉积速率。因此，选择合适的溅射功率对膜层平整性、致密性有着重要影响。

2. 溅射功率对Ni膜微结构及平整度的影响

采用 AFM 进一步分析膜表面平整度，图 7-25（a）和（b）为不同溅射功率时 Ni 膜 AFM 三维形貌图，图 7-25（c）为膜表面粗糙度。

从三维形貌图中可直观看出，Ni 膜表面形貌起伏，进一步测试膜表面粗糙度，由 AFM 分析可知，溅射功率为 400W 时，扫描区域内 Ni 膜表面粗糙度 *Ra* 为 1.267nm；溅射功率为 600W 时，扫描区域内 Ni 膜表面粗糙度 *Ra* 为 2.316nm。总体测试结果说明，溅射功率为 400W 时，Ni 膜表面粗糙度小，膜层致密且结构分布比较均匀；溅射功率为 600W 时，Ni 膜表面粗糙度增大，凸起较多，但仍比较致密，原因是 600W 下辉光放电电离出更多的 Ar^+，增加 Ni 原子与 Ar^+碰撞频率，降低 Ni 原子在膜表面扩散动能，从而使膜层表面晶粒变大，表面粗糙度增加。

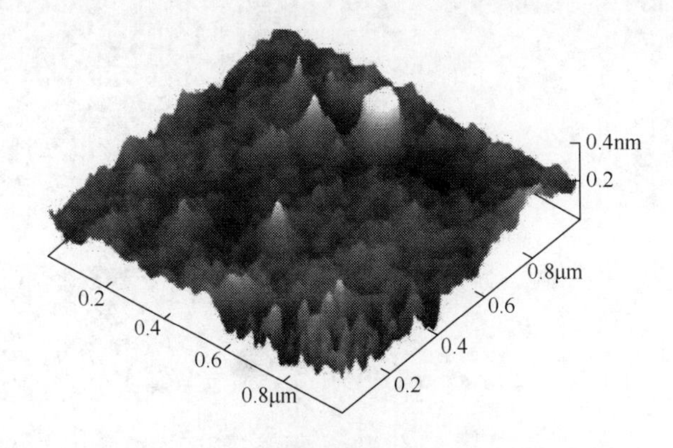

(a) 溅射功率为400W时AFM三维形貌图

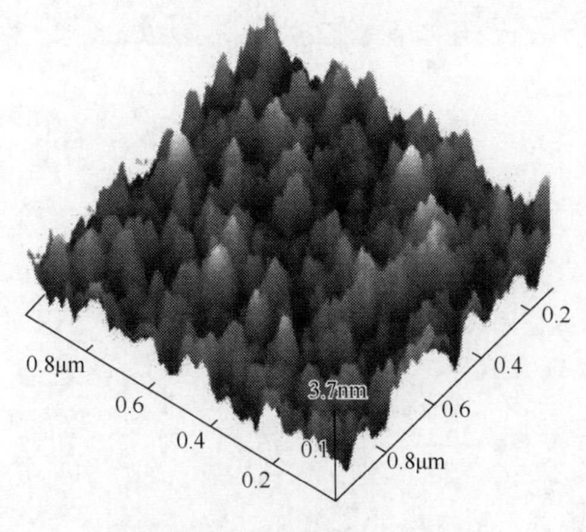

(b) 溅射功率为600W时AFM三维形貌图

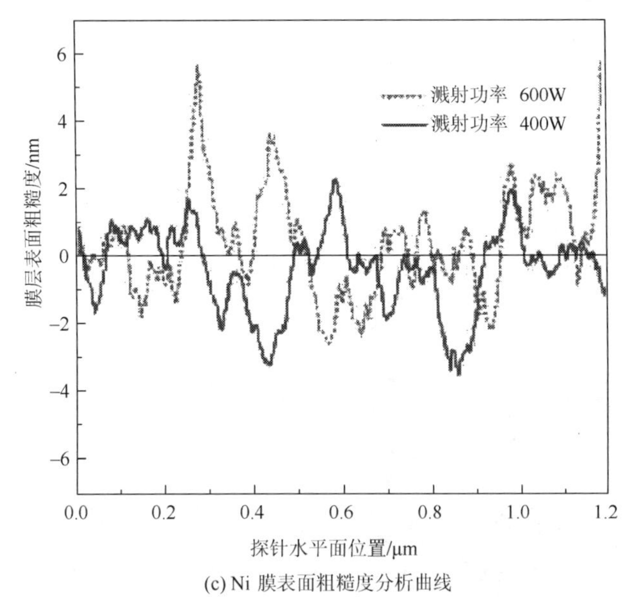

(c) Ni 膜表面粗糙度分析曲线

图 7-25　不同溅射功率时 Ni 膜 AFM 三维形貌及表面粗糙度图

在其他工艺条件相同时，通过对比不同溅射功率下 Ni 膜三维结构、表面形貌及粗糙度，可知在溅射功率为 400W 时，可制得膜表面分布均匀致密、缺陷少、杂质少的 Ni/SiO_2 光衰减片，样品对光衰减均匀一致，效果更好。

7.4.2　溅射气压对 Ni 膜沉积速率和晶粒尺寸影响

1. 溅射气压对 Ni 膜沉积速率影响

反应室中溅射气压靠充入氩气流量来控制，充入氩气越多，溅射气压就越大。溅射气压不同，Ni 膜沉积速率随之不同。不同溅射气压对 Ni 膜沉积速率的影响如图 7-26 所示，样品溅射功率均为 400W，溅射时间为 10min。

由图 7-26 可见，溅射气压为 0.2Pa 时，沉积速率较低；随着溅射气压增加，沉积速率增加，在溅射气压为 0.4Pa 时达到最大值；然后随着溅射气压增加，沉积速率呈下降趋势。原因是当溅射气压低时，带电粒子平均自由程较大，溅射 Ni 原子动能大，容易沉积在基体表面。同时，反应室内轰击 Ni 靶高能 Ar^+数量少，沉积速率低，因此沉积速率相应较低。随着溅射气压增加，电离 Ar^+数量增加，在其不足以影响带电粒子平均自由程时，沉积速率增大，当氩气流量增加到一定值时，反应室内气体密度加大，轰击 Ni 靶高能带电粒子与氩气分子之间或高能粒子与高能粒子之间碰撞机会增大，使其平均自由程缩短，溅射 Ni 原子平均动能减少，导致部分溅射 Ni 原子不能到达基体表面，所以沉积速率低，平均动能降低，同时使溅射原子在膜表面迁移能力降低，原子团聚在一起，使得在高溅射气压下生长膜更粗糙，晶粒间隙更大、更多。图 7-27 为不同溅射气压下 Ni 膜体视显微图。

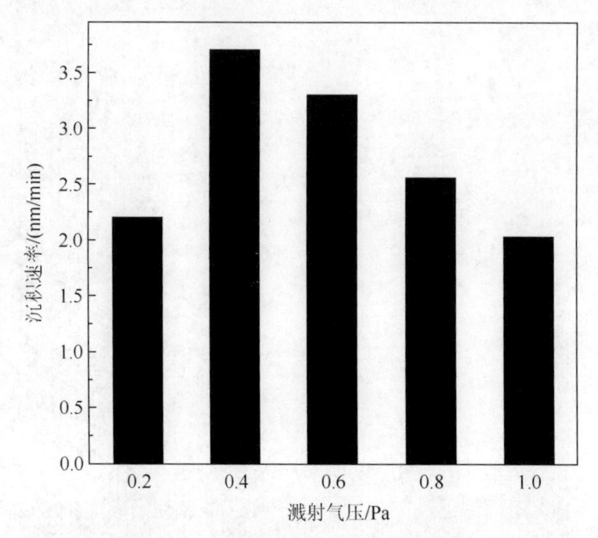

图 7-26　不同溅射气压下沉积速率

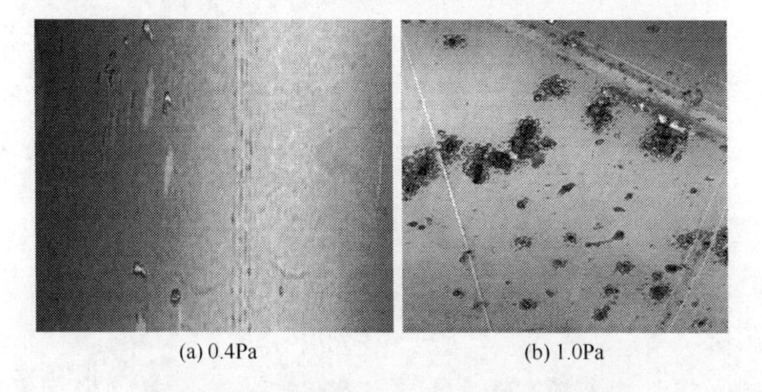

图 7-27　不同溅射气压下 Ni 膜体视显微图

由图 7-27 可见，当溅射气压为 0.4Pa 时，Ni 膜表面平整光滑；当溅射气压为 1.0Pa 时，Ni 膜表面有许多团聚原子，而且表面出现较明显的沟槽，测试结果与分析一致。

2. 溅射气压对 Ni 膜晶粒尺寸影响

图 7-28 为不同溅射气压下 Ni 膜 XRD 图。由图 7-28 可知，不同溅射气压下 Ni 膜衍射峰与 Ni 标准衍射峰一致，证明所镀膜层均为纯 Ni 膜，其中所有样品在(111)晶面衍射峰强度最大，表明溅射过程中，Ni 膜具有(111)晶面择优取向。随着溅射气压增加，Ni 膜在(111)晶面衍射峰强度先增大后减小，在溅射气压为 0.6Pa

时，(111)晶面衍射峰强度最大；当溅射气压达到 0.8Pa 时，(111)晶面衍射峰强度减小，而(200)晶面衍射峰强度明显增大，Ni 原子继续在(111)晶面生长，当 Ni 原子过多时，空间位阻过大，而(200)晶面空间位阻小，粒子散射小，相比之下，更利于 Ni 膜择优生长。

由图 7-28 得到不同溅射气压下样品主峰半峰宽和布拉格角。利用谢乐公式，计算不同溅射气压下 Ni 膜晶粒尺寸，结果如表 7-8 所示。

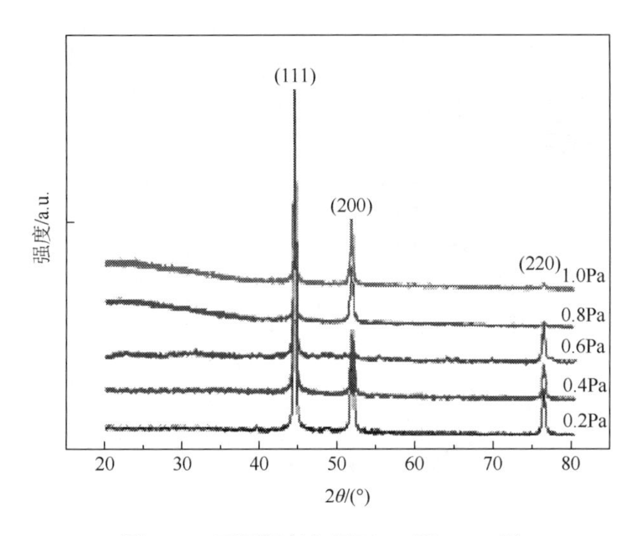

图 7-28　不同溅射气压下 Ni 膜 XRD 图

表 7-8　不同溅射气压下 Ni 膜晶粒尺寸

溅射气压/Pa	半峰宽/rad	布拉格角/(°)	晶粒尺寸/nm
0.2	0.00571	22.26826	25.96
0.4	0.00458	22.30099	32.38
0.6	0.00474	22.30099	32.29
0.8	0.00550	22.25123	26.95
1.0	0.00572	22.29718	25.92

随着溅射气压增大，粒径先增大后减小。这是由于溅射气压增大，引起溅射速率加快，Ni 原子表面迁移量增大，Ni 原子之间直接碰撞成核机会大，从而导致 Ni 颗粒尺寸增大。

在其他工艺参数相同时，结合不同溅射气压下 Ni 膜沉积速率、表面形貌、晶粒尺寸情况，可知在溅射气压为 0.4Pa 工艺条件下，Ni/SiO_2 光衰减片膜表面平整，此工艺下 Ni 膜沉积速率较大，晶粒尺寸相对较大。

7.4.3　溅射时间对 Ni 膜表面形貌及膜层成分影响

为研究离子磁控溅射过程中溅射时间对膜层表面形貌影响，可以测试不同溅射时间下 Ni 膜表面形貌。图 7-29 为不同溅射时间下 Ni 膜 SEM 图。

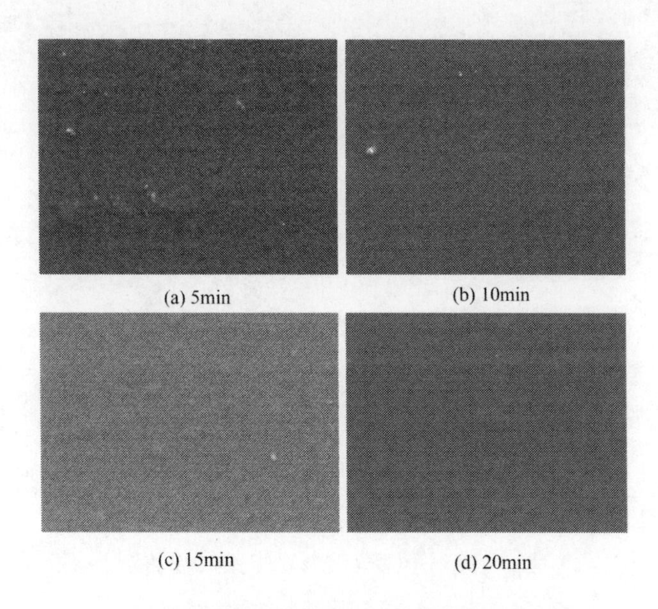

图 7-29　不同溅射时间下 Ni 膜 SEM 图

图 7-29（a）中样品表面致密但不平整，膜层表面存在许多小凸丘；随着溅射时间延长，膜层表面小凸丘分布越来越少，膜层越来越平整、越来越光滑；当溅射时间为 20min 时[图 7-29（d）]，膜表面颗粒分布均匀且膜层致密，几乎看不见小凸丘和其他缺陷。

图 7-30 为溅射时间为 5min 和 20min 时 Ni 膜 EDS 图。结合 EDS 和 SEM 图分析可知，Ni 膜中凸丘由 Ni 原子团聚造成。这是由于溅射时间较短时，溅射出来的 Ni 原子来不及结晶成核，只是以简单方式平铺在基体上，且离子磁控溅射是一种不规律运动，Ni 原子容易以不均匀或团聚方式在基体上生长。另外，由于靶中含有少量杂质，在溅射过程中，Ni 原子和杂质均被溅射到基体上。如图 7-30（a）所示，溅射时间为 5min 时，Ni 膜中含有杂质 Al，而如图 7-30（b）所示，溅射时间为 20min 时，Ni 膜中不含杂质。这是因为溅射时间短时，杂质和 Ni 原子一起被轰击出来溅射在基体上，嵌入薄膜中；但随着溅射时间延长，

溅射出来的 Ni 原子又起到校正作用，即 Ni 原子轰击正在生长的 Ni 膜，通过轰击或嵌入作用来控制和改变薄膜结构与性能。这样，杂质和团聚 Ni 原子被二次溅射，杂质从 Ni 膜中分离来，团聚 Ni 原子被分散，受到 Ar^+撞击并重新沉积在基体上。

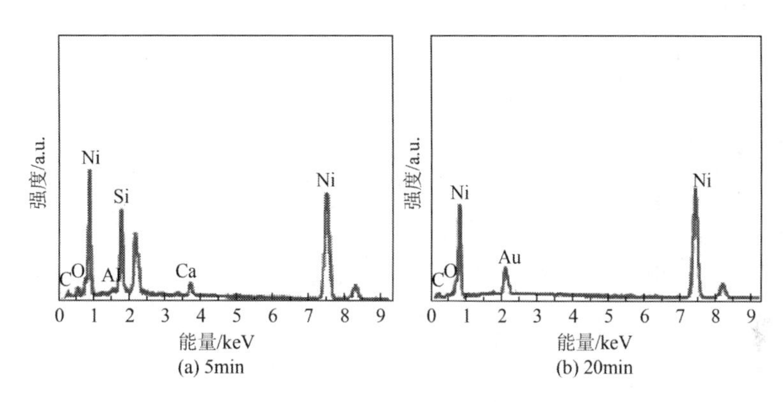

图 7-30　不同溅射时间下 Ni 膜 EDS 图

7.4.4　工艺参数对 Ni/SiO_2光衰减片光衰减性能影响

1. 溅射气压对 Ni/SiO_2光衰减片光衰减性能影响

利用 722N 型分光光度计测定单色光波长为 800nm 时制备各光衰减片的透光率。表 7-9 为不同溅射气压下光衰减片的透光率。

表 7-9　不同溅射气压下光衰减片的透光率

溅射气压/Pa	溅射功率/W	
	400	600
0.2	0.76	0.62
0.4	0.59	0.51
0.6	0.67	0.62
0.8	0.78	0.82
1.0	0.86	0.84

根据表 7-9 中测试结果，计算 Ni/SiO_2光衰减片对应光衰减率，并绘制溅射时间为 10min、不同溅射功率下，光衰减率随溅射气压变化规律曲线，如图 7-31 所示。从图 7-31 中可以看出，对于相同溅射功率，Ni/SiO_2光衰减片的光衰减率随

着溅射气压增大先增加后降低，溅射气压达到 0.4Pa 时，光衰减率达到极大值。由前面分析可知，溅射气压为 0.4Pa 时，Ni 膜溅射速率最快，在相同时间内，膜层厚度最大，对光吸收能力高，因此衰减率大，此时膜层表面平整、组织结构优异。溅射气压较高时，Ni 膜纯度不高、膜层较薄，且表面粗糙等多种原因导致膜对光吸收能力降低。

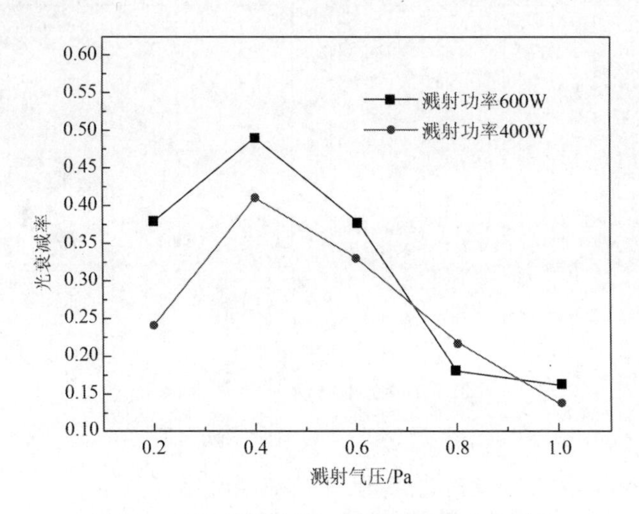

图 7-31　不同溅射气压下光衰减片的光衰减率

2. 溅射功率对 Ni/SiO_2 光衰减片光衰减性能影响

不同溅射功率下光衰减片的透光率如表 7-10 所示。根据表 7-10 测试结果，计算 Ni/SiO_2 光衰减片对应光衰减率，绘制溅射时间为 10min、不同溅射气压下，光衰减率随溅射功率变化规律曲线，如图 7-32 所示。由图 7-32 可看出，光衰减片光衰减率还随着溅射功率变化而变化。

表 7-10　不同溅射功率下光衰减片的透光率

溅射功率/W	溅射气压/Pa	
	0.4	0.6
300	0.91	0.93
400	0.59	0.67
600	0.51	0.62
1000	0.72	0.77
2000	0.85	0.84

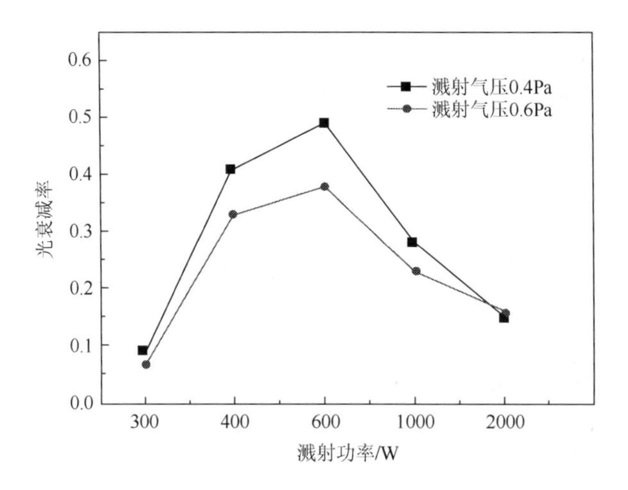

图 7-32 不同溅射功率下光衰减片的光衰减率

从图 7-32 中可以看出，在溅射气压为 0.4Pa、0.6Pa 条件下，Ni/SiO_2 光衰减片的光衰减率随溅射功率增加呈现先升高后降低趋势，溅射功率过大或过小时均不是理想状态。在溅射功率为 600W 时，光衰减率达到最大值，光衰减性能优异。但此工艺条件下，Ni 膜表面形貌不佳，平整度差，会导致透过光衰减片的光功率不均匀。在溅射功率为 400W 时，Ni 膜组织结构及表面形貌优异，光衰减率也较为优异，且与溅射功率为 600W 时光衰减率相差不大。

3. 溅射时间对 Ni/SiO_2 光衰减片光衰减性能影响

表 7-11 为不同溅射时间下光衰减片的透光率。根据表 7-11 测试结果，计算 Ni/SiO_2 光衰减片对应光衰减率，绘制溅射气压为 0.4Pa、溅射功率为 400W 时，光衰减片的光衰减率随溅射时间变化规律曲线，如图 7-33 所示（李磊和汤卉，2014）。

表 7-11 不同溅射时间下光衰减片的透光率

溅射时间/min	5	10	15	20
透光率	0.86	0.59	0.54	0.44

由图 7-33 可看出，在其他工艺参数相同条件下，光衰减率随着溅射时间延长而升高。溅射时间为 20min 时，光衰减率达到最大值 0.56，光衰减性能优异。在溅射功率和溅射气压相同条件下，随着溅射时间延长，膜厚度增加，对光吸收增加，衰减性能越来越好。

结合前面对 Ni 膜微观结构与平整度分析，在溅射功率为 400W、溅射气压为

0.4Pa、溅射时间为 20min 工艺条件下，制得 Ni/SiO_2 光衰减片膜层平整性和组织结构较佳，且光衰减片的光衰减率达到最大值 0.56。

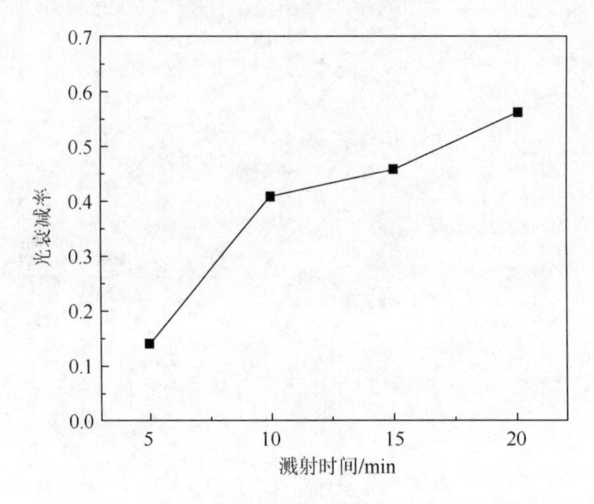

图 7-33　不同溅射时间下光衰减片的光衰减率

7.5　化学镀 $Ni-P/SiO_2$ 光衰减片特性分析

7.5.1　硫酸镍浓度对 $Ni-P/SiO_2$ 光衰减片晶型与组分元素影响

镀覆温度为 92℃，镀液 pH 为 5，硫酸镍浓度分别为 30g/L、45g/L、50g/L 的 Ni-P 膜样品的 XRD 图如图 7-34 所示（陈薇，2016）。

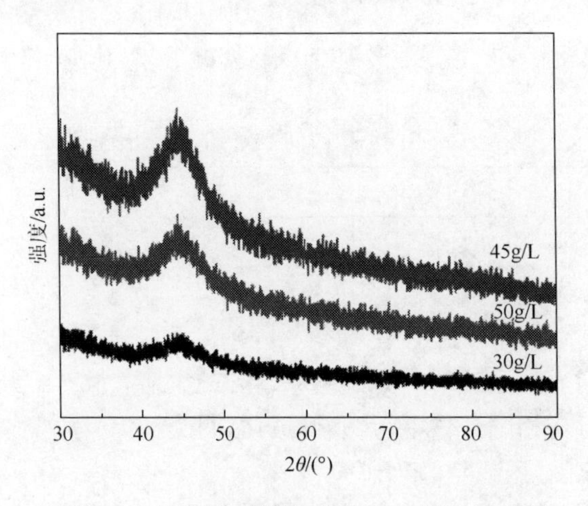

图 7-34　不同硫酸镍浓度时 Ni-P 膜 XRD 图

通过图 7-34 可以看出，不同参数下 Ni-P 膜在镀态下均出现一个非常明显的“馒头”峰，位置在 $2\theta=44°$，除非晶的衍射峰之外几乎看不到其他杂峰，说明 Ni-P 合金在镀态下呈现非晶态特征，且不同工艺参数下非晶态衍射峰形成位置都相差无几，而峰型随硫酸镍浓度变化有些许差异。原因是 XRD 主要通过复合布拉格角晶面形成，衍射强度、晶体结构和原子在晶胞中位置等因素有关，而非晶态则没有上述基本晶体特征，所以图谱上没有明显尖锐的衍射峰。

Ni-P 膜的形成过程是将 SiO_2 玻璃基体完全浸入镀液中，水浴加热，在沉积初期，金属 Ni 先沉积，随着化学镀时间延长，镀液中 P 与 Ni 共同沉积，并且 P 含量不断增加，依据 P 含量可将 Ni-P 镀层分为低磷、中磷和高磷三种，当 P 含量达到 9%（质量分数）时，Ni-P 镀层即高磷镀层，Ni-P 有序排列将无法继续保持，不存在晶界或位错，故而形成非晶态。图 7-34 中，当硫酸镍浓度为 30g/L 时，明显为“馒头”峰；而当硫酸镍浓度为 45g/L 和 50g/L 时，衍射峰则并非标准“馒头”峰，有向晶态发展趋势，这与 P 含量有关。在不同工艺参数下，所制备 Ni-P 膜成分可能会出现差异，所以需要研究讨论在不同工艺参数下制备 Ni-P 膜化学成分差异。为此，对样品进行 EDS 分析。图 7-35 为镀覆温度为 92℃、镀液 pH 为 5、硫酸镍浓度为 30g/L 和 40g/L 的 Ni-P 膜 EDS 图。

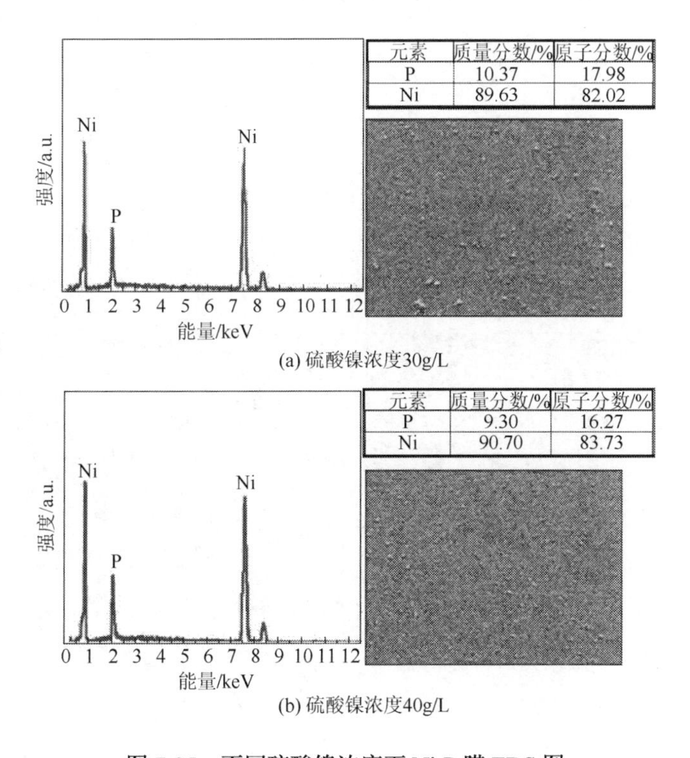

(a) 硫酸镍浓度30g/L

(b) 硫酸镍浓度40g/L

图 7-35　不同硫酸镍浓度下 Ni-P 膜 EDS 图

如图 7-35 所示，Ni-P 膜的主要成分是 Ni、P，成分较为纯正，没有其他成分，只是在不同工艺参数下 Ni、P 含量不同而已。在硫酸镍浓度为 30g/L、镀覆温度为 92℃、镀液 pH 为 5 条件下，P 质量分数为 10.37%；在硫酸镍浓度为 40g/L、镀覆温度为 92℃、镀液 pH 为 5 条件下，P 质量分数为 9.30%，可见硫酸镍浓度越大，P 质量分数越低。在硫酸镍浓度为 40g/L 时，P 质量分数已经非常接近 9%，所以当硫酸镍浓度为 45g/L 和 50g/L 时，P 质量分数更低，从而解释图 7-34 中当硫酸镍浓度为 45g/L 和 50g/L 时衍射峰型的变化。而薄膜光衰减器的核心件——光衰减片要求为非晶态，原因是晶态具有各向异性，*X*、*Y*、*Z* 方向光信号传输存在差异，而非晶态的特性是各向同性，*X*、*Y*、*Z* 方向光信号传输差异小或相同，且在非晶态下光信号传输时可以同时到达输出端，将光信号发生失真的概率降到最低，或者不发生信号失真，达到光纤通信基本要求。综上分析，在所制备样品中硫酸镍浓度为 30g/L、镀覆温度为 92℃、镀液 pH 为 5，符合本次实验要求。从图 7-35 可知，SiO_2 玻璃基体元素未被测出。原因是膜太厚，导致测试时未被击穿。

7.5.2　工艺参数对 Ni-P 膜微观形貌影响

本实验选择镀液 pH 和镀覆温度来研究工艺参数对化学镀所制备 Ni-P 膜表面影响。图 7-36 为硫酸镍浓度为 30g/L、镀覆温度为 92℃、镀液 pH 为 3 和 5 条件下 Ni-P 膜 SEM 图。图 7-37 为镀覆温度为 92℃、镀液 pH 为 5、硫酸镍浓度为 50g/L 和 30g/L 条件下 Ni-P 膜 SEM 图。图 7-38 为硫酸镍浓度为 30g/L、镀液 pH 为 5、镀覆温度为 72℃和 92℃条件下 Ni-P 膜 SEM 图。

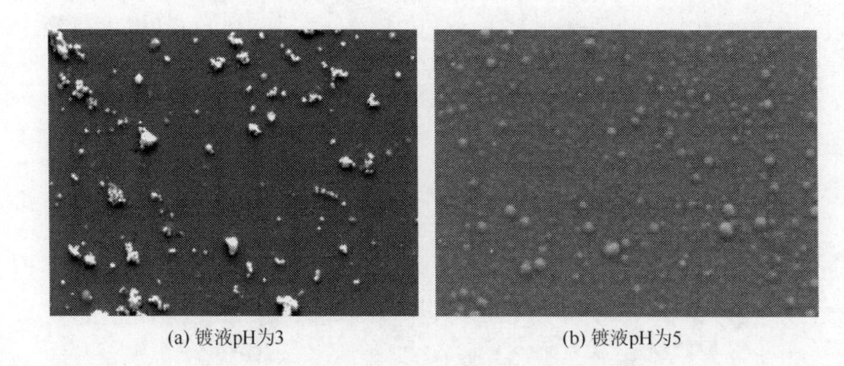

(a) 镀液pH为3　　(b) 镀液pH为5

图 7-36　不同镀液 pH 下 Ni-P 膜 SEM 图

(a) 硫酸镍浓度为50g/L

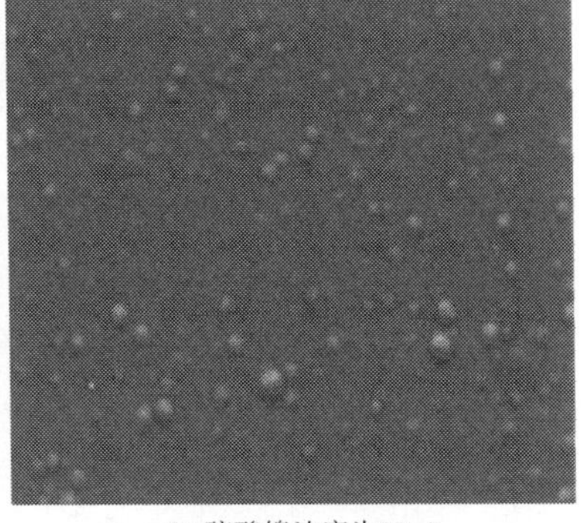

(b) 硫酸镍浓度为30g/L

图 7-37　不同硫酸镍浓度下 Ni-P 膜 SEM 图

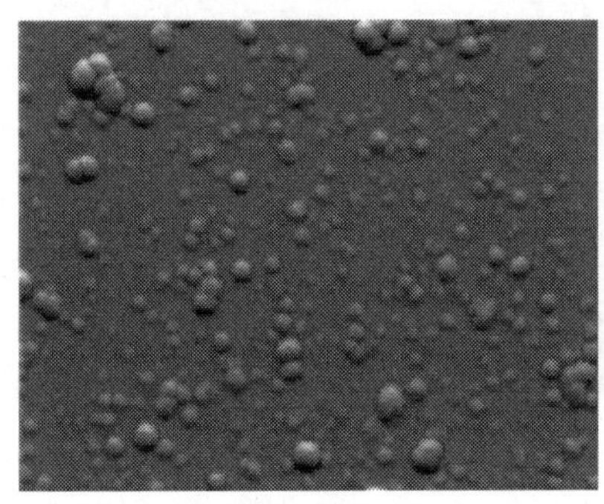

(a) 镀覆温度为72℃

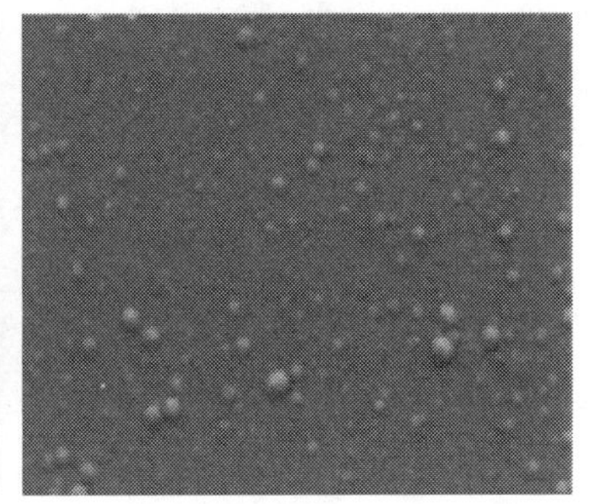

(b) 镀覆温度为92℃

图 7-38　不同镀覆温度下 Ni-P 膜 SEM 图

由图 7-36 可看出，镀液 pH 为 5 镀覆效果较好，虽然存在较多气泡，但是并未出现镀液 pH 为 3 试样中颗粒聚集情况。原因是镀液 pH 对沉积速度有较为重要的影响，较低镀液 pH 导致沉积速度过快，从而使原子快速沉积，形成团聚。由图 7-37 可以看出，硫酸镍浓度为 30g/L 要比 50g/L 镀覆效果要好，虽然从化学平衡角度来看，增加硫酸镍浓度可以促进化学反应，使反应速率增大，但并非越大越好。因为镀液中存在络合剂柠檬酸钠，当硫酸镍浓度增加到一定程度后，由于硫酸镍浓度过大，缺少与其配合的络合剂，导致镀液浑浊，进而沉积于样品表面，使反应进行不充分，即形成如图 7-37 所示原子团聚现象。图 7-38 中可以明显看出存在气泡，但镀覆温度为 92℃明显要比 72℃少，镀覆效果更好。镀覆温度也对沉积速度有一定影响，随着镀覆温度升高，分子活动会加快，从而提高 Ni、P 沉积速度，但并不是镀覆温度越高越好，镀覆温度过高会导致气泡增多，影响镀覆效果，所以对镀覆温度要有一定限制。

化学镀 Ni 或化学镀 Ni-P 涂层理论上认为外观为银白色、具有金属光泽，附着均匀、附着结合度较好、镀层结构致密即符合国家标准。在化学镀制备 Ni-P 膜过程中，选择硫酸镍浓度、镀液 pH 以及镀覆温度三个工艺参数作变量，研究不同工艺参数下所制备 Ni-P 膜表面形貌。从三组变量中首先可以看到，各组样品表面并不是非常平整，都较为粗糙，这是由于在化学镀过程中对 SiO_2 玻璃基体进行粗化，使得基体表面粗糙，形成大量凹坑。未处理 SiO_2 玻璃基体表面较为平滑，为使镀覆过程中增大涂层与基体结合力，对 SiO_2 玻璃基体进行粗化处理是很必要的，这一步直接影响后续实验进程。但是对 SiO_2 玻璃基体进行粗化处理，使得基体表面微观不平，从而导致机械结合，造成如图 7-38 所示气泡现象。基体表面镀层产生气泡的原因还包括镀层太厚。在化学镀过程中，控制镀膜厚度较为困难，制备样品有镀两层膜现象，导致基本没有空隙，化学镀过程中产生的氢气无法释放出来，因此就会慢慢积聚，并会选择在镀层结合力相对较差的地方鼓起气泡。

如图 7-36～图 7-38 所示，观测到的不仅仅是气泡，还有白色小堆积物，经分析是杂质或 Ni、P 颗粒聚集，为此对 Ni-P 膜进行 EDS 分析，见图 7-35。由图 7-35 可知，所镀覆膜成分中并无其他杂质，而是 Ni、P 颗粒团聚。原因是溶液超声混合时间不足，导致溶液内部分散不均匀。另外，未检测 SiO_2 玻璃基体成分。原因是镀覆膜较厚，导致测试时未被击穿。

7.5.3　工艺参数对 Ni-P 膜透光率影响

本实验选择镀覆温度为 92℃下硫酸镍浓度和镀液 pH 变化的 10 个样品。通过 722N 型分光光度计，选取波长为 850nm 单色光进行 Ni-P 膜透光率测试，根据所得数据进行分析，如图 7-39 所示。

通过图 7-39 可以看到，无论在哪组变量中，透光率变化趋势较为相似，都是先升后降，有一个最大值点。对于硫酸镍浓度这一变量而言，Ni-P 膜透光率在浓度为 20～30g/L 时呈增长状态，但之后随硫酸镍浓度增加，Ni-P 膜透光率反而下降，在 30g/L 时达到最大值 0.57，在 50g/L 时降为 0.17。本实验所制备样品吸光度本身较大，且样品膜稍稍偏厚，导致透光率更小。如图 7-39（b）所示，Ni-P 膜透光率在镀液 pH 为 2～5 时呈增长状态，但在 pH 为 5 之后，透光率有所下降，Ni-P 膜透光率在镀液 pH 为 5 时达到最大值 0.49。从对样品宏观观测可以看出，当镀液 pH 小于 5 时，Ni-P 膜外观金属光泽度明显下降，不是纯正银白色，表面附带暗灰色，对样品透光率有较大影响。

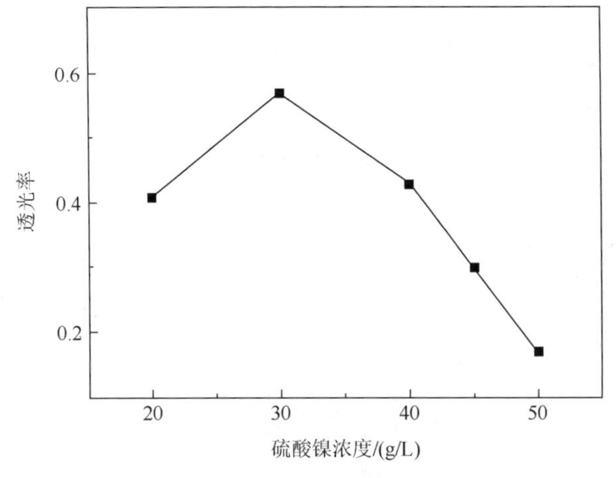

(a) 镀覆温度92℃、镀液pH为5、硫酸镍浓度变化下Ni-P膜透光率

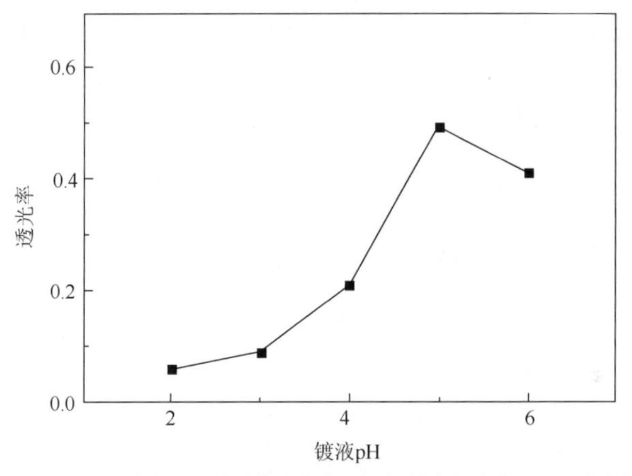

(b) 镀覆温度92℃、硫酸镍浓度为30g/L、镀液pH变化下Ni-P膜透光率

图 7-39　Ni-P 膜透光率测试图

7.6　离子磁控溅射和化学镀制备 Ni/SiO_2 光衰减片特性比较

7.6.1　外观比较

图 7-40（a）为化学镀制得光衰减片样品，图 7-40（b）为离子磁控溅射制得光衰减片样品。图 7-40（a）中，Ni 膜呈暗黑色，且膜层表面光滑度低；图 7-40（b）中，Ni 膜呈银白色且色泽光亮，膜层表面平滑，没有明显凸起，表明离子磁控溅射得到的光衰减片镀层致密、平滑、均匀，且连续性较好，样品对光衰减均匀一致，效果更好（Tang et al.，2016）。

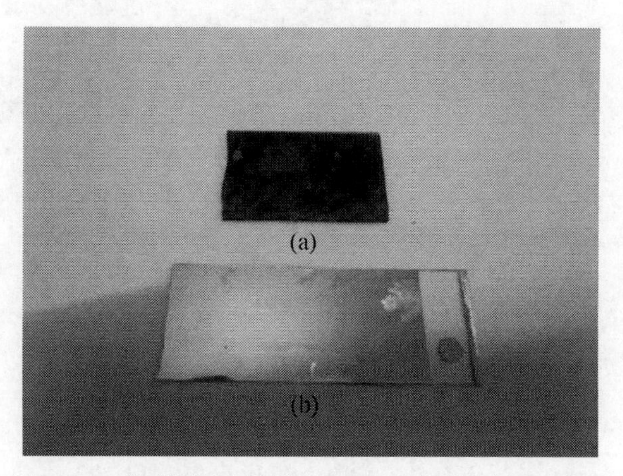

图 7-40 不同镀膜方法制备 Ni/SiO_2 光衰减片样品实物图

7.6.2 Ni 膜结晶状态比较

将化学镀和离子磁控溅射制得样品分别进行 XRD 分析（图 7-41），查阅标准卡片（JCPDS6-585）可知，纯 Ni 镀层分别在 44°、51°、76°附近出现三强峰，与其(111)、(200)和(220)晶面衍射相吻合，其中 44°处峰最强，51°次之，76°最弱。由 XRD 结果对照可知，化学镀和离子磁控溅射制备 Ni 膜衍射峰与纯 Ni 标准衍射峰对应一致，说明两种方法所镀膜层均为 Ni 膜，且都在(111)晶面衍射峰强度最大。这表明，在氧化还原反应和离子溅射过程中，Ni 膜具有(111)晶面择优取向，但化学镀制得 Ni 膜有杂峰，说明在化学反应时引入杂质，导致膜层纯度低；离子磁控溅射制得膜层衍射峰较化学镀制得膜层高，且峰锐化，说明 Ni 膜结晶状态相对较好。

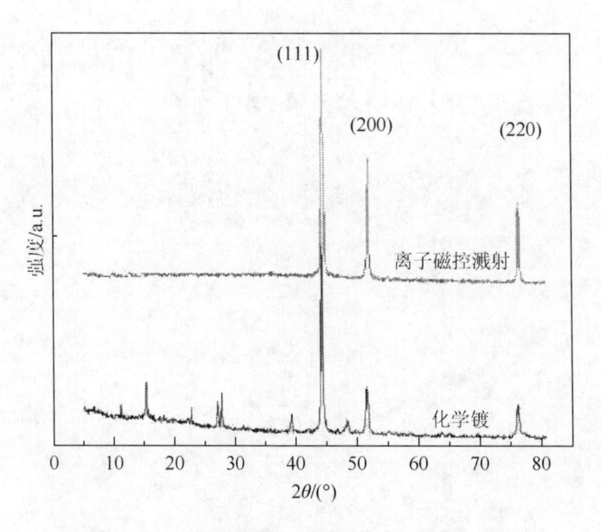

图 7-41 不同镀膜方法所制 Ni 膜 XRD 图

7.6.3　Ni 膜表面形貌比较

光信号传输时，要求光衰减片膜层表面平整，否则会导致各点光衰减率不同，传输信号失真，因此要对 Ni 膜表面形貌进行研究。图 7-42（a）和（b）为化学镀和离子磁控溅射 Ni 膜 SEM 和 EDS 图。图 7-42（a）中 Ni 膜表面有严重大凸起和沟槽，膜层厚度不均，通过 EDS 进行元素分析，发现样品中含有较多杂质，其中 C 元素、Mo 元素和 S 元素含量很高，由柠檬酸或乙二胺分解产生，分解后碳沉积在镀层表面，造成镀层表面较黑。图 7-42（b）中 Ni 膜表面平整、致密，几乎看不到小凸起和凹坑，EDS 分析发现膜层成分主要是 Ni、Si 和 O 三种元素，其中 Ni 元素含量较高，达到 72.69%。通过表面形貌和 EDS 分析比较可知，离子磁控溅射膜的平整性和纯度均优于化学镀膜，样品对光衰减均匀一致，效果更好。

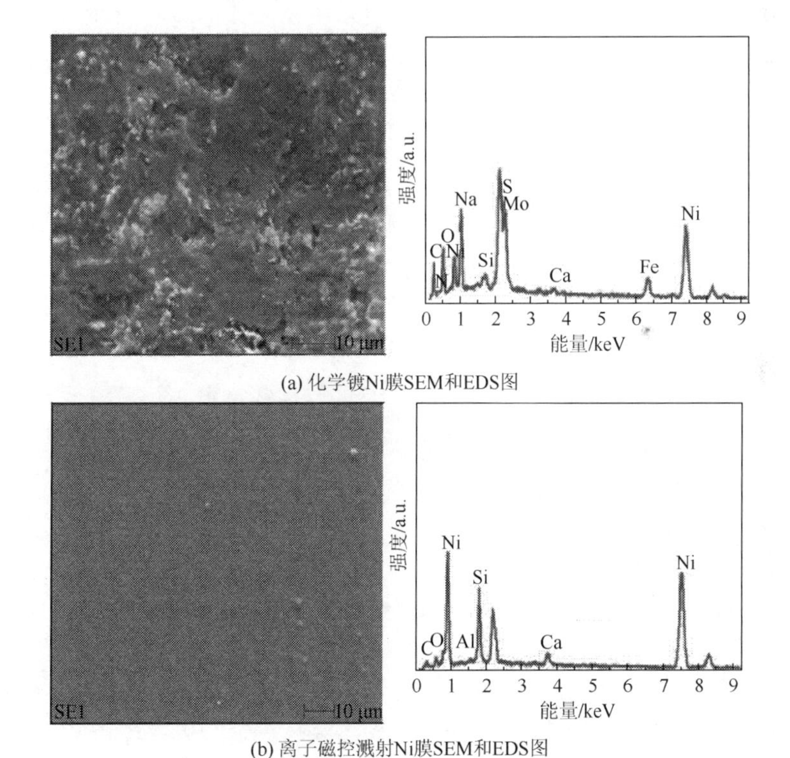

(a) 化学镀Ni膜SEM和EDS图

(b) 离子磁控溅射Ni膜SEM和EDS图

图 7-42　两种镀膜方法所得 Ni 膜 SEM 和 EDS 图

7.6.4　Ni 膜与基体结合情况及耐摩擦性能比较

金属膜层与基体牢固结合与否是考察薄膜质量的一项重要指标，评价结合力的方法有很多种，其中摩擦抛光实验法是检验超薄镀层结合力最常用的方法之一。原理是样品被摩擦抛光时，在摩擦力和热量共同作用下，被抛光样品镀层表面会硬化和发热，此时，附着力差区域的膜层就会起泡并与基体分离。分别对样品进行摩擦抛光，2min 后，发现化学镀 Ni 膜已与基体分离，离子磁控溅射 Ni 膜表面无明显变化，说明后者结合能力较前者好。用精密阻抗分析仪测试不同抛光时间光衰减片体积电阻率来考察离子磁控溅射制得 Ni 膜与基体之间结合情况，体积电阻率变化如图 7-43 所示。

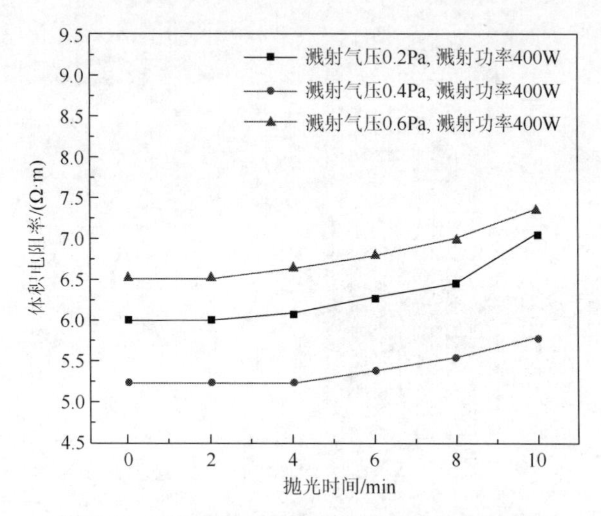

图 7-43　不同抛光时间下样品体积电阻率的变化

由图 7-43 可以看出，样品体积电阻率较 SiO_2 玻璃小得多，导电性能良好，证明抛光后 Ni 膜未脱落，且随着抛光时间延长，样品体积电阻率波动较小，说明离子磁控溅射得到 Ni 膜与基体之间有牢固的结合力，且 Ni 膜耐摩擦性能较为优良。

通过两种方法比较，可得到以下结论：采用两种方法均可在 SiO_2 玻璃基体上镀制 Ni 膜，但化学镀制得膜层表面粗糙，致密性差，不均匀，且出现脱落和翘皮现象；离子磁控溅射制得膜层表面平滑、致密，基体与膜层结合力好，且结晶度更好。对于化学镀，虽然镀 Ni 工艺简单、成本低廉，但膜层质量及平整度都达不到所需要求，无法用于实践，故确定最终镀膜方法为离子磁控溅射。离子磁控溅射虽然设备成本较高，但镀膜速率快，工作效率高，且所镀膜层性能优异，作为光衰减片使用寿命长、更换次数少、性价比较高，符合各生产厂家预算。

7.7　基于 SRIM 离子磁控溅射过程模拟

针对离子溅射过程，蒙特卡罗模拟法通过数值计算模拟大量入射粒子运动过程，在整个模拟过程中记录位置分布、能量状态和次级粒子各种参数并可得到各种物理量期望值和统计误差。SRIM 是离子在固体中受到阻止及射程分布计算分析专用软件，是基于蒙特卡罗级联碰撞理论建立的分析模型，靶原子位置随机决定，可模拟跟踪每个粒子运动，包括入射离子和反冲原子，直到粒子动能低于某一临界值或粒子运动范围超过靶界限。对于离子和靶原子相互碰撞，软件采用两体碰撞近似。SRIM 运用量子力学处理方法和统计理论，通过计算离子在靶中运动平均自由程确定迁移距离（Lyu and Tang，2018；Dong et al.，2016）。

7.7.1　Ar^+溅射 Ni 靶 3D 空间模型建立

为描述离子溅射过程，建立空间坐标：设靶面上 Ar^+入射点为坐标原点，以 Ni 靶面为 *YZ* 面，垂直于 Ni 靶面的方向为 *X* 轴，*X* 轴正向指向靶内，离子入射方向与 *X* 方向的夹角称为离子入射角 θ，空间坐标系如图 7-44 所示。

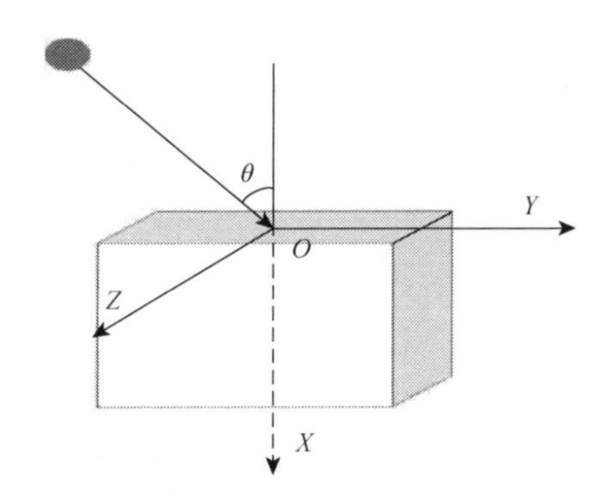

图 7-44　Ar^+溅射 Ni 靶 3D 空间模型

7.7.2　溅射 Ni 靶过程中 Ar^+能量损失

入射离子在靶中运动，能量损失包括两种：核阻止和电子阻止。核阻止是入射离子把能量传递给靶原子，可看作弹性碰撞，是弹性阻止；电子阻止是高速运动离子把能量传递给靶原子中电子，导致靶原子激发和电离，是非弹性阻止。图 7-45 为模拟不同能量 Ar^+垂直入射 Ni 靶过程中能量损失。

从图 7-45 曲线变化趋势可以得知，当入射 Ar^+能量小于 42330eV 时，核阻止达到最大值，此时，核阻止远大于电子阻止；当 Ar^+入射能量大于 42330eV 时，核阻止随着入射离子能量增加而减小，而电子阻止却随着入射能量增加逐渐增大，直到超过核阻止。这种现象说明，在低能区域时，Ar^+大部分能量传递给 Ni 原子，促使 Ni 原子发生级联碰撞；而在高能区域，电子阻止起主要作用，高速运动 Ar^+把能量传给 Ni 原子中的电子，导致 Ni 原子激发和电离。Ar^+连续与 Ni 靶中不同位置原子进行弹性或非弹性碰撞并损失能量，随着能量逐渐降低，Ar^+最终停留在 Ni 靶内部。由于 Ar^+在和 Ni 原子碰撞时不断改变运动方向，运动轨迹是一条连续变化曲线。

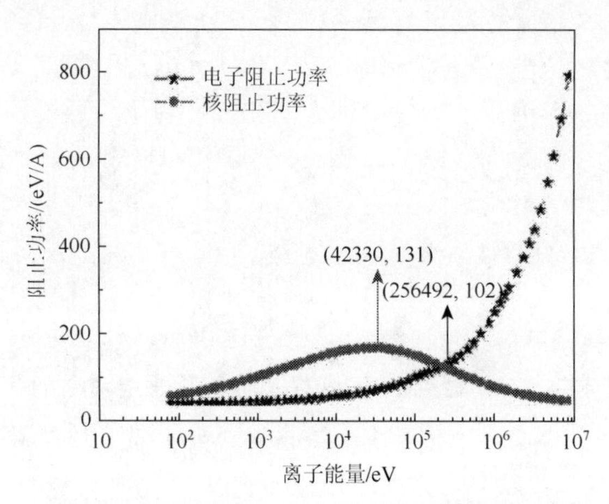

图 7-45　不同能量 Ar^+垂直入射 Ni 靶能量损失

7.7.3　溅射 Ni 靶过程中 Ar^+运动轨迹

在离子溅射过程中，一般用射程表征 Ar^+在靶内部运动轨迹，如图 7-46 所示，三条曲线分别为投影射程、纵向射程和横向射程随入射 Ar^+能量变化曲线。由图 7-46 可知，随着入射 Ar^+能量提高，三条曲线都有上升趋势，当入射 Ar^+能量小于 10^4eV 时，三个射程彼此差距较小，随着入射 Ar^+能量增大，三个射程出现较大差距，投影射程明显比纵向和横向射程大，而纵向和横向射程变化趋势大致相符。

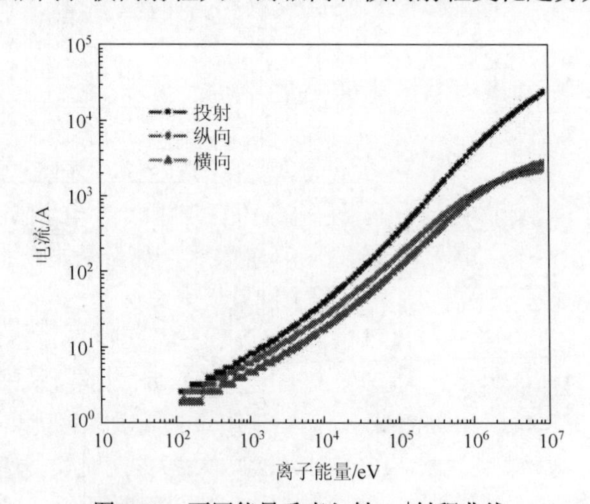

图 7-46　不同能量垂直入射 Ar^+射程曲线

由此可知，入射 Ar^+能量较低时，Ar^+能量消耗在与 Ni 原子碰撞过程中，通过不断碰撞，Ar^+发生散射，运动轨迹发生明显改变；Ar^+能量较高时，Ar^+能量主要消耗在对 Ni 原子激发或电离，Ar^+并没有发生较大偏移，运动轨迹改变较小，因此纵向、横向射程与投影射程相比变化较小。

7.7.4　不同能量溅射后 Ar^+滞留位置分布

分别用 5000 个入射能量为 400eV、600eV 和 1000eV 的 Ar^+在坐标原点处垂直入射 Ni 靶，Ar^+入射导致 Ni 原子发生级联碰撞，模拟结果如图 7-47 所示。

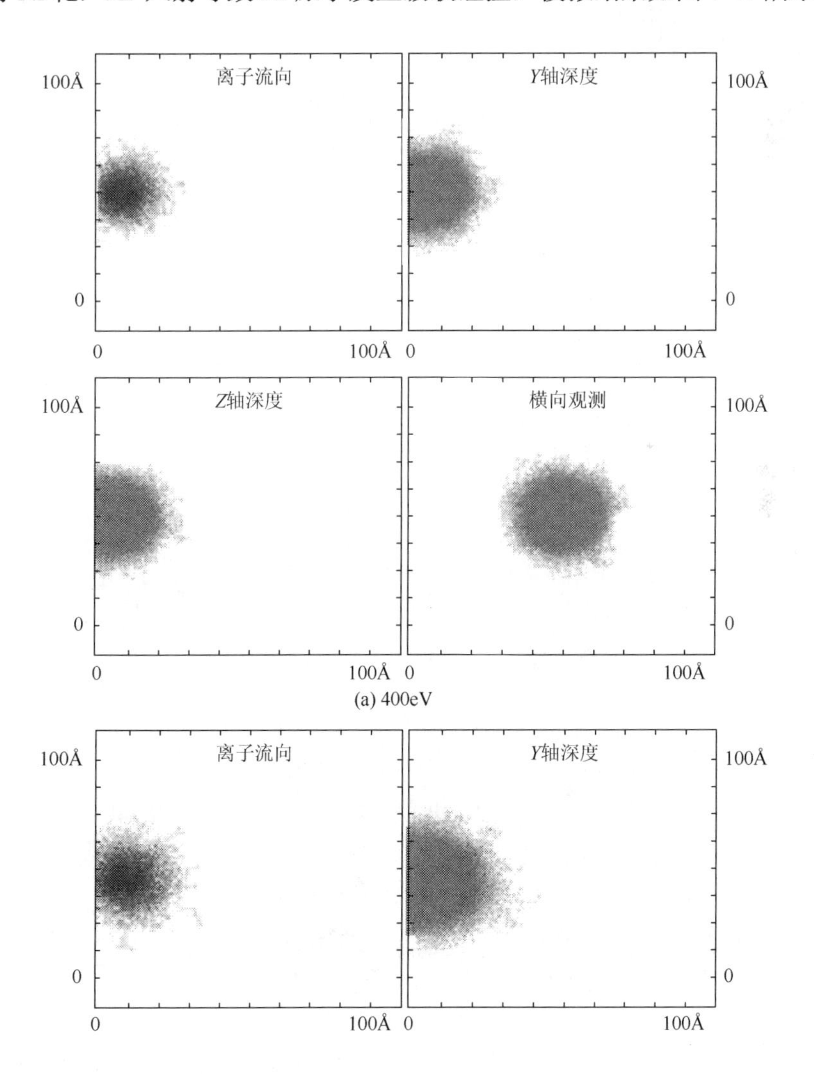

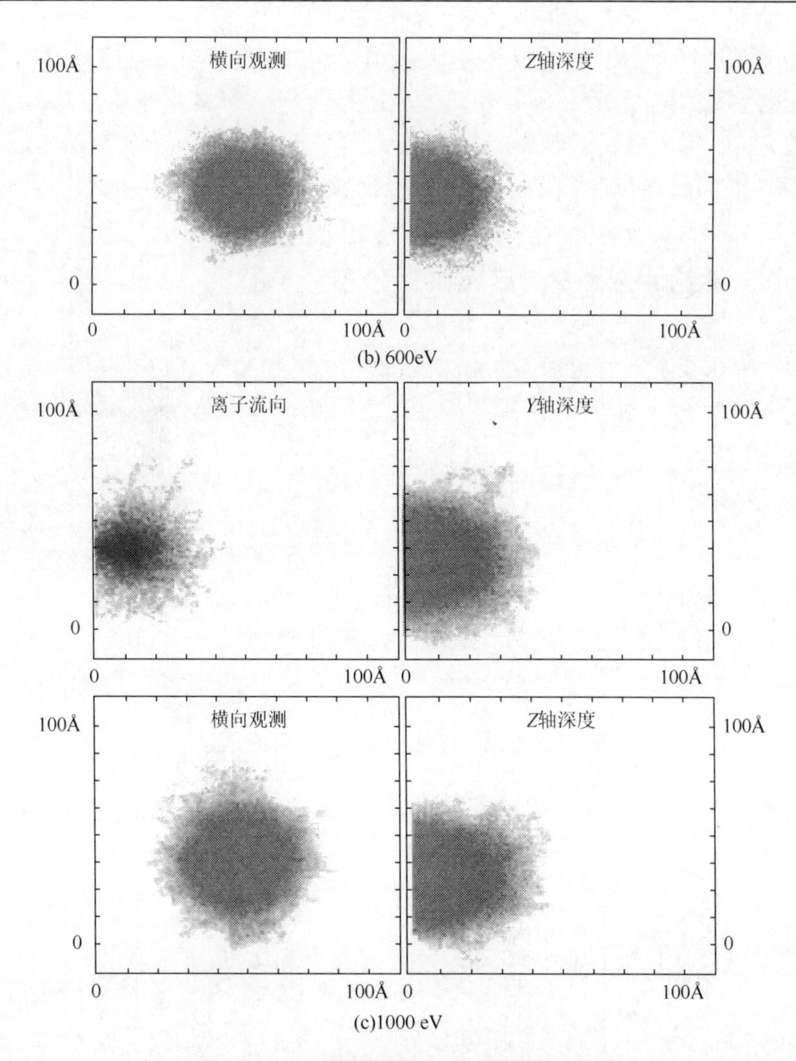

图 7-47　不同能量溅射后 Ar^+滞留位置分布

由图 7-47 可知，Ar^+进入 Ni 靶中，会偏离原来的入射方向，且 Ar^+能量越高，Ar^+偏离原来路径的程度越大。产生这种现象的原因是 Ar^+与 Ni 原子碰撞时，改变了自身运动方向；随着入射 Ar^+能量增加，级联碰撞次数增加，级联碰撞区域增大，导致 Ar^+分布区域增大，侧向偏离程度增大。对于低能量入射 Ar^+，从整体上看，侧向偏离较小，在埃（Å）级，因此溅射总是发生在入射点位置附近。

经 SRIM 分析，不同能量 Ar^+溅射，能量交换形式不同：当 Ar^+为低能状态（$<10^5$eV 量级）时，核阻止能起决定作用，Ar^+能量主要传递给 Ni 原子，引起 Ni 原子级联碰撞；当 Ar^+为高能状态时，电子阻止起决定作用，Ar^+能量主要传给 Ni 原子中电子，导致 Ni 原子激发和电离。随着入射 Ar^+能量增加，Ar^+入射深度

增大，Ar^+分布区域增大，侧向偏离程度加大，Ni原子级联碰撞次数增加。

通过真空蒸镀、化学镀、离子磁控溅射制备金属/SiO_2光衰减片，并对三种方法制备金属膜性能进行分析。同时，系统研究真空蒸镀、化学镀、离子磁控溅射过程中工艺参数对金属/SiO_2光衰减片表面形貌、晶体结构、三维结构、粗糙度以及光衰减率的影响。

真空蒸镀制备金属/SiO_2光衰减片薄膜致密、连续，纳米级颗粒分布均匀，以层错式堆积为主，膜厚为微米级，金属与玻璃基体不是简单的物理吸附，而是化学吸附与物理接枝，形成金属/SiO_2复合薄膜。通过对光衰减片微观结构与透光率性能进一步研究分析可知，Al和Cr是较好的镀膜材料，真空蒸镀Cu膜不透光，可与纯玻璃片组合制备VOA，Ni不适合作为本书镀膜材料。实验结果表明：当真空蒸镀Al膜时，轰击电压为175V、烘烤电压为160V；真空蒸镀Cu膜时，轰击电压为200V、烘烤电压为100V；真空蒸镀Cr膜时，轰击电压为210V、烘烤电压为120V工艺条件下，可得组织结构较佳、光衰减性能优良的光衰减片。

真空磁控溅射制备Ni/SiO_2光衰减片膜层表面致密、连续、光滑，纳米级晶粒分布均匀，Ni膜与SiO_2玻璃基体不是简单的物理吸附，而是形成Ni/SiO_2复合薄膜；经光衰减性分析，不同溅射工艺参数下，光衰减片的光衰减率不同，原因主要与Ni膜平整度以及Ni膜所含杂质和内部缺陷有关。溅射功率为400W、溅射气压为0.4Pa、溅射时间为20min工艺条件下，制备Ni/SiO_2光衰减片膜层平整性和组织结构较佳，且此工艺条件下，光衰减片的光衰减率达到最大值0.56。

化学镀制备Ni/SiO_2光衰减片膜层表面粗糙，平整性差，且出现脱落和翘皮现象。

采用SRIM软件对Ni靶溅射过程进行模拟发现：Ar^+处于低能状态（小于10^5eV量级）时，核阻止起决定作用，Ar^+能量主要传给Ni原子，引起Ni原子级联碰撞；当Ar^+处于高能状态时，电子阻止起决定作用，Ar^+能量主要传给Ni原子中电子，导致Ni原子激发和电离；随着入射Ar^+能量增加，Ar^+入射深度增大，侧向偏离程度加大，Ni原子级联碰撞次数增加。

参考文献

陈步明，郭忠诚. 2010. 化学镀研究现状及发展趋势[J]. 电镀与精饰（1）：11-15.

陈薇. 2016. 基于光衰减器Ni-P/二氧化硅芯片化学镀工艺研究[D]. 哈尔滨：哈尔滨理工大学.

韩丽. 2012 . 直流磁控溅射法在玻璃上沉积金属镍膜的研究[J]. 表面技术，41（6）：65-69.

郝姗姗. 2014. Ni/SiO_2光衰减片制备及光衰减性能与机理研究[D]. 哈尔滨：哈尔滨理工大学.

郝姗姗，汤卉，李磊. 2013. 基于磁控溅射法镀制镍/SiO_2光衰减片[J]. 中国玻璃（5）：3-6.

黄章勇. 2003. 光纤通信用新型光无源器件[M]. 北京：北京邮电大学出版社.

李磊，汤卉. 2014. 溅射时间对Ni/SiO_2玻璃复合薄膜式光衰减片衰减性能的影响[J]. 哈尔滨理工大学学报（6）：16-19.

乔丰，罗斌，潘玮. 2008. 基于滤光片型可见光衰减器的测试及控制设计[J]. 信息通信（3）：20-23.

汤卉. 2007. Cr-Cu/SiO_2复合薄膜式光衰减片的制备与显微结构研究[C]. 成都：2007全国复合材料青年专家学者学术会议：135-137.

汤卉，董鹏展，邵璇，等. 2017. 利用磁控溅射技术制备 Ni/SiO_2玻璃衰减片的装置：中国， 201621230741.X[P]. 2017-05-10.

汤卉，李磊，张剑峰. 2013. 金属镀膜的二氧化硅玻璃光衰减片：中国，201320768018.7[P]. 2014-04-16.

田民波. 2006. 薄膜技术与薄膜材料[M]. 北京：清华大学出版社.

张剑峰，汤卉. 2011. 基于绿色镀膜技术制备金属/SiO_2光衰减片的研究[D]. 哈尔滨：哈尔滨理工大学.

Dong P Z，Tang H，Lyu Y. 2016. Energy field and position distribution by Ar+ sputtering onto Ni target[C]. Harbin：5th International Conference on Next Generation Computer and Information Technology：463-465.

Lyu Y，Tang H. 2018. Optimization of energy field distribution by Ar+ sputtering onto Ni target based on SRIM[C]. Harbin：IFOST2018：11.

Takachio N，Suzuki H，Ishid A. 2004 . WDM linear repeater gain control scheme by automatic maximum power channel selection for photonic transport network[C]. San Jose：Optical Fiber Communication Conference and Exhibit：165-166.

Tang H. 2014. The effect of sputtering power on properties of Ni/SiO_2 composite film optical attenuation slices[J]. Advanced Science and Technology Letters（8）：21-33

Tang H，Dong P Z，Lyv Y. 2016. Compared to performance of Ni/SiO_2 optical attenuator by two preparing methods[C]. Shanghai：SAME：360-362.

Tang H，Li L. 2014. Research on preparation of Ni/SiO_2 optical attenuation slice by magnetron sputtering[J]. International Journal of Control and Automation，7（12）：375-382.

Tang H，Wu Y B，Zhang J F. 2010. The effect on Ni-Cr/SiO_2 glass composite film optical attenuation microstructure and light transmittance for technological conditions[C]. Harbin：Thin Films and Compo2010：178-180.

Tang H，Zhang J F，Wang F C. 2012. Effects of green coating technology on microstructure and transmittance of optical attenuators[J]. Energy Education Science and Technology A，30（1）：215-222.

Val M，Haining F，Louay E. 2000. Fused fiber optical variable attenuator[C]. Baltimore：Optical Fiber Communication Conference：22-24.